人居环境白皮书

中国人居环境发展报告

主编单位：中国房地产研究会人居环境委员会
主　　编：王涌彬
执行主编：王宝刚

中国建筑工业出版社

图书在版编目（CIP）数据

中国人居环境发展报告／王涌彬主编．—北京：中国建筑工业出版社，2012.12

（人居环境白皮书）

ISBN 978-7-112-14853-0

Ⅰ.①中… Ⅱ.①王… Ⅲ.①居住环境－研究报告－中国 Ⅳ.①X21

中国版本图书馆CIP数据核字（2012）第265010号

责任编辑：唐 旭 陈 皓
责任设计：陈 旭
责任校对：王誉欣 赵 颖

人居环境白皮书

中国人居环境发展报告

主编单位：中国房地产研究会人居环境委员会
主　　编：王涌彬
执行主编：王宝刚

*

中国建筑工业出版社出版、发行（北京西郊百万庄）
各地新华书店、建筑书店经销
北京京点设计公司制版
北京云浩印刷有限责任公司印刷

*

开本：880×1230毫米 1/16 印张：14½ 字数：396千字
2012年12月第一版 2012年12月第一次印刷
定价：48.00元

ISBN 978-7-112-14853-0
(22921)

人居环境白皮书　中国人居环境发展报告

编委会组织机构

序一

开启人居环境建设新篇章

刘志峰
全国政协常委、政协人口资源环境委员会副主任
中国房地产业协会会长、中国房地产研究会会长

美好的人居环境是人类永恒的追求，也是当今世界各国政府高度关注的时代命题。在中国，源远流长的中华居住文化为人居环境建设奠定了深厚的人文底蕴。改革开放以来，不断深化的居住变革与探索，更是取得了令世界瞩目的辉煌成就。

作为新中国成立以来首部全面总结和客观记录我国人居环境发展现状以及建设成就的权威书籍，本书的编著和面世，意义十分重大。尤其是当前中国的城市建设和房地产业发展正处于变革、调整、转型的关键阶段，和谐、绿色日益成为中国社会发展的主题，及时梳理、总结和展望波澜壮阔的中国人居环境建设，无疑具有重要的历史价值。希望通过本书的发布，让国内外广大学者和公众更加充分地了解我国人居环境事业建设发展的基本现状与重要成就，进一步推动我国人居环境事业的理论与实践建设，积极探寻可持续发展之路。

本书的主编单位——中国房地产研究会人居环境委员会（以下简称人居委）是我国较早从事人居环境事业推广和发展的专业性学术社团组织。十年来，人居委以创新的组织模式和独特的研究方式，努力推进着我国人居环境的理论研究和实践发展。本书是人居委根据自身在中国人居环境建设发展大背景下的角色和作用，总结了十年来深入开展理论与实践研究的部分成果与成功案例，是推动中国人居环境事业发展的一项积极举措。同时，本书也是专业学术社团编撰和出版白皮书的一次创新尝试。

本书分为调研篇、社区篇、引导篇、集萃篇、论文篇、资料篇六大部分内容，基本涵盖了从城市、住区、住宅单体建筑环境到城镇居民人居环境满意度调查等各个层面和领域。编撰重点体现了四个方面主旨：基于城市化，面向未来；突出社会性，关注民生；展示权威度，引领人居；拓宽覆盖面，持续创新。

不积跬步，无以至千里；不积小流，无以成江海。中国房地产业的加快转型和持续健康发展，需要理念的变革、方法的探索，更需要创新的驱动和扎实的基础研究。希望本书的出版能够为整个行业的转型发展带来新的动力和启发，希望中国的人居环境事业蒸蒸日上，再创佳绩！

刘志峰

序二

新的收获、新的启程

张元端
中国房地产研究会名誉副会长兼人居环境委员会主任委员

人居环境的保护、维系、改善和重塑，是一个与人类诞生、衍续而相伴共存的永恒主题。地球人终其一生，无论何时，无论何地，都绕不过这个根本性的主题。

我觉得，一个由自然环境和人文环境交织而成的"天人合一、以人为本"的可持续的人居环境，至少应当具备三个方面的优秀品质：一是生态环保；二是经济效用；三是文化艺术。

我们所憧憬的"美哉轮焉，美哉奂焉。歌于斯，哭于斯"（《礼记•檀弓下》）的人居环境，既要有"小桥流水"之美景，更要有"低碳环保"之美质，既能"诗意地栖居"，更是"绿色的王国"。

翻开历史长卷，我们既为古人在各种困境和有限资源和科技条件下改善人居环境的卓绝努力而赞叹，也为今人在面临各种挑战中自觉、自信、自强地为提高人居环境所作出的种种努力而鼓舞。

在近代和现代历史中，出现了诸多宝贵的值得纪念的"第一次"：

1848 年，为了应对城市卫生状况不断恶化而导致的城市居民健康水平下降，英国出现了世界上最早的城市公共卫生立法——《公共卫生法案》。这是人类历史上第一项关于人居环境的法案。此后，英国又在 1872 年和 1875 年两次修订并颁布《公共卫生法案》。

1972 年，联合国"人类环境大会"在斯德哥尔摩隆重召开，113 个国家的代表和团体参加了会议。这是人类历史上第一次将人类环境问题纳入世界各国政府和国际政治议程，也是全世界各个国家的代表第一次共同讨论环境对人类和地球的影响。会议最终就人类必须保护环境达成共识，发表了《人类环境宣言》。

1977 年，根据 32 届联大 162 号决议成立了世界上第一个国际性人居环境机构——"联合国人类住区委员会"。2002 年，升格为联合国人居署，旨在促进社会和环境方面可永续性人居发展，以达到人人都有合适居所的目标。

新中国建立 60 多年来，特别是改革开放 30 多年来，随着经济实力的升腾，国家制定了保护和改善人居环境的一系列重大战略决策，强调"生态文明"的培育，强调可持续发展的达成，强调城乡统筹规划、协调发展，强调低碳环保、绿色家园。时至今日，政府和民众对人居环境空前重视，举措得力，成就斐然。

在这个大背景下，中国第一个专门从事人居环境科学研究的全国性社团组织——"中国房地产研究会人居环境委员会"于 2002 年在北京宣告成立，以"人人享有美好的人居环境"为崇高使命，展开全方位的理论研究与实践探索工作。

让我们感到振奋的是，在这些"第一次"中又将增加一个新的成员——经过"中国房地产研究会人居环境委员会"近五年的精心筹划和研究整理，中国第一部人居环境白皮书正式出版了。这无疑是人居环境领域的又一件盛事！

纵观本书，可以突出地感觉到以下几个特点：

一、针对性

本书认为，人居环境问题不能就居住论居住，而应该放到中国快速城镇化和城乡统筹协调的时代背景下来思考。2011年，中国的城镇化率首次突破50%，我国已经有一半以上的人口居住和生活在城市中，而且中国城镇化的进程方兴未艾，仍在持续提速。针对这一趋势和伴随而来的一系列挑战，本书进行了客观的描述和呈现，并作了前瞻性的思考，具有较强的现实针对性。

二、权威性

本书是中国房地产研究会人居环境委员会结合自身10年来的理论研究和实践探索，精心组织和编撰而成。书中展示的主体研究和分析结果均来自人居委一手的基础调研和试点实践成果。具体包括：两个国家级科研课题的核心成果展示；12位人居环境领域知名学者与专家在30年间对人居环境最具代表性的问题进行的深入研究的成果；9个不同地域特色的房地产优秀案例的深入剖析；8个典型城市的人居环境基础调研样本分析等。这些，对各级城市政府、城市运营商、开发企业、规划设计单位或将大有裨益。

三、创新性

本书突破传统白皮书的编排方式，从学术研究、市场实践、基础调研、数据分析等多个角度入手，全面展现了中国人居环境建设近30年来的重要成果。本书的内容极其丰富，既有来自房地产市场开发一线的优秀案例评析，也有城市基础调研样本，还首次将人居环境大事记、人居环境流行语进行了系统的收集和整理，力求从各个角度，以多种方式展现我国人居环境的发展全貌和鲜明特点。

当然，作为开篇之作，疏漏在所难免，诚望各界专家指正。

衷心希望本书的出版，能为国内外专家学者打开一扇了解我国人居环境建设与研究现状的窗口，为我国人居环境的可持续建设和研究提供一个合作交流的平台。

是为序。

张元端

2012年9月20日作于“偶一书斋”

目 录

调研篇

——城镇居民人居环境满意度调查

城镇居民人居环境满意度与生活意识调查报告

一、城镇居民人居环境满意度与生活意识调查概况

（一）调研总括

目前，全国各地都在积极创建以改善民生、塑造“新城镇·新住区·新居民”为宗旨的“中国人居建设示范城镇”工程。人居示范城镇创建工程不仅为各地的人居环境建设提供强有力支持，还将在完善城市功能，推进区域协调，推进城市建设可持续发展、统筹发展、科学发展等方面起到积极的促进作用。

人居环境委员会组织专业的调研力量，与内蒙古乌审旗、山东莱西、陕西咸阳、江苏江阴四个城市政府共同开展大型人居环境与居民生活意识专题调研，通过街头走访、入户调研、社区座谈会、人居环境宣讲和教育等多种方式，重点了解和考察四地居民居住生活的现状以及对城镇人居环境建设的总体评价，并在此基础上努力探求居民在社区公共生活中的服务需求以及对未来城市发展的寄望。

（二）调研内容

调研内容包括四大部分：第一部分是居民生活满意度评价，主要由居住环境、生活便利性、城市景观、城市管理及和谐社会建设五个分项，45个子项构成，基本涵盖了人居环境的主要方面。通过居民对这些子项的满意度评价，可以反映出当地人居环境建设的成就与问题。第二部分是居民生活实态与生活意识调查，主要由居住条件、休闲方式与休闲场所、社区交流与交流场所、环境友好型生活方式实施状况等18个子项构成。第三部分是人居环境综合评价与改进建议，主要通过评价当地人居环境建设最满意的方面、存在的问题及改进建议，把握居民的意愿。第四部分为自由意见，居民可以针对人居环境建设和城市生活的方方面面，自由发表自己的意见。通过分析自由意见，可以了解一些居民的真实感受。四大部分相辅相成，可以准确地把握小城镇人居环境建设的质量。

调查采用抽样问卷调查、街头走访调查及座谈会相结合的方式进行。调查问卷由当地政府与居委会协助发放，在乌审旗、莱西、咸阳、江阴当地政府机关职工、居委会群众中随机抽取共1600户为调查对象；入户调查则由人居委专门调查员直接询问被调查对象。对于座谈会的参会人员，调研组充分考虑了各个层次居民的构成，广泛邀请了当地的普通居民、居委会干部、政府部门职员及退休干部、教师等，具有广泛的代表性。

图1　对走访居民进行调研

为全面、科学、准确地反映全部调查对象的满意度，按照国际通行的民意调查满意度计算方法，对“非常满意”、“满意”、“说不好”、“不满意”、“非常不满意”，进行赋值加权计算后，得出居民对生活的满意度评价指数，满分为100分。对通过上述赋值加权计算得出的综合指数进行分析，以确定城镇居住生活满意度等

图 2　深入居民家走访调研

图 3　居民座谈会现场

居住生活满意度评级分级表　　表1

分级	满意度评价指数值	评语
一级	≥75	满意度非常高
二级	61～74	满意度高
三级	51～60	满意度一般
四级	21～50	满意度低
五级	≤20	满意度非常低

级。根据评价需要，设置了五段分级标准，并确定了分级评语（见表 1）。

（三）调研对象分布

为全面掌握人居环境的现状，倾听各行业、各年龄段的居民对自己城市人居环境建设的建议，调研人员通过深入社区居民活动的公共场所来收集信息，听取民意。在选择调查对象时，按照人居环境规划范围划分，并通过街道办事处与居委会的协助，四地共发放了 3200 份调查问卷，其中乌审旗 2000 份，莱西市 300 份，咸阳市 400 份，江阴市 500 份。有效回收数为 2228 份，有效回收率为 69.63%。

调查问卷回收状况　　表2

发表数	3200
回收数	2228
有效回收率	69.63%

（四）调查对象基本属性

1. 职业构成

调查对象的职业构成如图 4 所示，生产、运输设备操作人员，专业技术人员，商业、服务业人员的数量较多，分别占总数的 17%、15%、13%。如从国家干部和普通居民的角度进行分类，则普通居民占总数的 83%，机关干部加上居委会干部则为 17%，可以说普通居民为调查对象的绝大多数。从职业构成的分布状况和普通居民的参与比例来看，调查对象的选择具有较广泛的代表性，可以充分地反映各个行业的民意。

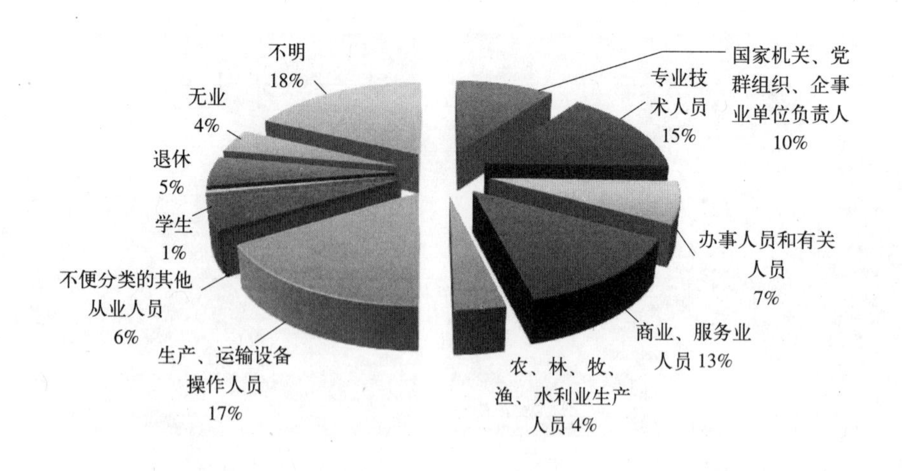

图 4　职业构成

2. 年龄构成

从调查对象的年龄构成看，这次调查对象的年龄分布比较广泛。年龄最大的为 70 多岁，最小的为 19 岁，绝大多数为 21 ～ 50 岁的居民，涵盖了成年居民的各个年龄段，调查结果能够广泛地反映不同年龄段居民的意见。

3. 户籍所在

调查对象绝大多数为本地户口，其中 17% 为本地农村户口。此外，外地户口为 4%，这表明本次调查除本地居民外，可以说在一定程度上也反映了外来人口的意愿。

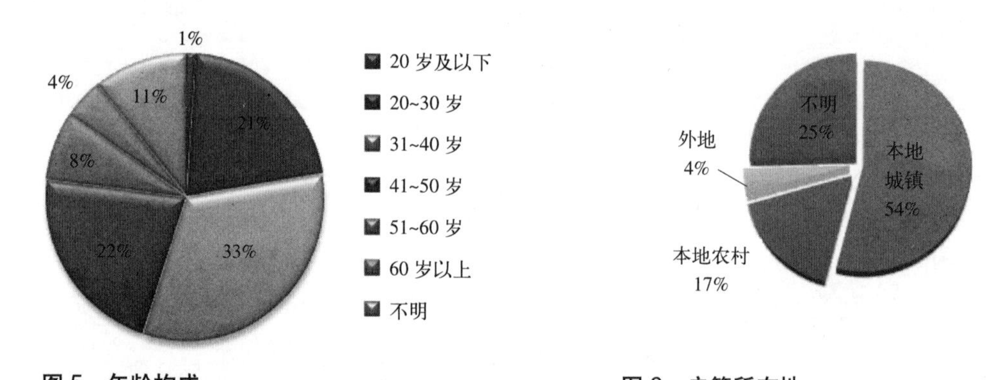

图 5　年龄构成　　**图 6　户籍所在地**

4. 婚姻状况

被调查者中，已婚者占总数的 76.3%；未婚者占总数的 9.9%；离异及不明情况分别占总数的 0.2% 和 13.5%。已婚人群更能客观、真实地反映居民对人居环境的切身感受，更能主动地关注城市人居环境，发现缺点与不足，更具积极的生活意识，也能为调查提供更有依据的意见和建议。

5. 家庭人口

调研对象的家庭人口构成如表 3 所示：

家庭人口百分比　　**表3**

家庭人口	两口人以下	三口人	四口人以上	不明
百分比（%）	8.9	48.4	29.8	12.8

6. 文化程度

调查对象的文化程度如表 4 所示：

文化程度百分比 表4

	大专以上	中专	高中	初中以下	不明
百分比（%）	26.4	6.8	12.7	7.9	46.2

由上表可知，调查对象的文化程度相对比较均衡。且大部分是有职业的青壮年，其观点也较具有代表性。

二、人居环境与居民生活满意度评价

（一）居住环境评价

居住环境评价包括住宅、社区服务、社区绿化、物业管理、空气质量、社区噪声、社区供暖、配套设施、社区活动与交往活动空间 10 项指标，通过统计分析问卷数据，加之走访调研经历，我们对每项指标进行了相关的分析，并得出一定的结论。

除物业管理和配套设施之外，其余八项的满意率均超过了 50%，其中，最为满意的是住宅、社区服务及交往活动空间，满意和非常满意两者相加，这三项的满意率都分别超过了 70%，这一结果与调查地户均住宅建设面积适宜、居委会工作开展得较好有着密切的关系。居民满意率较低的是社区噪声、空气质量、社区供暖、配套设施及社区治安，其不满率分别为 21.7%、20.2%、18.7%、18.1%。进行赋值加权计算后，得出居民对居住环境评价的满意度为 64.2 分，属于满意度较高的级别。但是，其中，物业管理、社区噪声、空气质量、社区供暖、配套设施的满意度评价在 60 分左右或以下，这与我们入户走访调查、座谈会上居民所反映的意见大致相同，反映了这四个城市在物业管理、社区噪声、空气质量、社区供暖、配套设施方面，离居民的要求还存在着一定差距，四地政府对此必须引起足够的重视，对此进行改进，争取赢得居民足够的满意度。

通过图 8 中四地的比较图可以看出，总体来说，居民对交往活动空间、社区治安和社区服务普遍比较满意，而对于社区供暖与物业管理，居民普遍的满意率最低。乌审旗、江阴市民认为自己地方的空气质量良好；咸阳市民对自己社区的配套设施、住宅的质量提出了更高的要求。

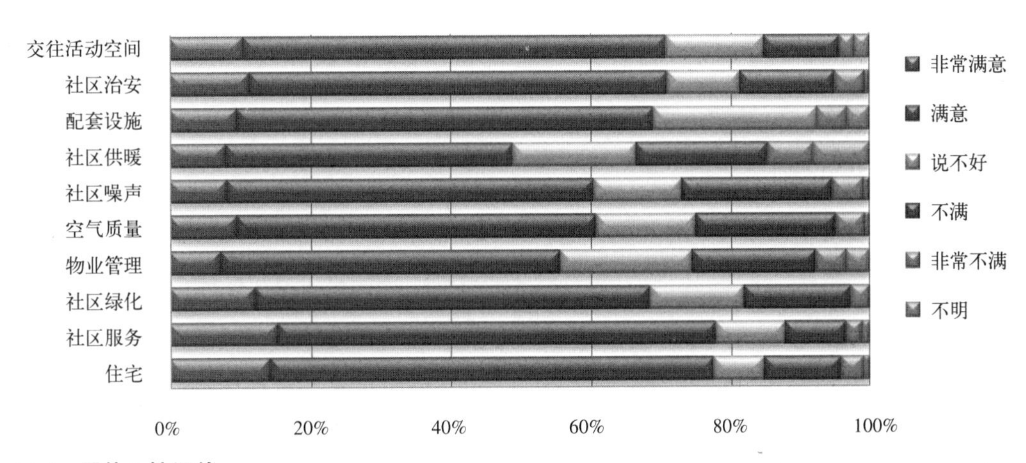

图 7 居住环境评价

非常满意 满意 说不好 不满 非常不满 不明

乌审旗

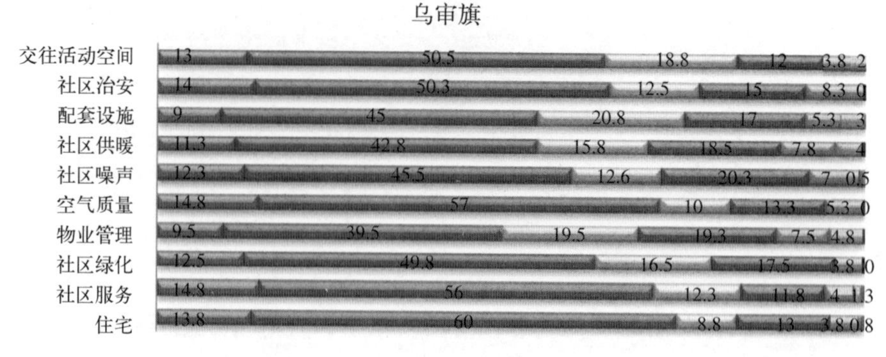

莱西

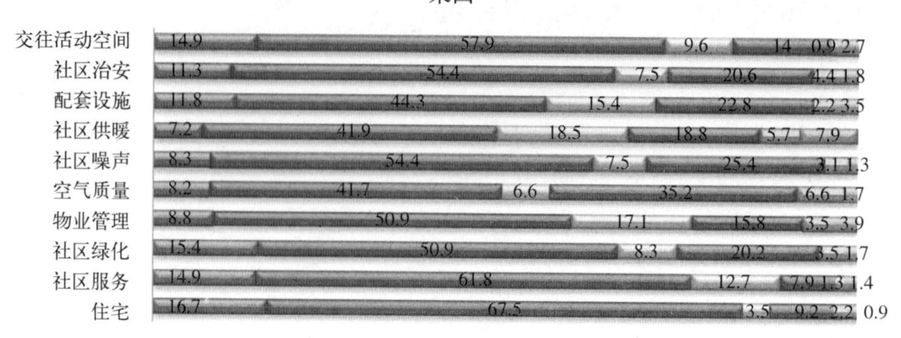

咸阳

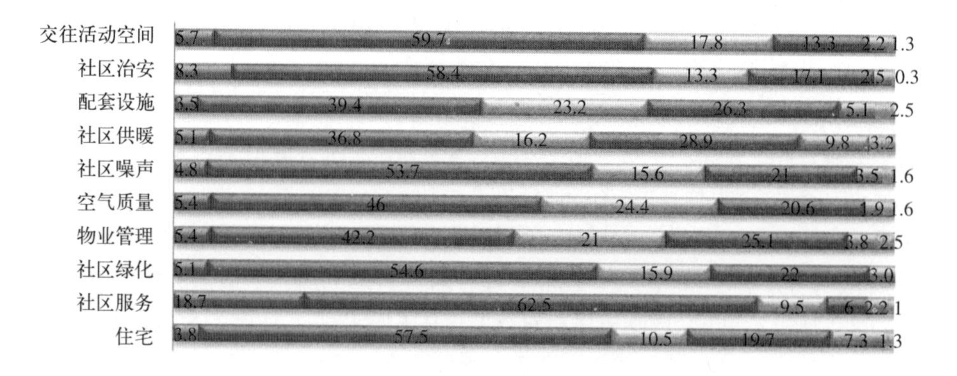

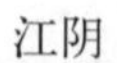

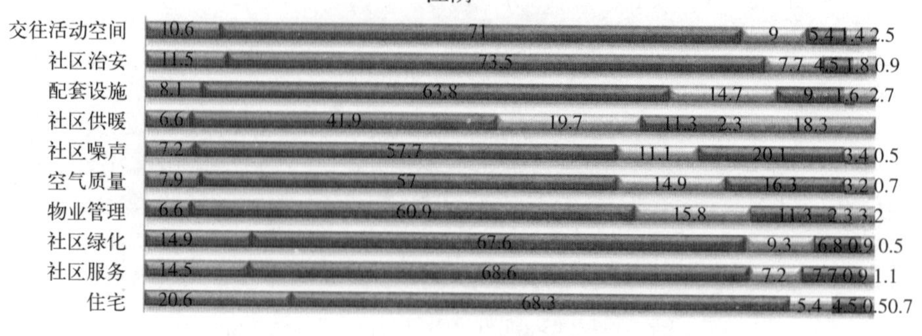

图 8 四地居住环境评价比较

（二）生活便利性评价

生活便利性是衡量人居环境优劣的重要指标，是代表生活质量高低的关键因素。人们的日常购物、交通出行、休闲娱乐、医疗保健、便民设施、无障碍设施、健身场所等是日常生活中的重要组成部分。在这项评价中，居民认为最便利的是日常购物、交通出行及医疗保健，满意率分别高达 87.5%、85.3%、76.1%，这表明在购物设施、交通机构及医疗保障设施的布局设置上，四地充分考虑了居民的需求。居民认为最不便利的方面，按顺序排列依次是便民设施、健身场所及无障碍设施，分别为 63.6%、59.6%、55.3%。这反映了四地最为突出的问题是缺乏便民设施、健身场所及无障碍设施。选择“说不好”的高达 51.6%，经过赋值加权计算后，除日常购物、交通出行、医疗保健分数高于 75 分外，其他均在 65 分以下，该项综合评价的满意度为 70.01 分。由此可见，便利性评价中这 7 项的高低级别差距较大，在继续保持日常购物、交通出行、医疗保健便利性的同时，还要加强对无障碍实施、便民设施的建设，增加休闲娱乐场所的数量，使居民居得其乐。

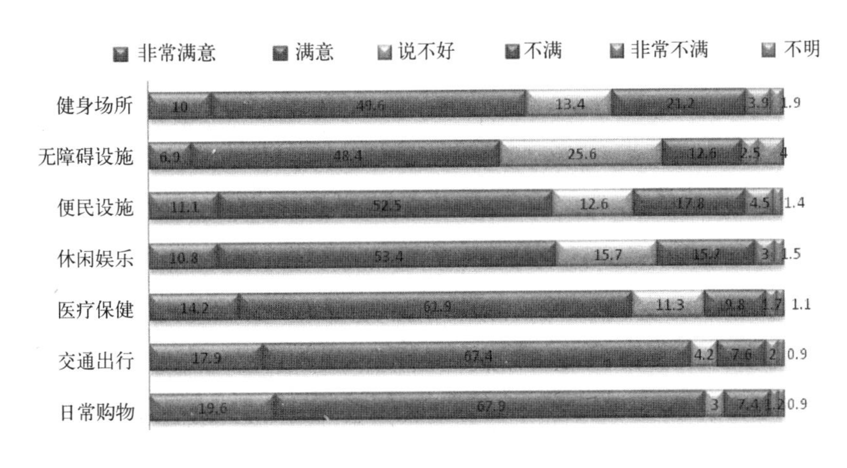

图 9　生活便利性评价

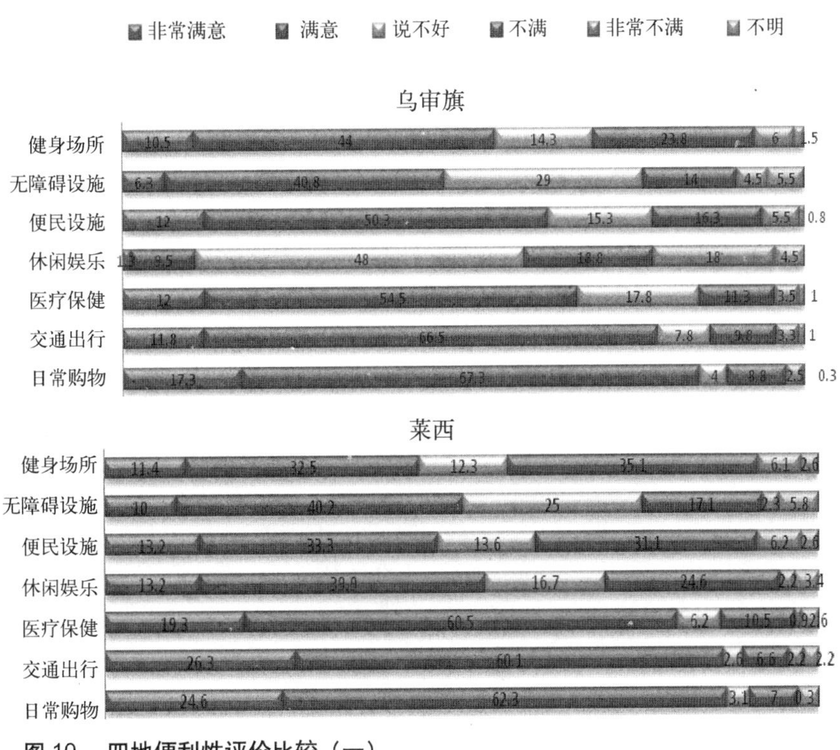

图 10　四地便利性评价比较（一）

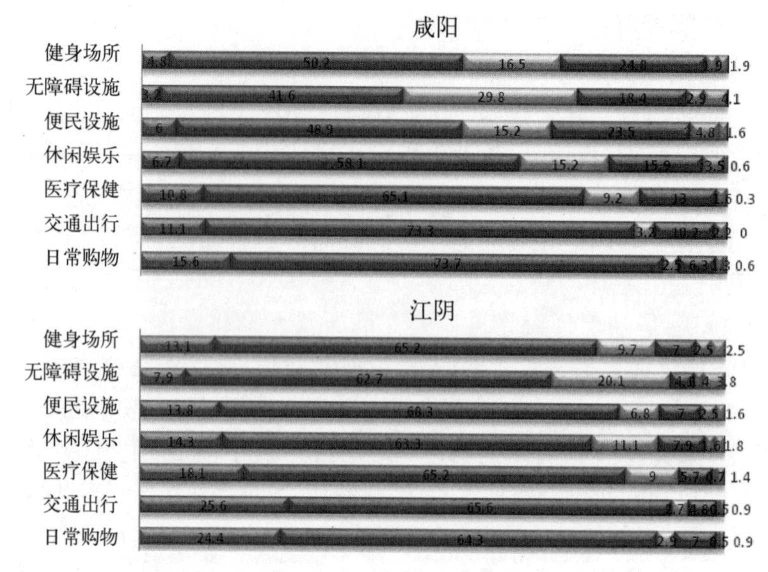

图 10　四地便利性评价比较（二）

通过图 10 中对四地的比较可见，四地居民对交通出行、日常购物、医疗保健满意度普遍较高。其中，乌审旗市民认为自己社区的休闲娱乐设施十分不足，很多人都选择了“说不好”，说明政府应该更加关注增加居民的休闲娱乐活动设施；莱西市民对便民设施满意度不高；咸阳市民认为自己社区应多增加无障碍设施。较其他三地，江阴市民对社区便利性评价的七项满意度较平均，说明江阴政府对居民生活便利性设施投入更大的精力，得到居民的好评。

（三）城市景观评价

城市景观是一个城镇人居环境建设的外在展示，体现了一个城市的品位和精神风貌。在城市景观评价一项中，共设计了广场绿化、建筑风格及标识设计等七个子项。居民最为满意的是广场绿化，满意率高达 79.5%；其次为道路景观（76.9%）和城市风貌（76.6%），这三项的满意率均在 70% 以上。满意率相对较低的是雕塑小品（62.4%）、标识设计（65.1%）及建筑色彩（66.6%），而且这三项评价中，选择非常满意的评价相对较少，选择说不好的则相对较多，这也说明了在人居环境建设过程中，这三方面的质量水平有待提升。这从侧面反映了城镇建设中，除了满足城镇居民物质方面的需求和基本的生活保障以外，还要加强文化地标和情趣小品的建设，培养居民的审美意识，感受美的心态，这样才能使得城镇建设朝着健康健全的方面发展。该项综合满意度为 71.12 分，所有子项的满意度均在 65 分以上，其中满意度最高的是广场绿化，为 75.34 分，这也说明四地在广场绿化景观营造方面得到了居民们较为广泛的认可。

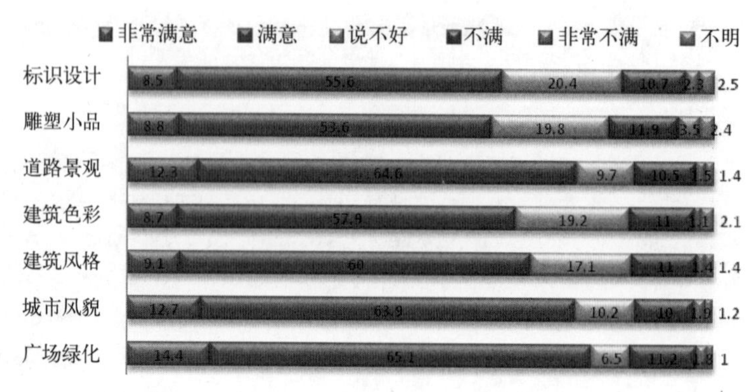

图 11　城市景观评价

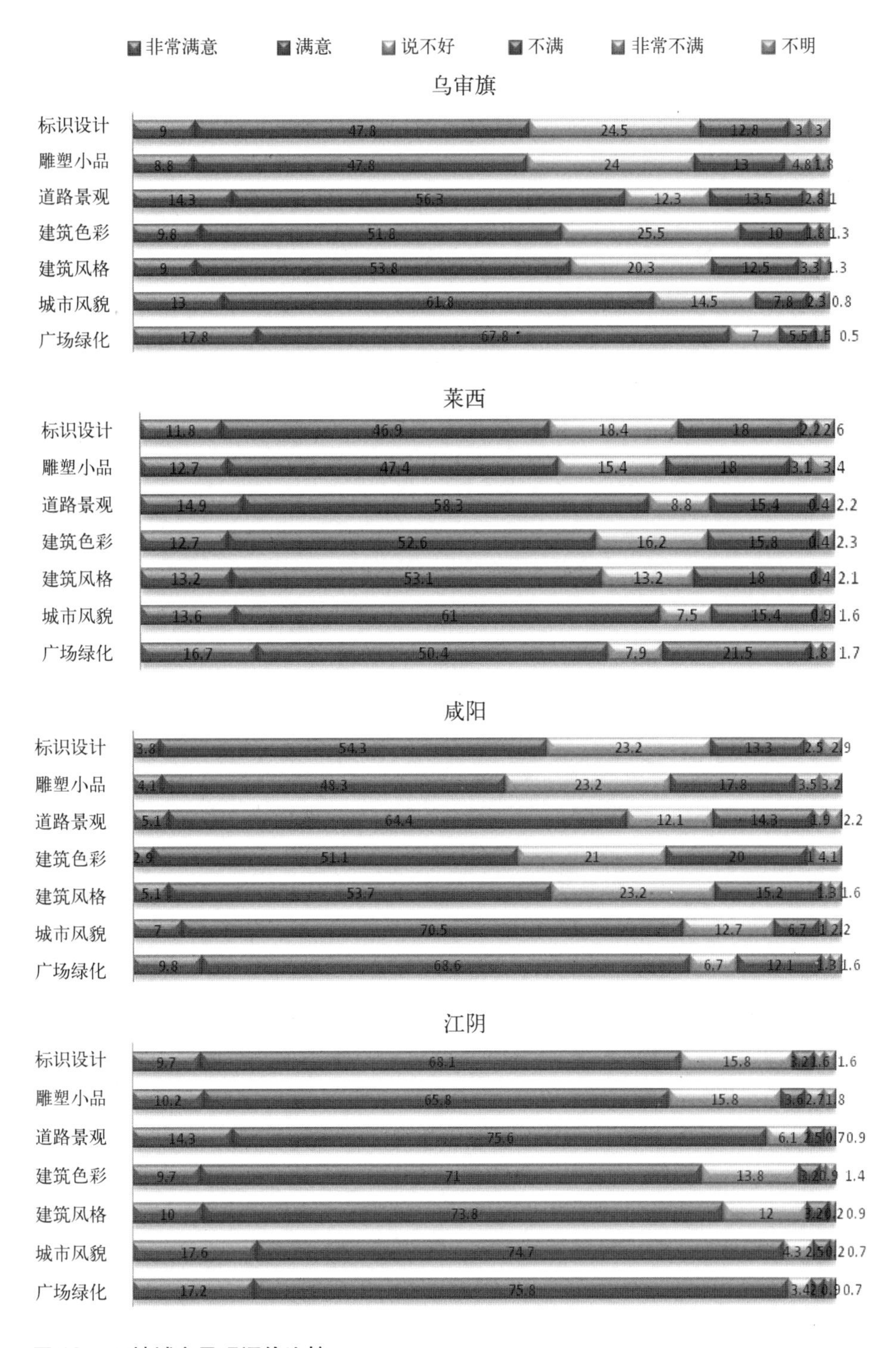

图 12　四地城市景观评价比较

通过比较图 12 可以看出，四地对城市风貌、广场绿化、道路景观满意度普遍较高，而对标识设计与雕塑小品满意度普遍较低。较其他三地，咸阳市民对于建筑色彩与风格的满意度最低，由于咸阳是历史名城，所以咸阳市民更希望建筑风格可以突出本地的文化特色。

（四）城市管理评价

在城市管理方面，评价最高的前三项是街道照明、公园绿地及生态环境，满意度分别为 82.7 分、81.1 分、67.7 分；评价最低的后三项是食品卫生（49.45）、交通秩序（51.50）、市场管理（53.65），综合满意度为 68.85 分。由此可见，城市管理的相对突出的问题主要集中在交通秩序、食品卫生、市场管理等方面，这些方面都与改善小城镇居民生活条件，提高小城镇人居环境质量密切相关，这也反映了居民希望相关管理部门加强这些方面的管理，为市民提供舒适、安全的出行与购物的环境。

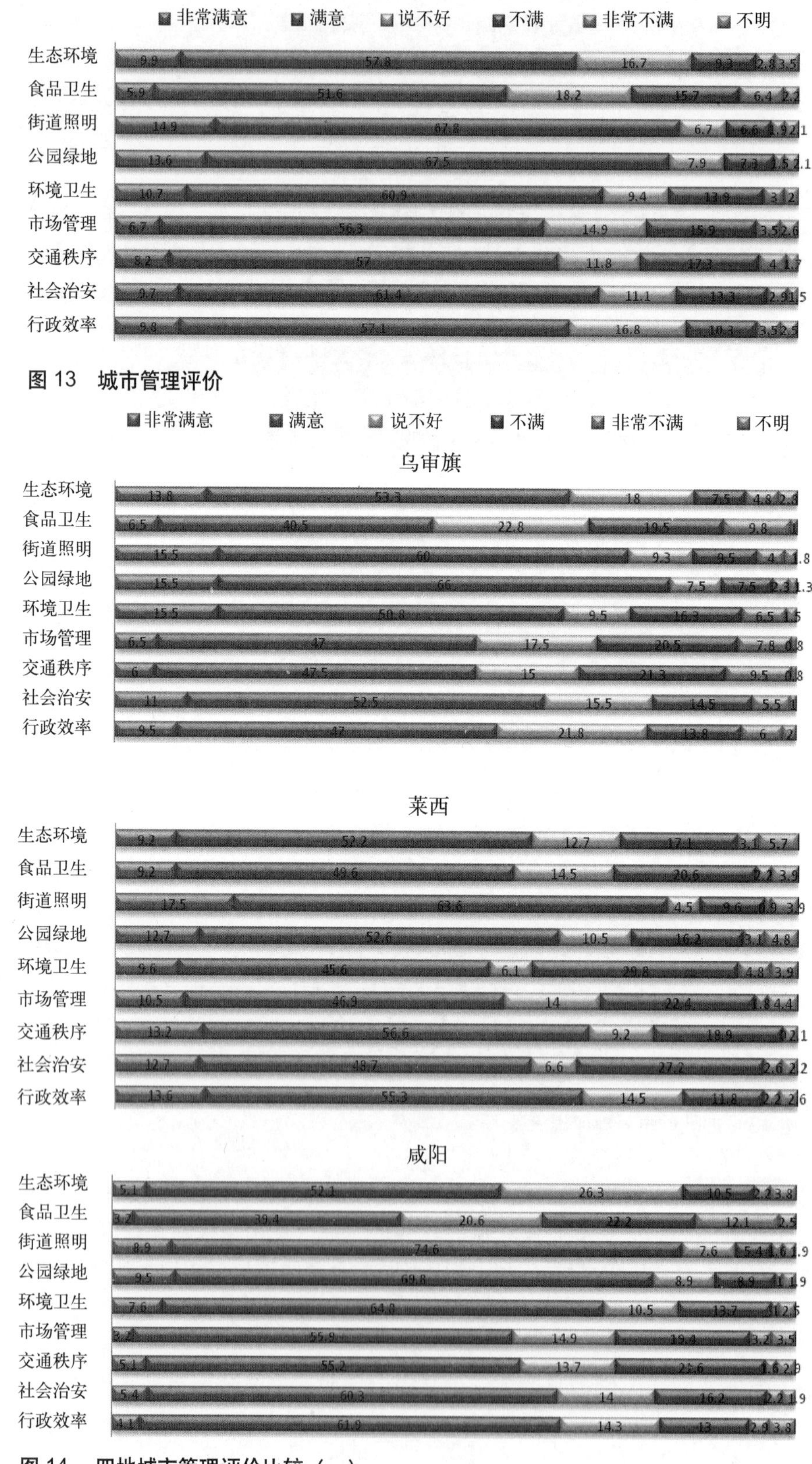

图 13　城市管理评价

图 14　四地城市管理评价比较（一）

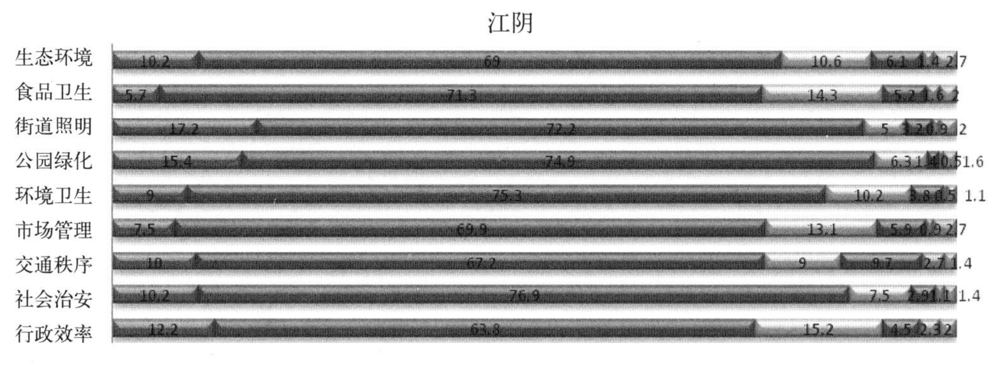

图 14　四地城市管理评价比较（二）

通过图 14 中比较可以看出，乌审旗与咸阳市民认为自己地方的食品卫生较差；咸阳市民对本地生态环境较为不满；莱西市民最不满意本地的环境卫生；四地普遍不满意市场管理与交通秩序，市民们都希望引起本地有关部门的注意。

（五）和谐社会建设评价

和谐社会建设与城市管理同样属于城镇人居环境建设的软件方面，主要反映一个城镇的社会体制、道德风俗以及政府部门执政形象的状况，是衡量社会发展进步的重要因素之一。人居环境硬件设施建设得再好，如果没有好的软件体制支撑，那就不是好的宜居城市，也不会让市民住得舒适、安全，更不会让市民产生归属感。因此，在和谐社会建设方面，设置了社会保障、教育体制、政务公开、公众参与以及政府部门服务形象等九个子项。评价最高的是社会保障制度建设方面，满意率达到了 78.2%，其次为教育体制和弱势群体援助机制，满意率为 71.4% 和 71.3%，这说明四地在这三方面的体制建设得到了市民较为普遍的认可。此外，在政府部门服务形象、社会道德风俗习惯方面，居民的满意率也都超过 65%。评价最低的是城管人员执法形象，不满意率为 17.9%，这也是较为普遍的问题，说明政府必须深入研究如何在提高城管人员文明执法形象的同时，确保城市市场井然有序、有条不紊。其他不满意率相对较高的有公众意见反映途径（14%）、公众参与决策机制（14%）等，这说明在这些方面，政府应尽量拓宽、完善与市民的沟通渠道，在决策方面需重视民意，逐步建立政务公开制度。该项综合满意度为 61.8 分。

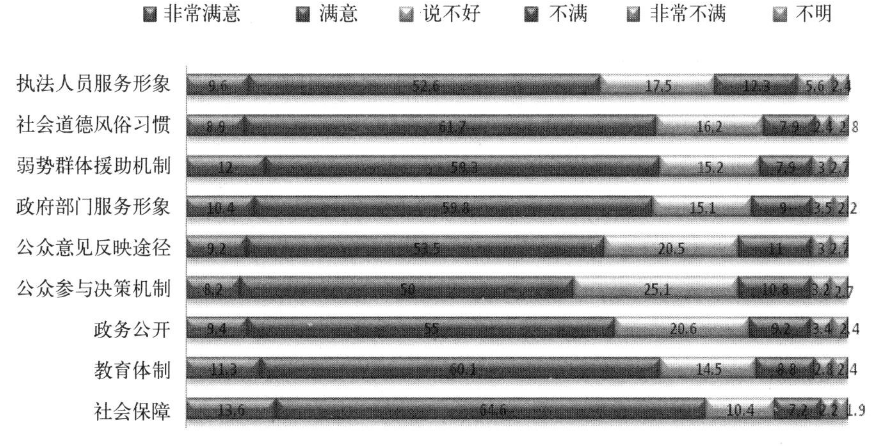

图 15　和谐社会建设评价

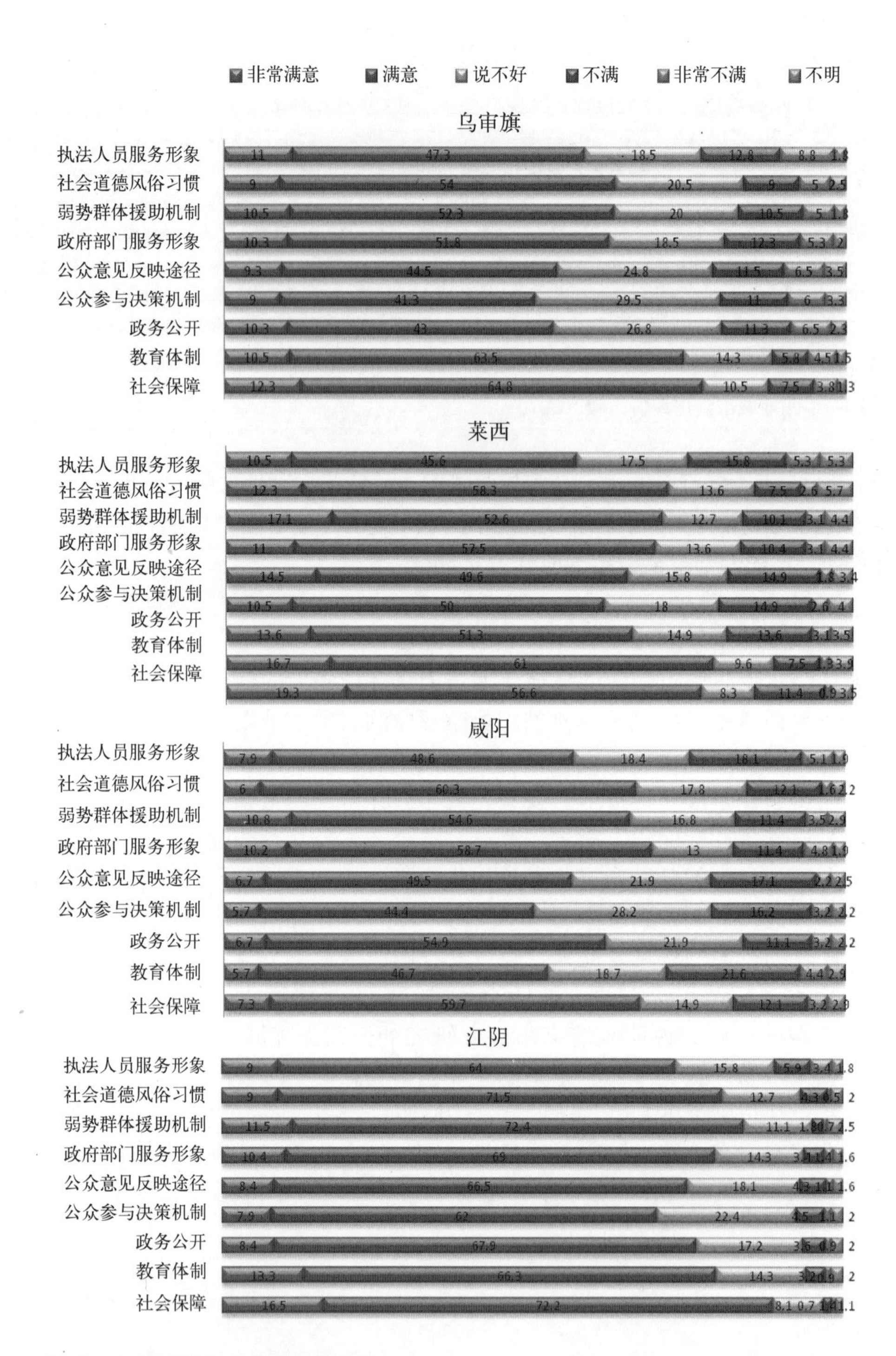

图 16　四地和谐社会建设评价比较

根据比较可以看出，四地市民对本地各自的社会保障制度比较满意，而对执法人员的服务形象都表现出不满的情绪。咸阳市民对本地的教育体制较其他三地来说，满意度不高。

三、居民生活实态与生活意识调查

(一) 住房权属

从住房所有权看，自有房所占比例最高，为 55.5%，其次为租赁住房，占 17.1%，其中，包括租私人房、租单位房、廉租房。权属不明的住房为 24.4%。

（二）住房建筑面积

除不明外，每户住房建筑面积为 80m² 以下的小户型住房和 151m² 以上的大户型住房较多，分别为 24.5%、17.5%，住宅规模分布呈哑铃状态势。其中，大户型住房中 200m² 以上住房所占比例高达 11.3%，户均住宅建筑面积达 120m²，远远超过全国城镇住宅户均建筑面积。建设部《2006 年城镇房屋概况统计公报》中公布的城镇住宅户均建筑面积是 83.2m²。

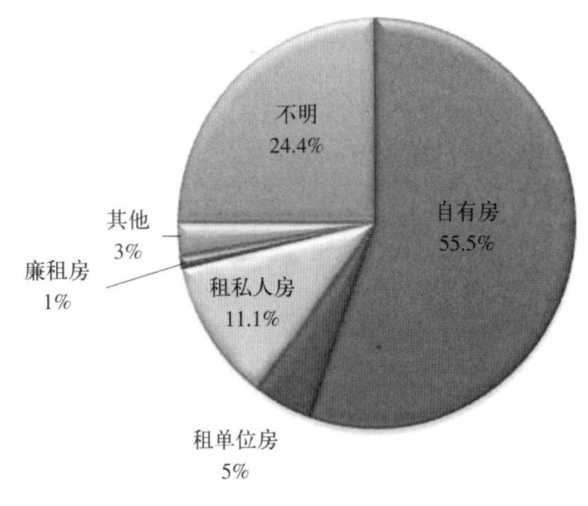

图 17　住房权属

（三）家庭月收入

如图 19 所示，家庭月收入共划分了七个档次，最多的是 2001 ～ 3000 元的收入阶层，占总数的 23.2%；其次为 3001 ～ 4000 元、1501 ～ 2000 元、1001 ～ 1500 元的收入阶层。家庭月收入主要集中在 1001 ～ 4000 元之间，接近调查对象家庭的 6 成。应该值得关注的是月收入低于 1000 元以下的家庭达 7.5%，相反，月收入高于 5000 元的家庭也达到了 6.4%。

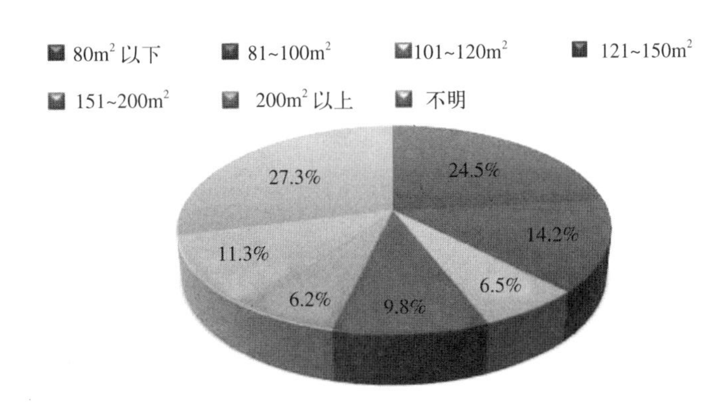

图 18　住房面积

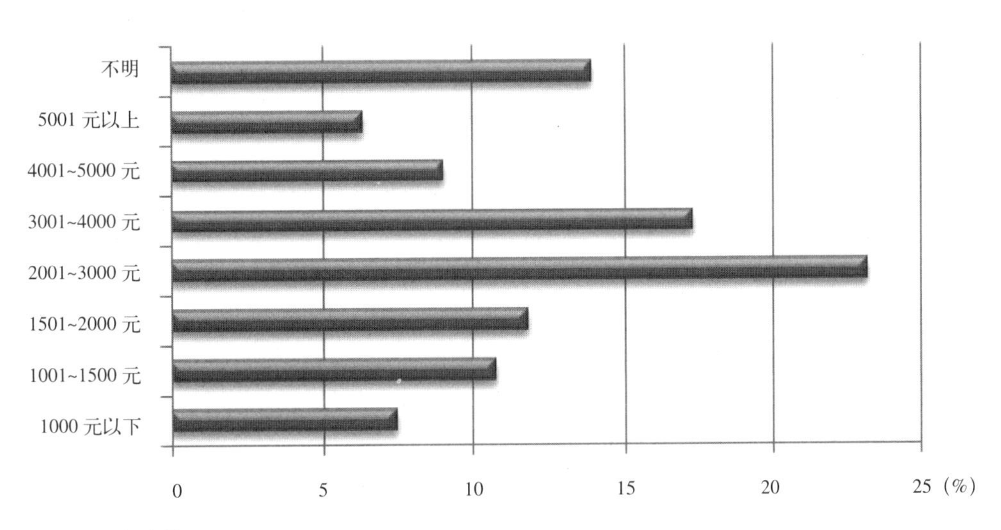

图 19　家庭收入

（四）家庭月支出

家庭月支出中，最高的为食品支出，约占家庭月支出的 23.88%，其次为居住类支出，约占家庭月支出的 21.22%，其他依次为教育支出、娱乐休闲、医疗，消费结构如图 20 所示。平均家庭月支出总额为 4086.84 元。

居住类支出中，除日常的水电气暖及房屋维修支出外，还包括房贷月供款项。娱乐休闲中包括休闲外餐费用，之所以将外餐费用放在休闲娱乐之中，是因为随着经济条件的改善，家庭外餐的次数逐渐增多，而且大多兼具聚会休闲的情趣，应该属于休闲性消费支出。对于以食为天、以食为乐的中国国民来讲，如果将这种休闲式外餐简单地归入食品支出，那么恩格尔系数将会失去其评价的科学性和准确性。恩格尔系数是国际上通用的衡量居民生活水平高低的一项重要指标，一般随居民家庭收入和生活水平的提高而下降。根据联合国粮农组织提出的标准，恩格尔系数在 59% 以上为贫困，50% ～ 59% 为温饱，40% ～ 50% 为小康，30% ～ 40% 为富裕，低于 30% 为最富裕。改革开放以来，我国城镇和农村居民家庭恩格尔系数已由 1978 年的 57.5% 和 67.7% 分别下降到 2010 年的 35.7% 和 43.2%。

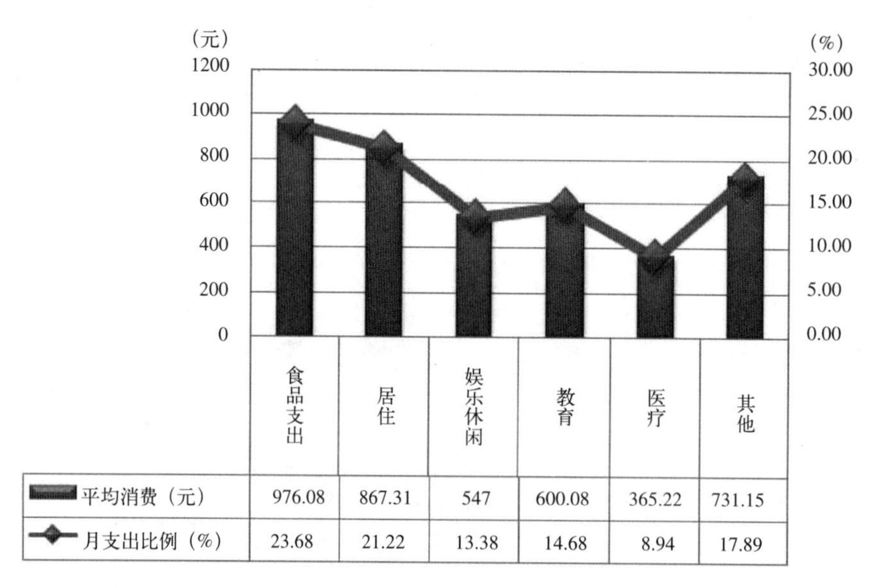

	食品支出	居住	娱乐休闲	教育	医疗	其他
平均消费（元）	976.08	867.31	547	600.08	365.22	731.15
月支出比例（%）	23.68	21.22	13.38	14.68	8.94	17.89

图 20　家庭月支出项目

（五）每天往返通勤时间

“通勤苦”对于生活在大城市中的人们来讲，往往是无法避免的问题，通勤时间长短也是反映城市生活质量、人居环境舒适度的一个基本指标。如图 21 所示，四地近半数的居民每天往返时间在 30 分钟以内，83% 的居民往返通勤时间在 1 小时以内，这是许多大城市无法比较的通勤环境优势。由于通勤时间短，居民可将更多的时间用于休闲娱乐方面，这为缓解工作的疲劳、提高生活质量提供了时间的保障。

（六）通勤方式与通勤交通工具

由于居住与工作单位相距较近，因此采用步行上班和骑自行车的居民超过了半数，这是最健康、最绿色环保的交通方式，既节省能源，又可减少碳排放，是值得提倡的环境友好型通勤方式。但是同时开车通勤的居民也不在少数，接近四分之一，值得关注。今后随着社会经济的发展这一比例将会进一步提高，因此，政府应该未雨绸缪，积极鼓励居民采用绿色环保通勤方式。

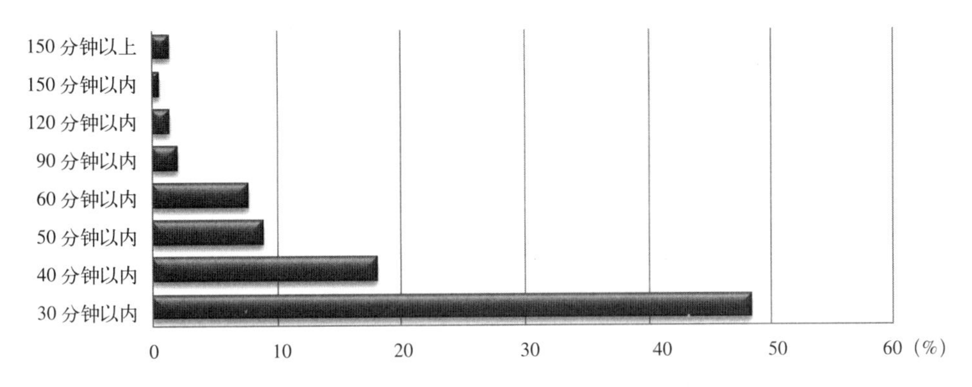

图 21　每天往返通勤时间

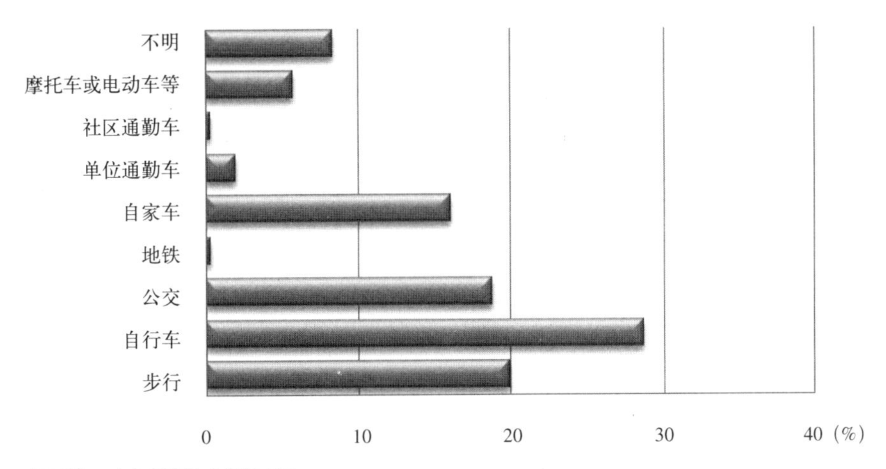

图 22　主要通勤交通工具

（七）日常主要休闲方式与休闲场所

休闲方式反映人们生活的富裕程度，休闲场所体现人居环境的建设质量，两者之间是相辅相成的关系，都是反映社会、经济及人居环境建设发展水平的重要内容。在休闲方式方面，选择最多的是“看电视”，高达 77.1%，这与有线电视网络的普及、电视节目的丰富多彩以及经济方便程度有着密切的关系。另外，超过三分之一的居民选择了“读书看报”；选择“购物”和“上网”的居民分别超过了四分之一，之所以选择这四项的居民最多，与调查对象的年龄构成有着直接的关系。此外，选择健身运动、文艺活动的居民也不占少数，说明除了与调查

日常主要休闲方式与休闲场所　　表5

主要休闲方式	（%）	主要休闲场所	（%）
看电视	77.1	家内	68.2
跳舞	6.8	公园广场	38
文艺活动	9.5	社区公共场所	27.9
读书看报	38	体育场馆	7.1
购物	25.2	图书馆	8.2
打麻将	11.7	购物中心	24.7
旅游	7.8	麻将馆	6.9
看电影	7.7	电影院	4
家庭聚会	8.9	舞场	2.4
外餐	5.4	餐馆	6.9
上网	25.1	网吧	4.4
电子游戏	4.5	酒吧、茶吧、咖啡吧	3.2
睡懒觉	10.1	旅游城市	3
健身运动	11.2	郊外景点	5.8
社区活动	6.6	自家庭院	11.6
自家园艺	2.2	其他	1.6
无所事事	2.3		
其他	1.4		

对象的年龄有关之外，也与休闲设施与场所是否完善有关。

（八）社区公益活动参与状况

居民参与社区公益活动状况是营造和谐社区、创造宜居社区、丰富社区文化活动、传承传统风俗道德的重要前提条件。参与状况直接影响社区人居环境建设与管理水平。从居民的回答结果看，经常参与的占五分之一，偶尔参与的占五分之二，两者相加超过了五分之三，这说明多数居民还是愿意参加社区公益活动的。

（九）与近邻及社区其他居民交往状况

与近邻及社区居民的交往状况如图24所示，与近邻经常交往的达半数，偶尔交往的超过三分之一；与此相反，与社区其他邻居经常交往的有三分之一，而偶尔交往的则将近半数。与近邻及社区居民没有交往的居民分别占6%和9.2%，完全不想交往的居民所占比例仅为0.5%。这说明无论是与近邻交往，还是与社区其他居民交往，社区居民之间的交流氛围良好，交往意识很强，是大城市社区居民之间的交流状况所无法比拟的。

（十）主要交往场所与交往形式

主要交往场所的选择呈三个梯次，最多的为家门口（41.8%），其次为社区公共场所

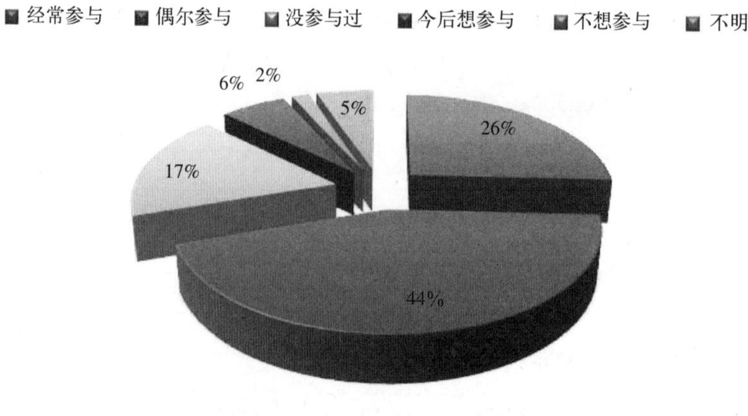

图23　社区公益活动参与状况

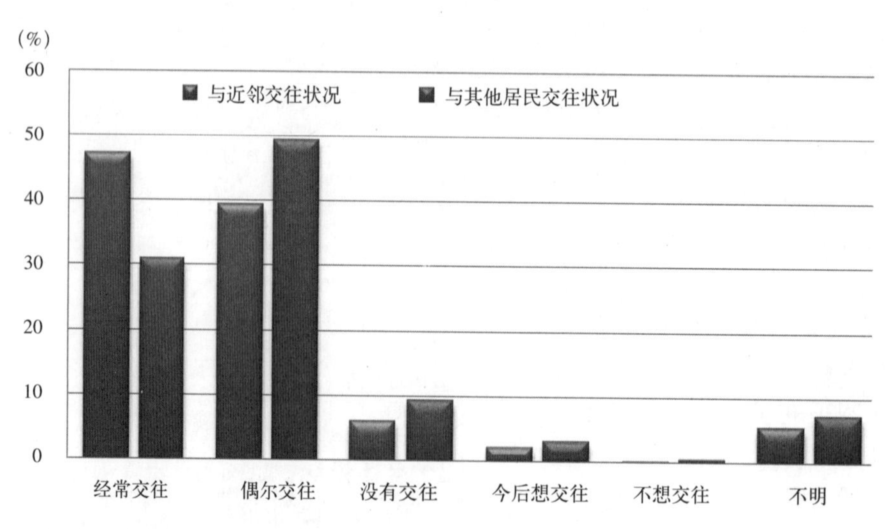

图24　与近邻、社区其他居民交往状况

(32.7%)、家内(25.1%)、社区周边(19.8%),第三个梯次为麻将场馆和其他场所。选择最多的主要交往形式为闲聊,占压倒性多数,接近70%,其次为社区活动(23.4%)、上网(11.4%)、打麻将(9.3%)、文体活动(8.3%)。从交往场所与交往形式看,居民之间的交往大多还处于原始朴素的阶段。

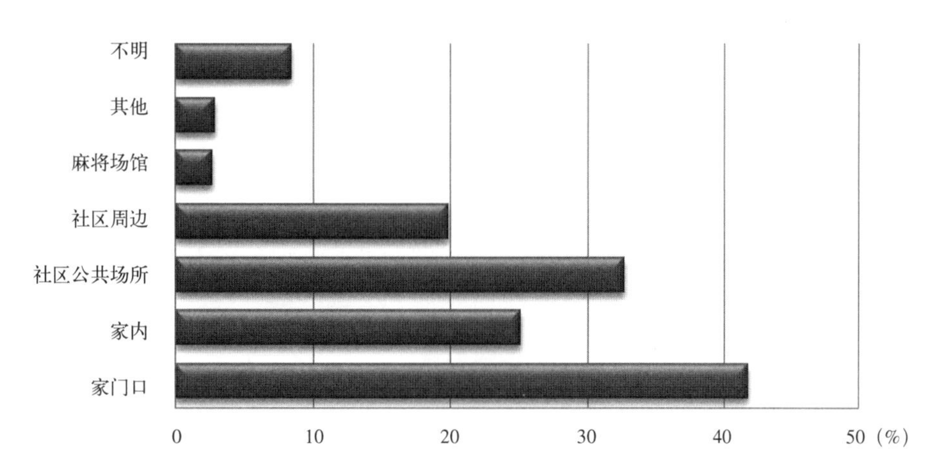

图25 主要交往场所

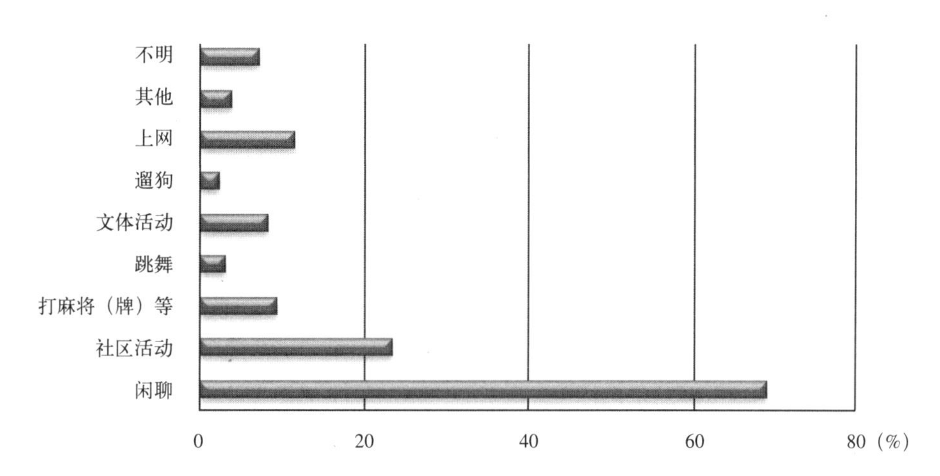

图26 主要交往形式

(十一)社区居民之间交往意愿

与邻里互不相识、邻里之间缺乏交往意愿的大城市相比,这四个城市的居民交往意愿非常强烈。认为社区居民之间非常需要交往的为44.1%、需要交往的为47.4%,两者相加,认为需要交往的居民高达91.5%,充分显示了居民强烈的交往意识。这种强烈的交往意识是建设安全和谐的社区、营造宜居人居环境的前提条件。

(十二)环境友好型生活方式意愿与环境友好型生活方式实施状况

要实现社会、经济与环境的可持续发展,营造良好的人居环境,环境友好型生活方式将是我们今后生活方式的唯一选择。尽管现在很多人还没有认识到这一点,但是,现实中已经有很多公民在自觉与不自觉中,默默地在实施环境友好型生活方式。面对环境友好型生活方式实施意愿的问题,回答“非常愿意”与“愿意”的居民高达92.4%,而回答“不愿意”与“非常不愿意”的居民仅为0.7%;而且,回答“已经开始实施”的居民超过了70.1%,

回答“今后准备实施”的也接近25%，两者相加，超过了95%。这充分说明了环保意识已经深入民心，绝大多数居民愿意为保护我们生存的环境而作出自己的努力。尽管目前实施的水平还处于初级阶段，但随着宣传力度的增加和具体实施办法的指导，环境友好型生活方式一定会落实到每户家庭。

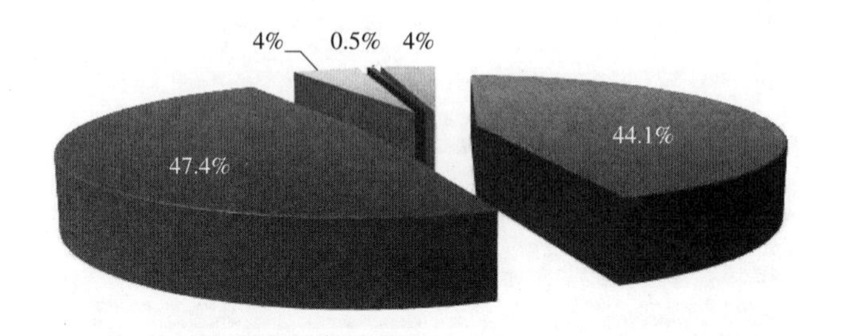

图27　社区居民之间交往意愿

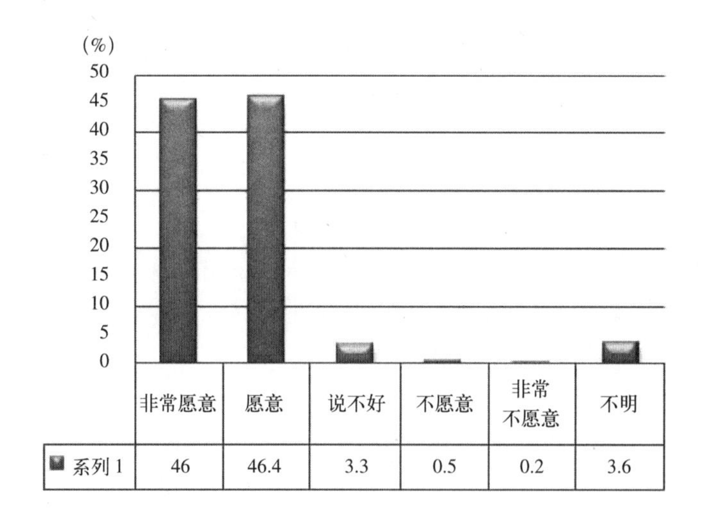

图28　环境友好型生活方式意愿

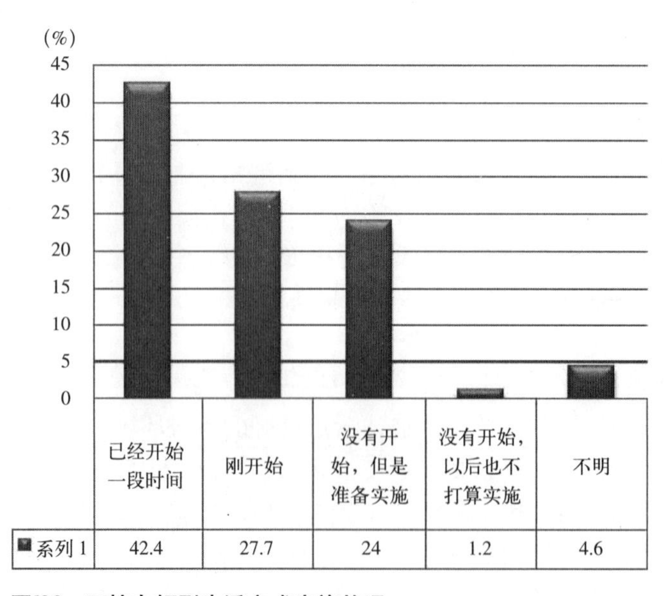

图29　环境友好型生活方式实施状况

（十三）严格实施垃圾分类处理与能否自觉执行意愿

环境友好型生活方式的主要内容之一是严格执行垃圾分类处理，这也是需要居民自觉执行，只有广大居民自觉执行，才能做到垃圾源头处理。针对这项提问，回答“非常赞成”与“赞成”的居民高达93%，而回答“非常不赞成”与“不赞成”的居民仅为1%；而且，回答“一定能自觉执行”的居民为44%，回答“能自觉执行”的为48%，两者相加，达到92%。这充分说明了四地广大居民对严格实施垃圾处理的高度支持与希望严格实施垃圾分类处理的热情。如果政府相关部门确实采取正确引导措施，充分利用居民的这种热情，动员全民参与，那么人居环境示范城镇建设目标就会实现。

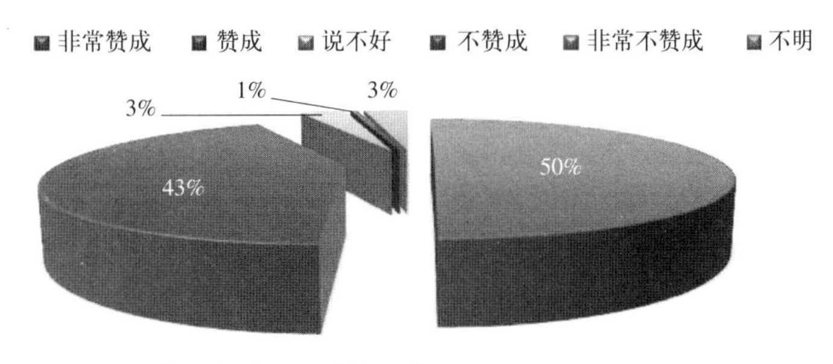

图 30　严格实施垃圾分类处理意愿

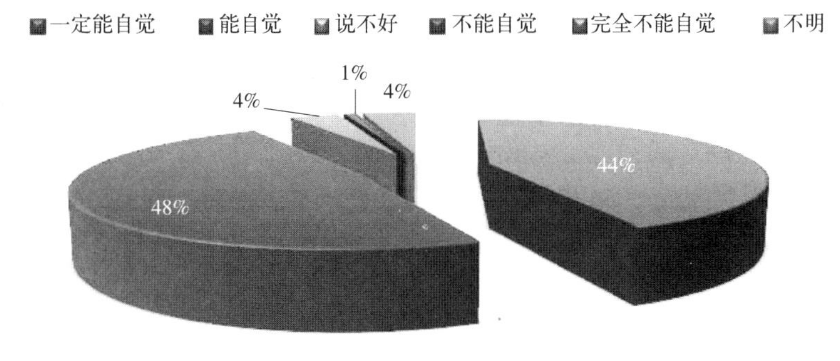

图 31　自觉执行垃圾分类处理意愿

四、居民综合改进意愿

（一）人居环境建设最满意方面

人居环境建设最为满意的是广场、公园等休闲娱乐设施建设（47.4%），其次是城市绿化（39.7%）、道路建设及照明（19.5%）、城市公共卫生（16.9%）。其他方面，社区服务、交通等也得到了一定程度的认可，其中乌审旗有5人提出最满意住宅，4人提出最满意乌审旗本市的城市规划；咸阳市民有47人十分满意咸阳湖的建设，还有2人提出消费水平较高；江阴市民提出本市的社会道德与居民素质有所提高。

（二）人居环境建设存在的主要问题

认为问题最多的前四项是儿童活动场所少（40%）、配套设施不完善（39.5%）、休闲设施少（37.8%）、便民设施少（37.6%）。其次，老年活动场所少（32.6%）、公园绿地少（31.9%）、城市设计缺乏地域特色（30.8%）、公园少（29.5%）、社区环境脏乱差（23.2%）等，这些方面的问题与居民生活条件、人居环境质量密切相关，也是居民切身关注的热点问题。

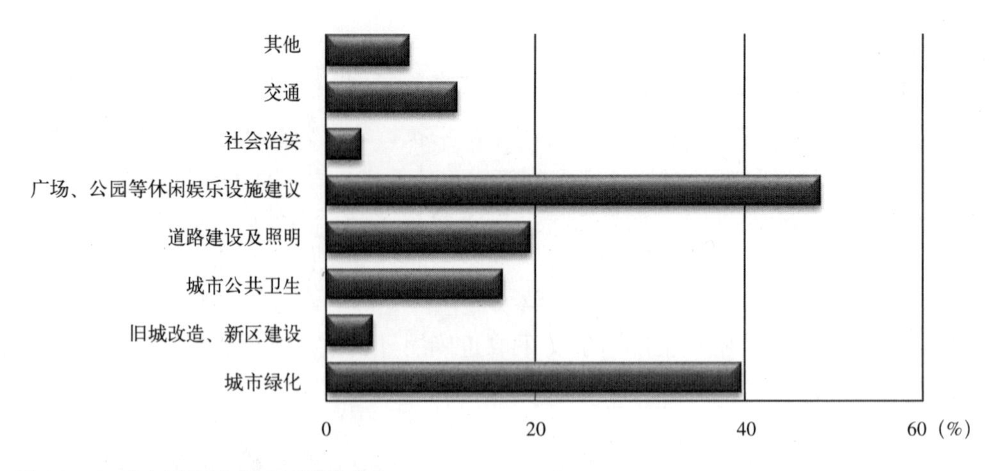

图 32　四地人居环境建设最满意方面

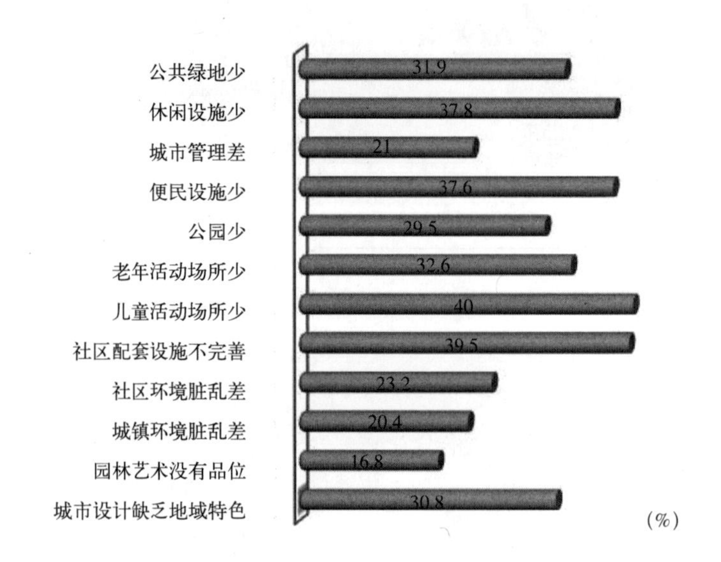

图 33　四地人居环境存在的问题

（三）今后人居环境建设优先考虑方面

在今后四地人居环境建设方面，应该优先考虑哪些方面，共得到 363 人次的回答。居民自由意见最多的是城市绿化及公共设施建设。此外，建议较多依次是增加老年、儿童的休闲活动场所、城市规划、市场与食品卫生治理等。还有部分居民建议建筑设计的形式应该多样化，突出民族与地域文化特色、应加快治理交通拥堵、提高居民素质等，这些都是居民宝贵的建议，是民意的真实体现，对提升人居环境质量具有重要的参考意义。除此之外，乌审旗的市民还希望优先发展本地的教育，希望形成集中的商业网点，并且更关注本地供暖问题；莱西市民希望利用火车站发展本地物流业，希望政府建设集中的居住小区；咸阳市民希望政府加大保障房建设的力度；江阴市民希望增加停车场的建设。

（四）居民所希望的城镇未来发展愿景

未来四地的发展愿景是什么，居民心中的愿景主要集中在城市环境优美、建设经济发达的现代城市、提高本地居民素质、增加休闲场所等配套设施这四个方面。这四方面的愿景反映了四地居民质朴的愿望。除此之外，乌审旗市民希望自己的城市可以成为一流城镇，并且突出本地文化特色；莱西市民希望本地的房地产、轻工业、旅游业三大产业可以迅猛发展，希望自己居住区的供暖可以更加良好；咸阳市民希望实现西安—咸阳一体化，希望自己城市的建筑造型更加新颖，希望公益事业发展更上一个台阶，居民的收入有所提高；江阴市民希望城乡可以统一。所有这些都体现了居民热爱自己城镇的真挚情感，也是这四个城市今后建设发展的主要目标。

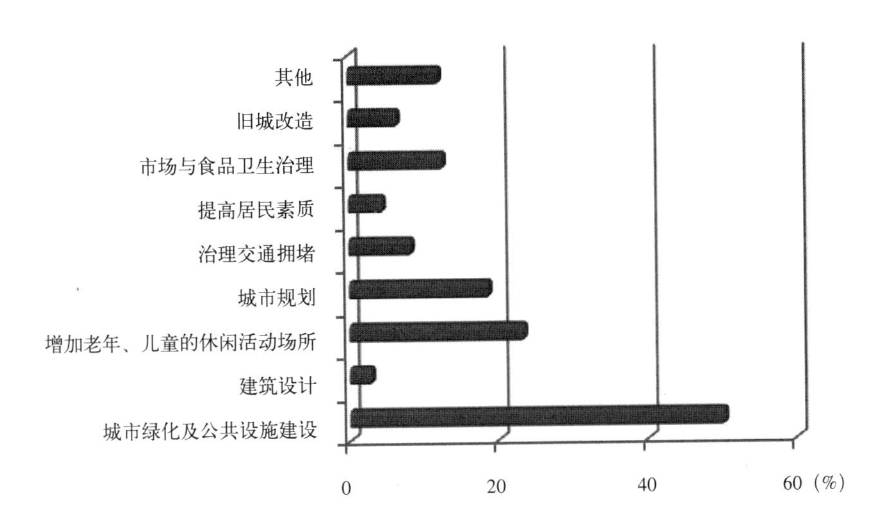

图 34　四地今后人居环境建设首选方面

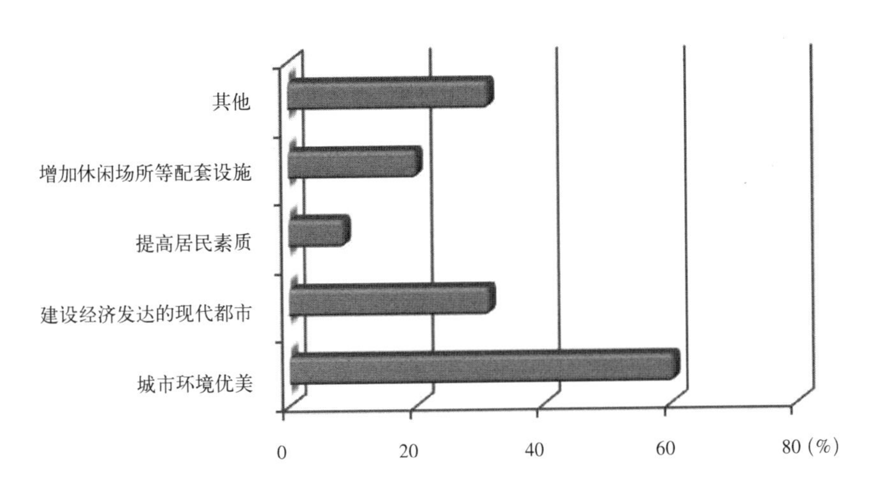

图 35　四地居民所希望的城镇未来发展愿景

五、调查结论

通过上述统计分析，综合居民生活满意度评价、居民生活实态和生活意识以及人居环境现状的评价结果，可以将乌审旗、莱西、咸阳、江阴四地人居环境建设的主要成绩和需要改进的方面归纳为以下几点：

（一）城市景观营造得到广泛的认可，新城风貌焕然一新

在城市景观营造方面，该分项满意度最高，这说明四地在城市景观营造方面，尤其是在广场绿化、城市风貌、道路景观的建设上取得了令人瞩目的成绩，得到了居民较为广泛的认可，城市风貌焕然一新。

（二）居民生活购物、出行便利，居民生活意识积极向上

通过对住房面积、通勤时间与通勤方式、休闲方式与休闲场所、社区居民交往状况、社区公益活动参与状况、环境友好型生活方式实施意愿与实施状况的统计分析，结果显示四地居民的生活实际状况良好，生活意识积极向上。除休闲方式受经济条件与休闲场所制约、较为单调外，其他方面都是许多大城市居民无法相比的。如宽敞的住宅、较短的通勤时间、身体力行的绿色通勤方式、良好的社区交流氛围以及积极向上的环境友好型生活方式实施意愿等，都可以充分证明这一点。尤其，在社区交流与两型社会创建方面，充分显示了居民质朴的热情。因此，在今后创建人居环境示范城镇的过程中，应合理利用居民希望积极参与创建工作的热情，充分发挥居民的积极作用。

（三）城市管理水平体现政府管理能力

在城市管理方面，街道照明、公园绿地、行政效率等子项均获得较高的满意度评价，尤其是大型公园的建设管理质量都显示了一定的水平，特别是咸阳市咸阳湖的建设受到了居民们的广泛认可。建设公园的目的就是为人们提供一个开敞的休闲娱乐的场所，因此，应该采取各种措施促进市民广为利用。

（四）居住环境管理基层社区组织发挥优势

在居住环境方面，除对住宅本身满意度较高之外，社区服务及社区绿化等也得到较好的评价，结合走访调研和座谈会的居民意见，应该说在社区服务方面，基层社区组织发挥了积极的作用。

（五）和谐社会建设得到内外地居民认可

在和谐社会建设方面，社会保障、教育体制、弱势群体援助机制及社会道德风俗习惯等子项的满意度都得到了较高的评价，从政府部门服务形象、政务公开、公众意见反映途径等方面分析，居民对政府的满意度还是很高的，这说明政府对居民的基本生活问题重视度高、解决速度快，把民生放在第一位，不但得到本地的认可，也得到外地人的广泛认同。

（六）居民积极参与人居环境建设，改进建议具有重要的参考价值

在人居环境建设方面，居民认为存在的问题从城市设计、建设到城市管理，涉及人居环境的方方面面，但相对较为集中的是城市设计缺乏地域特色、便民设施和休闲设施少、青少年和老年活动场所少及社区配套设施不完善等方面，这些方面的问题与居民生活条件、人居环境质量密切相关，也是居民切身关注的热点问题。在改进建议中，改善生态环境是居民最多的选择，这说明居民对生态环境仍是最为关心的。此外，对旧城改造、道路改造、建筑形式、各种设施建设、加强交通管理、改善环境卫生等方面，也提出了许多合理化建议。这些建议是民意的真实体现，体现了居民关注的热点问题，对于施政为民的地方政府来讲，具有重要的参考价值。

除上述成绩之外，居民的满意度评价也反映出一些问题。第一，在居住环境方面，评价较低的是社区供暖、物业管理及社区噪声等子项，这主要是由于乌审旗、莱西、咸阳及江阴的物业管理的覆盖面还相对较小，一方面是居民认识程度不够，对物业工作不够支持；另一方面是物业本身还需不断提高服务意识。并且很多老城区还没有实现全套物业管理，老城区的物业基本上处于无人管理的状态。环境卫生、垃圾站点的设置、道路排水等一系列问题也随之产生，并长期得不到解决，因此，居民对此意见较大，希望尽快得到妥善解决。

第二，在城市景观方面，虽然总体评价较高，但是在雕塑小品、标识设计方面，居民的满意度评价相对较低，尤其是四地的老城区主要路口与地段，基本上看不到具有特色的标识，有的地方甚至找不到道路标识，因此，各种交通标识、指示标识及警示标识的设计水平有待进一步提升。第三，对老城区改造方面，居民也提出了许多建议，包括道路改造、排水改造及绿化整治等诸多方面的问题。与新城区的新风貌相比，老城区的环境整治与建设也应放在主要议事日程，因为到目前为止，大多数城镇居民仍生活在老城区之中。第四，生活便利性方面，无障碍设施、便民设施及健身场所满意度较低。随着社会经济的发展，人们的休闲方式会呈现出多样化趋势，为此，在人居环境规划建设时应该充分考虑到各种休闲娱乐场所的布置，以适应不同层次居民的休闲娱乐需求。第五，在城市管理方面，食品卫生、市场管理、交通秩序也是居民评价较低的三个子项。食品卫生、交通秩序及市场卫生条件与居民的衣食住行有着密切的关系，是构成人居环境的重要内容之一，应加强管理。

新市民对城镇人居环境适应性调研报告

一、调查概要

（一）调查背景、目的及意义

随着我国社会、经济的快速发展，人居环境已经成为一个时代的命题。关注民生、关注社会发展与推进技术进步是当前人居环境建设的重点。为了进一步贯彻和落实科学发展观，营造和谐社会，特开展“新市民对城镇人居环境的适应性调研”工作，其目的是为了解农民转市民后，对新的城镇人居环境的适应状况，把握新市民的具体要求和存在的问题，为政府及相关部门提出相关政策建议。研究成果将用于以下几方面：一是用于指导新市民安置社区的规划、建设及管理，营造具有人文亲情的社区；二是用于营造能够满足新市民生活需求的和谐社会，让新市民尽快适应新的城镇人居环境和新的生活方式，维持社会的稳定；三是为各级政府制定新市民安置及解决相关问题的政策等提供翔实的科学依据。

（二）调查内容

本次调研内容主要包括：新市民基本情况、新市民对现城镇人居环境的满意度评价、新市民对新城镇人居环境的适应状况、新市民生活实态与生活意识、新市民的生活要求与改进意愿五大部分，并且采用与被调查者面对面取样的方式，既保证了调查工作的全面性，又保证了直接从被调查者一方取得资料的准确性。调查着重了解和考察新市民对现城镇人居环境总体评价、适应程度、适应和不适应方面及原因等，并在此基础上把握新市民改进人居环境要求与意愿。

（三）调研地点、调研方法及调查对象

此次调查时间为 2010 年 4 月～ 11 月，调查地点为山东莱西，北京通州，沈阳苏家屯、于洪、沈北新区以及上海松江新镇。

调查方式采用街头、小区内采访形式。包括了填写调查问卷、社区入户访问等，并对涉及的若干住宅小区环境进行了考察、拍照。此次调查问卷 440 份，回收有效问卷 376 份，有效回收率为 94%。

调查对象为近 10 年内，由农民转为市民或虽然户籍身份未变，但已经定居在城镇区域内的居民。

问卷回收情况　　表1

城市	发表数	回收数	有效回收率（%）
北京	100	90	90
上海	100	95	95
沈阳	120	119	99
山东	120	110	92

二、调查对象基本属性与住房状况

这一部分调查内容主要包括调查对象转成城市户口时间、职业、年龄、家庭人口、入住现房时间、原住房类型、原住房面积、原住房权属、现住房类型、现住房面积、现住房权属、现住房层数、物业费用、其他费用、是否放弃土地承包经营权、放弃后的补助金额、是否放弃宅基地使用权、放弃后的补助金额、是否拆除原有住房、拆除后的补助费用总额或提供新住房面积、入住现房享有的政府优惠政策、优惠费用总额、自己负担的费用、是否贷款、贷款的额度、贷款的年限等基本情况，反映了被调查人的基本信息。通过了解调查对象的基本信息，可以把握不同地区、不同层次、不同属性的新市民对城镇人居环境的满意程度、不同意见及其改进意愿等。

（一）户口状况

如图1显示，由农村户籍转为城镇户籍最多时期为1996年至2005年，这一期间我国城镇化发展进入快速增长期，也是大量农民转成市民的高峰期，调查对象的50%为此期间转为城镇户籍的。

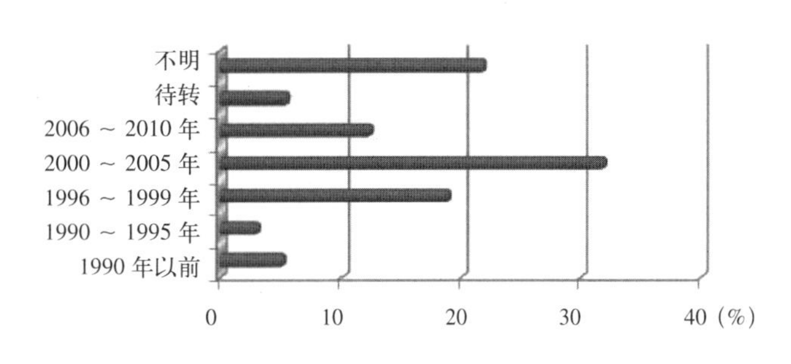

图1　转成城市户口时间

（二）职业构成

在调查对象中，除退休人员及职业不明者外，在职人数占总人数的60%，职业范围包括有白领、工人、公务员、个体经销商、外来务工者以及一部分学生和退休老人，基本涵盖了社会各阶层和收入群体。无业人员占18%，远远高于2009年全国城镇登记失业率4.3%的水平。这说明了城镇化的快速发展、GDP的高增量，并没有给失去土地的新市民带来就业率的增加，但这也给奥肯定律为何在中国失灵提供了依据。每年1000多万农民变成城镇居民在世界城市发展史上是史无前例的，其所带来的就业压力足可以让奥肯定律失灵。

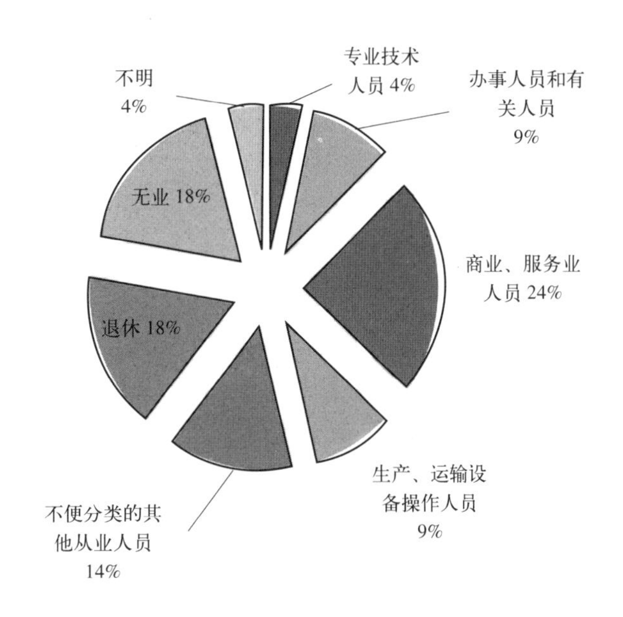

图2　调查对象职业构成

（三）年龄构成

近半数的被调查者是介于40 ~ 60岁之间的中老年人，占到了总人数的47%；20 ~ 40岁的中青年人为31%。调查对象的年龄构成与本项课题的调查对象要求十分吻合，其观点具有一定的代表性，能够充分反映新市民的基本想法。

（四）家庭人口

调查显示，三口之家占了绝大多数，比例达到了54.3%；而四口和五口以上之家分别占了18.3%和3.7%；两口之家的比例为23.8%。这一结果表明，在城镇化的进程中，大城市周边城镇的传统家庭结构正在发生变化，三代以上同堂的家庭逐渐消失，三口之家的核心家庭逐渐上升，已经占据了家庭结构的主导地位。家庭结构的变化预示着以往城郊村镇中人口众多的“大家族”生活模式正在渐渐消失。

（五）入住现房时间

调查结果显示，58.6%的被调查者在2001～2005年入住现房；2000年之前入住现房的为10.55%，两者之和为69%，说明此次调查对象的主体人群为2005年前的农转非居民，具有5年以上城镇生活经历，对城市生活和城镇人居环境已经有了足够的了解。

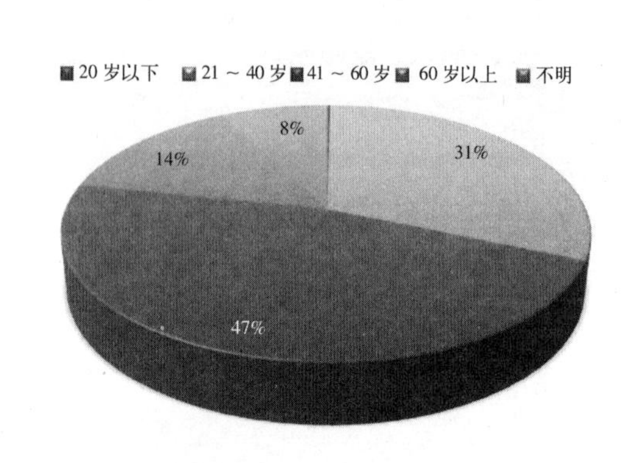

图3　年龄构成

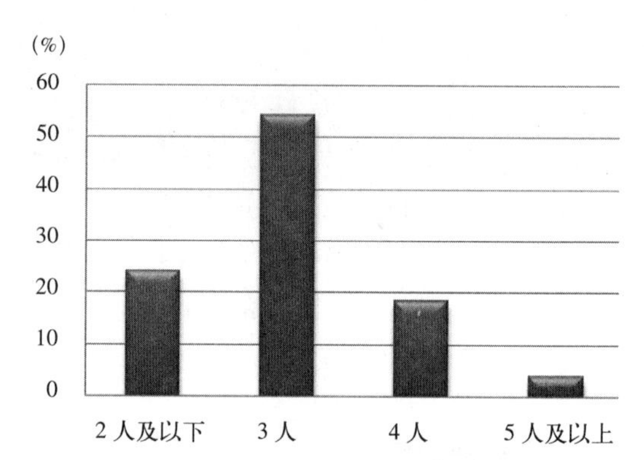

图4　家庭人口

（六）原住房类型与原住房建筑面积

原住房类型最多的是平房，占总数的69.3%；其次为3层以下的低层楼房，为总数的26.1%，两者相加达到总数的95.4%，占了调查对象的绝大多数。原住房建筑面积介于150m²以上的占总数的62.2%；350m²以上的为总数的3.7%。原住房建筑类型与原住房面积的分布状况说明，居住面积以中大型住房为主，且接地型居住是新市民原来居住的基本形态，这也反映了农村住宅与城市住宅在居住形态上的差异。

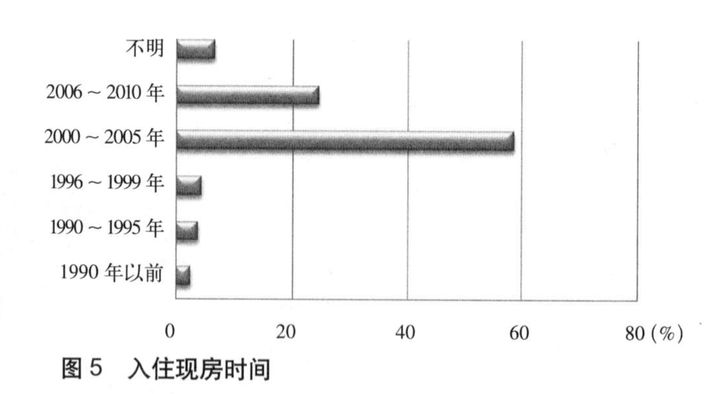

图5　入住现房时间

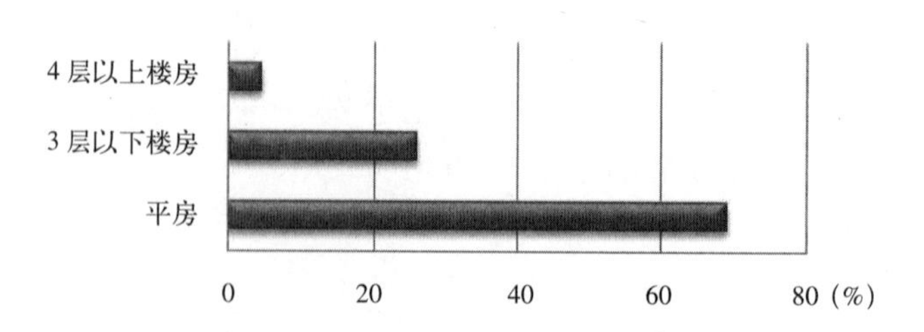

图6　原住房类型

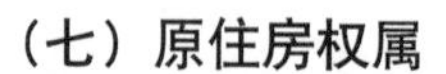

（七）原住房权属

调查显示，84%的原住房为自有自建房，而只有2%的原住房是自有商品房。除此之外，有5%的原住房为租私人房。

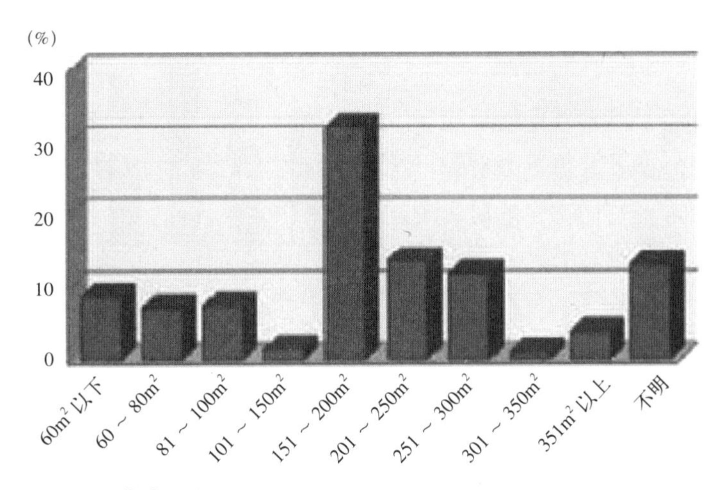

图 7　原住房面积

（八）现住房类型与住房建筑面积

现住房类型绝大多数为 4 层以上楼房，占总数的 77.6%，其中，最多的是 4 ~ 6 层楼房，占总数的 64.6%。除不明之外，还有 7.7% 的住房为 3 层以下楼房，12% 为平房。现住房面积大都在 $200m^2$ 以下，占调查对象的 83.9%。其中最多的是介于 101 ~ $150m^2$ 之间的住房，占到了整体的 24.3%；其次为介于 $150m^2$ 和 $200m^2$ 之间的住房，占调查对象总数的 22.8%。$80m^2$ 以下的仅占总数的 17.3%。调查结果说明，虽然有部分新市民的居住条件并没有改变，但大多数新市民已经居住在 4 层以上城镇集合住宅，集合居住已经成为新市民的主流居住形态。居住面积虽然也比原住宅面积有所减少，但 $150m^2$ 左右的住房成为了新市民住房的主流，远远高于普通城镇居民的居住水平，这也充分说明了各地政府在安置新市民时，考虑到了新市民的居住面积需求。

（九）物业费用及其他费用

大部分物业费用介于 0.2 ~ 0.5 元 $/m^2$ 之间。另外，沈阳的某安置社区从入住开始的 25 年内免物业费，供暖按照 25 元 $/m^2$ 进行收费。与普通城市住宅相比，物业费用维持在一个非常低的水平，体现了对于农民日常收入偏低的考虑，但是，同时也为物业管理留下资金不足的隐患。

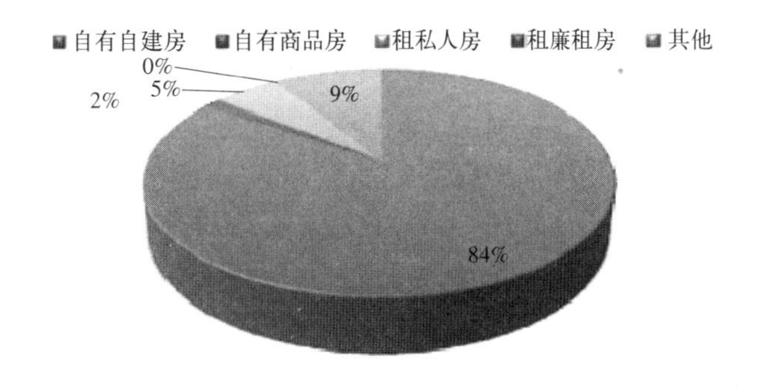

图 8　原住房产权属性

（十）是否放弃土地承包经营权

在调查的所有样本中，有 74.58% 的人表示放弃了土地承包经营权，但是还有 14.4% 的居民表示仍然保有土地经营权。调查结果说明，在宅基地换城镇户口的动迁过程中，绝大多数农民都是以放弃土地承包经营权来换取城镇户口的，但是，仍有部分新市民没有放弃土

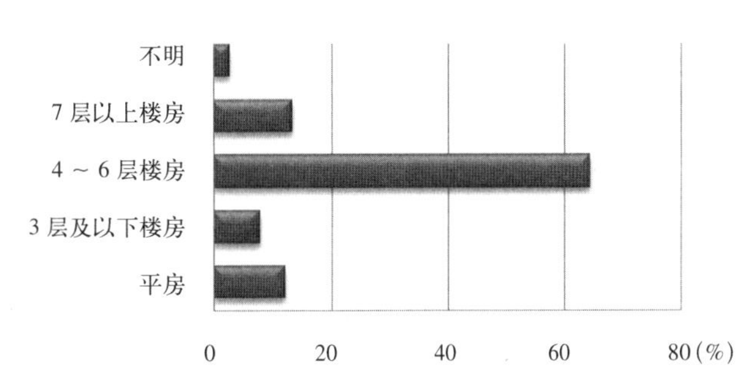

图 9　现住房类型

地承包经营权。

（十一）是否放弃宅基地使用权

有近80%的调查对象表示放弃了宅基地使用权，只有6.8%的居民表示仍然保有宅基地使用权。并且所有的被调查者都反映，放弃宅基地使用权后，政府并没有提供相应的补助金额。

（十二）原有住房拆除状况与入住现房的优惠政策

如图13所示，有75.25%的人表示已经拆除原有住房，19.47%的人表示没有拆除原有住房，部分被调查者表示拆除后没有提供任何补助费用。但是，在回迁房安置方面，如图14所示。各地采取了不同优惠政策。如上海在安置回迁房时，2002年以前，是以原住房面积为主要参照依据，而2006年以后，基本上是家庭为主要参照依据，即户主之外，一个家庭一套房。北京的回迁房安置方法也大致如此。沈阳则是大体按照"一平换一平"的模式，与原有住房的差额面积按照每平方米1480元补偿或者购买。此外，在自己负担的费用方面，有近7成的被调查者表示基本没有负担什么费用；另有17.9%和9.5%的人反映自己负担了不到10万元和10～20万元。

三、居民生活满意度评价

（一）居民环境满意度评价

由统计数据可以看出，大多数新市民对住宅的满意度都很高，占全部的83%。而表示不满的多是针对住宅建筑质量的缺陷。在调研中我们发现，回迁住宅普遍存在着质量的问题。在有些社区，回迁不到5年，墙皮脱落和渗水的现象就十

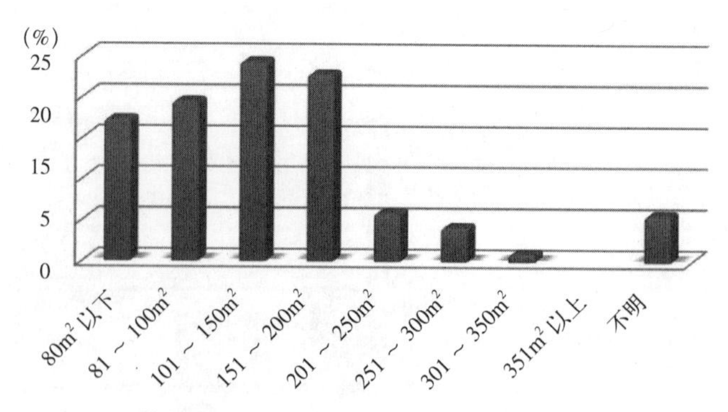

图10　现住房面积

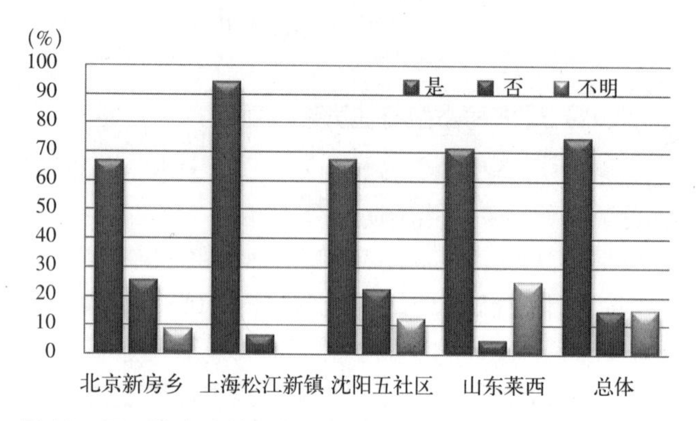

图11　是否放弃土地承包权

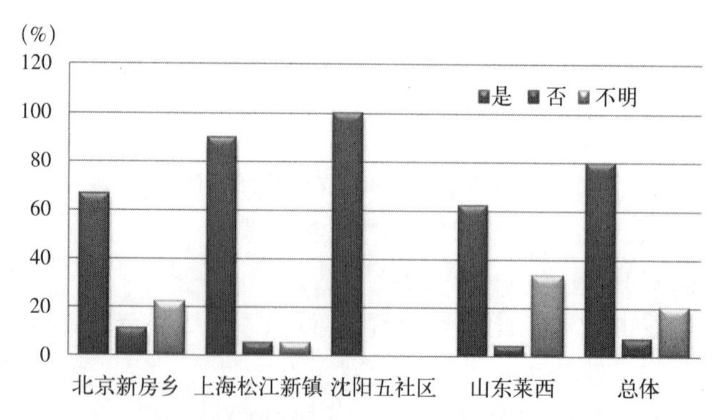

图12　是否放弃宅基地使用权

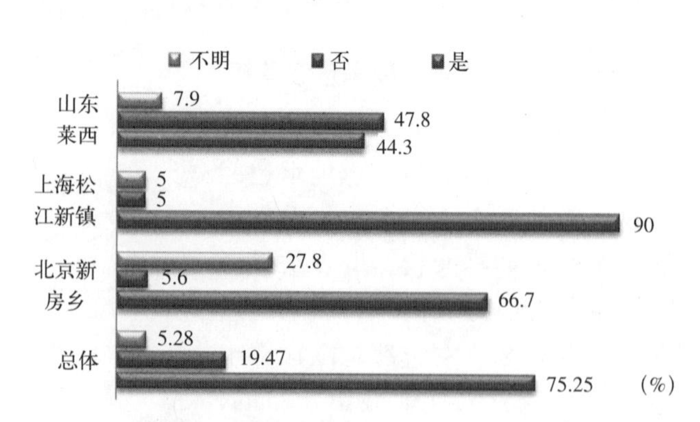

图13　是否拆除原有房屋

分严重，有些地方的外墙甚至开始出现裂痕；而就在同一社区，并且由同一开发商建设的商品房却很少出现这种情况。足见导致这种结果的直接原因就是开发商对于回迁住宅建设的忽视，赶工期，偷工减料，而对于商品房却不敢丝毫怠慢。

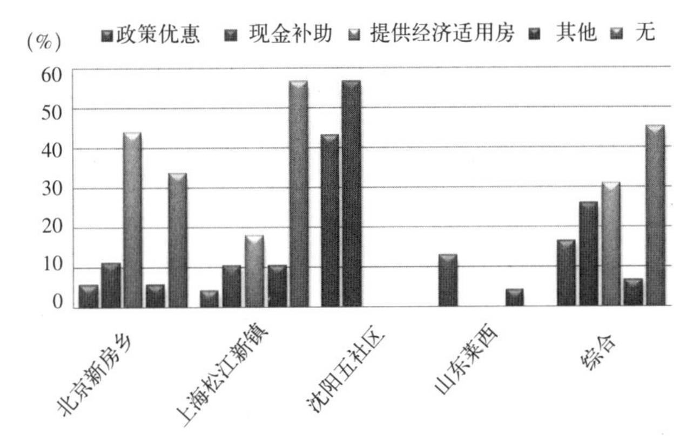

图 14　入住现房享受何种政府优惠政策

在居住环境满意度评价方面，平均满意度仅为50.1分。调查显示，绝大多数居民对于居住环境还是持满意的态度，总体评价比较良好。对于分项的满意度评价中，四地对于空气质量的满意率平均值达到了62.1%，位居第一位，而对于物业管理的满意度平均值只有37.7%，位居末位。

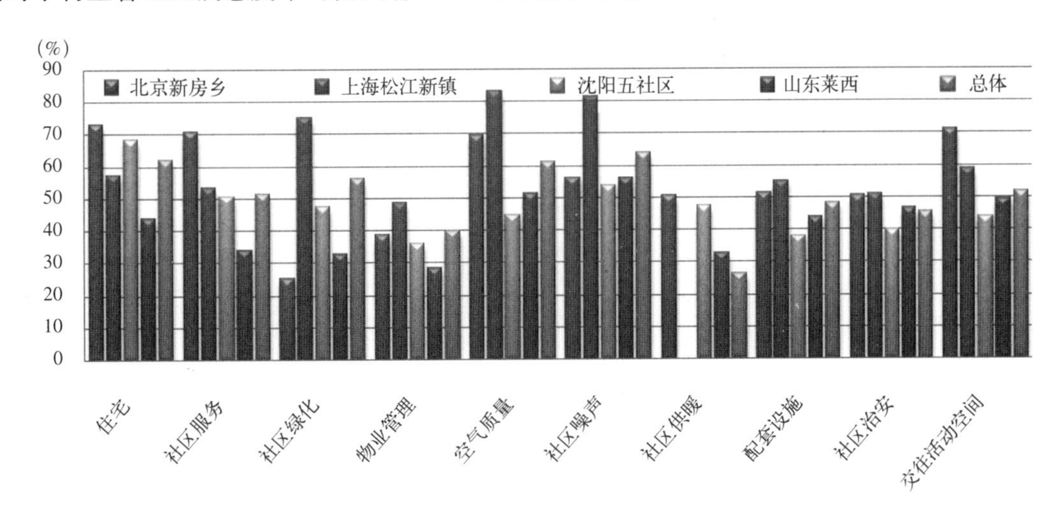

图 15　居住环境满意度评价

1. 住宅评价

对于住宅的评价，大部分居民住宅条件得到改善，原来一层自建的平房由多层规模化管理的楼房代替，同时房屋布局的变更也带来了现代化的生活方式——有了室内卫生间，可足不出户，免去了在夏季和冬季使用室外卫生间的烦恼；有了属于孩子的小卧室，也让他们拥有了自己的私密空间；有了独立的客厅，待客更加方便；有了现代化的厨房，再也不用自己生火。而相比于平房，楼房在灾害发生时拥有更高的安全系数。

有一半以上的被调查者对住宅表示满意，而有少数被调查者反映由于习惯了之前宽敞的宅基地住房，觉得现有住房面积偏小，并且有的住房由于通风不利导致室内十分潮湿。还有人表示将之前的宅基地住房换成面积仅为一半的集合住房，是不公平的交换。

2. 社区服务

农转非后，管理单位由原来的村委会变为社区居委会（个别除外），生活品质的提高主要体现在居委会的社区服务水平上，如何循序渐进地引导新市民改变原来的生活方式、生活习惯，逐渐适应城市丰富多彩的社区生活是社区服务的一大难题，也是一项艰巨的任务。由于原来农村的休闲活动比较单调，更多的是走亲访友、在门前集聚唠唠家常，很少有集体的娱乐活动，所以转为市民后对于社区公共活动空间（活动室、阅览室等）的利用甚少，有些甚至敬而远之，对于社区活动（如舞蹈、歌唱等）也较少参加，更多的还是与原来的老邻居在户外聚在一起，打打牌、聊聊天。而对于中青年，白天忙于上班，晚上也习惯于在家看电视，休闲时间多是自己利用，对社区活动及社区活动空间没有足够的关注。针对这种情况，社区服务应该发挥其主动性，采取引导、鼓励的方式，使新市民融入到这个大家庭，丰富他们的业余生活，也促使社区更加具有活力。

3. 社区绿化

社区的绿化水平反映一个社区的室外环境质量的高低，回迁的社区在绿化建设上比原有的农村住区有明显的改善，密集型住区也有利于绿化的建设。调查显示，社区绿化满意率平均数有44.95%，其中，北京新房乡满意率最低，上海最高。其中，有些被调查者表示，虽然绿化的数量已经足够，但是许多树木呈现出随意生长的状态，没有得到定期的修剪和整理，社区内依然呈现出原有农村宅基地住宅的景象，甚至有一些绿地被当作了居民自家的"菜园子"，这是缺乏了后期的维护造成的，这样一来，回迁居民的生活品质实际上并没有得到很大的提高。

4. 物业管理

对于物业管理的满意度是本部分最低的一项，只有32.6%，调查显示，绝大多数被调查者没有感受到小区良好的物业服务，也没有接触到所谓的物业管理。就算是有，也经常是有偿的，通常是10～20元一次。社区内存在树木无人浇水，自行车停放混乱的状态，说明物业并不能及时处理日常生活中的各种问题，如安保管理差、供水质量差、供暖温度不够等，这都会极大影响居民的生活，由此反映出目前农民转成城市户口之后，相应的社区物业管理的建设还存在很大的改善空间。

5. 空气质量

对于空气质量的调查是本部分满意率最高的一项，满意率为62.1%。多数被调查者认为，相较于中心城区，城郊地区的空气质量较为良好，达到了居民日常生活的舒适度要求。但是四地的空气质量也是有较大区别的。其中，上海松江的空气质量最优越，满意率达83.01%，相比之下，沈阳五社区的满意率竟是上海的一半，这是由于五社区中其中两社区有一排放有害气体的塑料管材加工厂，社区内垃圾箱没有及时清理导致散发恶臭等，极大影响了社区的空气质量。

6. 社区噪声

关于社区噪声，被调查者反映通常情况下社区环境十分安静，主要来源于儿童嬉戏及汽车噪声，虽然会有轻微的噪声，但是不会对居民的日常生活造成影响。但是部分居民尤其是老年人，习惯了农村安静的生活环境，对城镇的喧闹略有不适。

7. 社区供暖

社区供暖方面，满意率普遍较低，除上海由于地理原因，不具备社区供暖以外，其他三地接近半数的新市民对社区的供暖表示不满。相比于农村的生活方式，集中供暖提供了更多的便利，同时也更卫生、环保，但是不按时供暖、温度不达标、供暖管道成为三地普遍的问题。在北方的冬季，供暖是日常生活重要的部分，此次调查的结果应该引起社区物业有关部门的足够重视。

8. 配套设施

调查显示，对于配套设施的提供，多数被调查者表示，虽然存在一些，但是数量上明显不足，不能充分满足居民的生活需要，并且认为社区周边便利店、超市、菜场、学校、托儿所、医院等生活必需场所分布较远，造成了一定不便。调查分析说明城镇居民生活设施的配套建设工作没有达到满足居民日常生活的标准水平，还有许多改进的余地。

9. 社区治安

居民对社区治安的评价整体上还是不错的，但是老旧社区多是开放式的，缺乏治安管理，治安相对较差；新社区多为封闭式，都有相应的安保措施，治安较好。

10. 交往活动空间

交往空间是社区内居民日常生活、交流的重要场所，按形式分室内和室外两种。调查显示，居民们对露天的公共交往空间较为满意，但是有的社区反映缺少室内交往场所或场所设施简单。另外有居民反映，小区周围缺少运动场地，现有的一些篮球场等体育设施也是收费的，不能很好地满足使用要求。相比之下，回迁房与商品房混合的社区比回迁安置独立社区的室内外活动要丰富很多。由此可见，居民对活动空间的满意程度不同，与社区的实际情况有很大关系。

（二）和谐社会建设评价

此项内容共包含社会保障、教育体制、政务公开、公众参与决策机制、公众意见反映途径、政府部门形象、弱势群体援助机制、社会道德风俗习惯和执法人员形象九项相关指标。和谐社会建设评价主要反映了当地政府的相关服务能力，总体满意度不高，在这九项中，满意率达到及格以上的只有教育体制和社会道德风俗习惯两项，满意度最低的为公众意见反映途径。并且，四地的差别也比较大。北京新房乡的总体评价很高，除教育体制外，其他八项满意度都在 75% 以上，满意度均值达 78.97%，表示北京政府相关服务能力较强，居民较满意。但是其他三地的分数普遍较低，上海松江的满意度均值低达 31.72%，调查者大多表示出对于政府管理工作的不满，或是对于政府决策不清楚、不知情，并表示政府的决策与自己的生活无关，作为居民本身对于政府工作也不是很关心，认为凭自己的力量也不能改变既有现实。

居民的不满情绪主要集中在以下几个方面：第一，由农村居民转为城市户口以后，享有的社会保障没有得到相应的提高，并且表示由于城镇物价较高，超出了自己的经济承受范围。第二，对于拆迁政策有所不满，但也没有反馈意见的途径，自己的感受不能很好地传达给政策制定者，感到自己被忽略。第三，认为动迁工作因时间不同存在不公平待遇，动迁时间较晚的补助比动迁较早要丰厚很多，反映出政府没有很好地处理好动迁工作中需要协调解决的问题。

在和谐社会的建设过程中，政府应该适当地转变执政理念，积极地采纳居民的意见，妥善解决居民遇到的实际问题，对不理智的行为应采取说服教育的手段，而社区也应该发挥其协调作用，设立相应的社区服务站，密切关注社区的实际情况，帮助居民解决实际问题和信息的上传下达，促进和谐社会的建设。

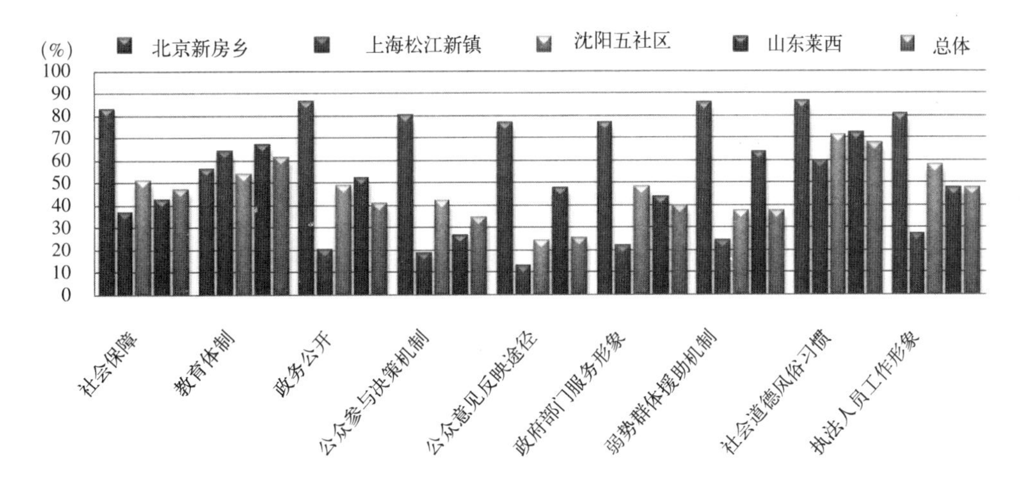

图 16　和谐社会建设评价

四、城镇生活和人居环境适应状况

（一）城镇生活适应度

在城镇生活适应度的调查中，72.6% 的接受调查的居民反映已经很好地适应了城市生活，而 8.6% 和 17.6% 的接受调查的居民分别反映说不好和不适应。调查样本中没有出现非常不适应的案例。

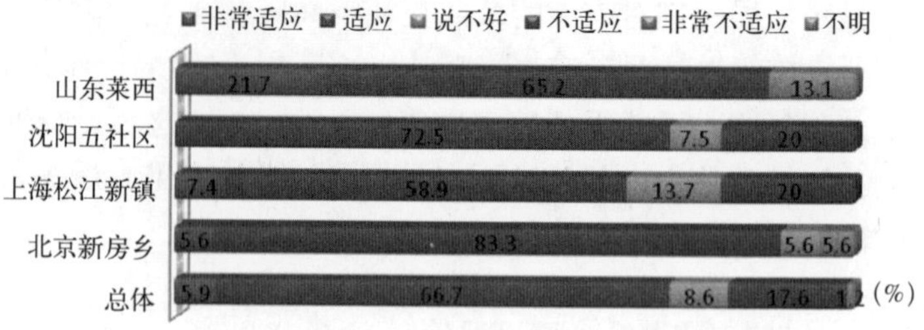

图 17　城镇生活适应状况

1. 适应方面

首先，生活基础设施的改善，之前的井水都换成了自来水，并且能够使用天然气，大大方便了居民日常生活；其次，由于交通的通达，出行、购物等方面的便利性都得到了很大程度的提高；再次，与之前农村相比，城镇日常生活的配套设施也比较完备，儿童入学就读、青年人就业方便，能够较好地满足居民日常生活的需要；最后，小区的绿化环境较好，城市景观设计也比较优美，能够很好地体现出城市的精神风貌。

2. 不适应方面

首先，生活成本太高，对比之前农民在自家的前院里种菜，能够自给自足地满足日常生活的需要，新的城镇生活由于缺少了前院这一生产场所，迫使许多居民要去菜场买菜，同时由于物价、房价和居民的收入不成正比，给很多居民造成了较大的经济负担；其次，由于城镇比农村的车流量大，导致居民日常交通不便利；再次，城镇的环境污染比农村严重；最后，城镇的人际关系比较淡漠，使居民不习惯。

（二）人居环境适应度

在人居环境适应度的调查中，2.7% 的被调查者反映对人居环境已经非常适应，72.2% 的被调查者表示已经适应，而 10.6% 和 12.5% 的被调查者分别反映说不好和不适应。调查样本中没有出现非常不适应的案例。

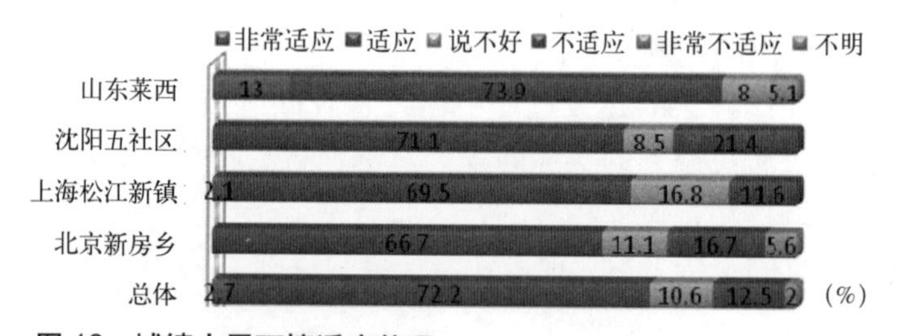

图 18　城镇人居环境适应状况

1. 适应方面

社区卫生环境尚好，有比较完善的公共休闲交往空间，能够为居民提供足够的交往活动的场所；此外购物较之以前方便，看病就医条件也能得到很好地满足。

2. 不适应方面

首先，对比之前农村生活中的独门独院，有些居民表示

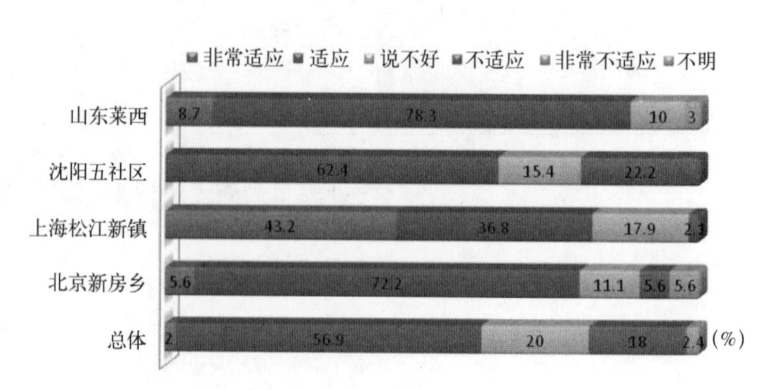

图 19　城镇社区管理适应状况

更喜欢以前的居住方式。现在住宅面积太小，层高过低，不能种植一些农作物，并且许多生产工具也无处堆放。另外有些住宅没有自家的院子，洗晒衣服都不是很方便。甚至有些居民反映，住宅质量不是很好，经常出现漏雨的状况，同时由于通风不利，屋内十分潮湿。

其次，邻里交往减少。原先，平房前面的院子是居民与邻居进行交往沟通的一个很重要的场所，新的城镇住宅由于缺少了这一场所，使得很多人感觉到人与人之间的交往非常不便，邻里之间也变得十分冷漠，由于缺少交往，使得有些居民的心情变得压抑。

再次，绿化太多，比较繁杂。虽然社区中绿化的数量很多，但是经常处于无人修剪整理的状态，树木肆意生长，有的杂草还蔓延到人行道上，对日常交通造成了一定的影响。另外由于没有物业管理对其进行定期的修剪，使得社区内的绿化与之前的农村自然景观相差无异，没有很好地体现出新镇居民的生活品质。

（三）城市社区管理适应度

在城镇生活适应度的调查中，43.2% 的被调查者反映对城市社区管理非常适应，并且有 36.8% 被调查者反映已经适应，另外有 17.9% 和 2.1% 的被调查者反映说不好和不适应。调查样本中没有出现非常不适应。

1. 适应方面

被调查的居民普遍反映，城市社区的治安较好，平时很少发生入室盗窃等事件，即使偶尔会有自行车等丢失的现象，也没有很大地影响到居民的日常生活。居民的生命财产安全能够得到很好的保障。并且小区的物业服务态度较好，可以很好地为居民，尤其是为老年人服务。

2. 不适应方面

首先，物业管理不到位。多数居民表示，小区内经常出现自行车随意摆放，设施毁坏长时间无人修理，小区街道无人打扫的状况。社区管理人员未能及时有效地履行自己的责任与义务，使得社区生活的质量不能得到很好的保障。

其次，物业费用高。针对物业管理无作为的状态，许多小区居民表示不愿意缴纳物业管理费用。有的居民还表示电费水费都很高，超出了自己的经济承受能力范围。

再次，保安工作未落到实处。许多居民表示，平日里进出小区的人群比较混杂，保安未能对此状况进行及时制止，同时保安的素质普遍偏低，不符合居民满意的标准。

（四）适应方面与不适应方面的因素分析

第一，动迁折算面积太小，应多些补偿。有些居民认为动迁后政府补助的面积较原来相比过少，经济补贴也没有满足居民的需要，使得不少新市民颇有怨言。

第二，活动空间的面积增加。这一部分包括两方面的内容：有些居民认为住宅中的前院面积太小，在很大程度上阻碍了他们的日常耕作生活和邻里的交往活动；有些居民则认为应该增加社区中的公共交往空间，并设置篮球场、健身场等免费活动场所，以满足居民的日常生活需要。

第三，社区管理上需要改进。小区的物业管理应该得到加强，使得小区能够维持在一个健康安全运转的状态，并充分保障社区内居民的生命财产安全。

第四，迁入后的政策制定应该符合农民自身的情况。农转非后，许多居民面临着物价偏高，无医疗保障等社会问题，政府在进行用宅基地换取城市户口的动迁工作中，应该充分考虑到安置农民于新城镇的社区后，居民面对生活发生的巨大改变而产生心理上的不适应，政府应该制定及时有效的措施使居民尽快适应新的生活，并且使他们的切身利益得到保障。

第五，群众表达意见的途径。许多居民表示对动迁过程中执法人员的许多行为感到不满，但是却不知道向上申诉的途径，自己的意见不能反映到高层政府管理部门，导致居民与政府脱节。

第六，卫生习惯问题。农转非后，许多居民仍然保持着旧的卫生习惯，使社区管理清洁工作的进行和维持比较困难。政府应该对新市民进行卫生方面的宣传教育，全面提高新市民的素质。

五、生活实态与生活意识

（一）动迁前家庭年收入

调查显示，16.9% 被调查者动迁前的家庭年收入为 5000 元以下，同时有 26.3% 的被调查者的家庭年收入在 5000 ~ 9999 元，占了最大比例。此外年收入 10000 ~ 14999 元和 15000 ~ 19999 元的居民分别占了 19.2% 和 10.2%。被调查者动迁前的家庭的年收入普遍低于城市居民的平均水平，体现了生活水平较低的状态。

（二）现家庭年收入

调查显示 20.8% 的被调查者现在（即动迁后）家庭年收入为 15000 ~ 19999 元，占了最大的比例。同时有 15.7% 的被调查者的家庭年收入为 10000 ~ 14999 元，位居第二。此外还有 20000 ~ 24999 元和 5000 元以下分别占了 14.9% 和 13.7%。动迁后的家庭收入在 5000 元以下的被调查者明显减少，整体收入水平得到了提高，分布也朝着高收入的方向发展。

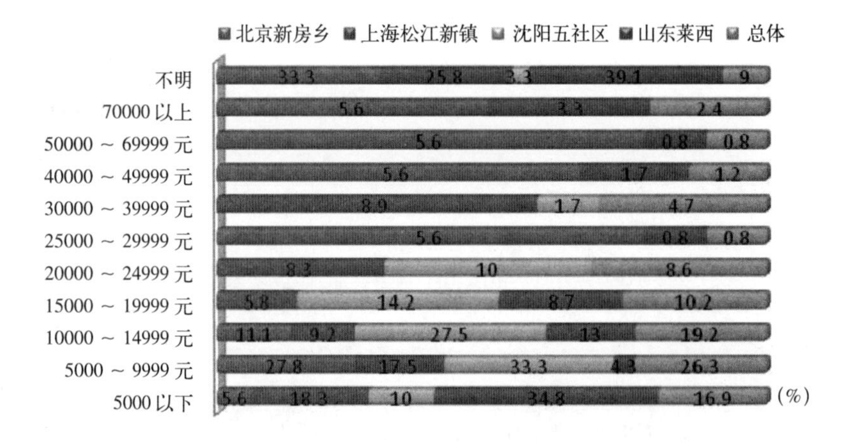

图 20　转新市民前家庭年收入

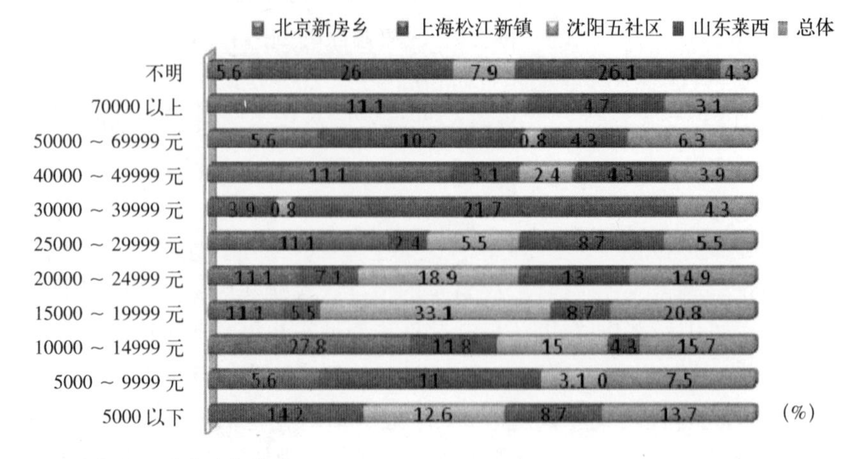

图 21　现家庭年收入

（三）主要休闲方式

调查显示，城镇居民平日里的休闲方式以看电视、购物、读书看报、打麻将为主，尤其是看电视，所占比例高达88.6%，这说明看电视是成本相对便宜的娱乐活动，不需要更多的资金投入，此外还有一大部分人群表示无所事事。其他的活动如健身、购物、旅游等虽都有涉及，但所占比例较少。居民休闲活动的多样性和业余生活的丰富多彩在一定程度上反映了城镇居民精神文明建设的成功之处。但是应该注意到，许多农民在转为城市户口之后，并不能很好地适应城市生活的快节奏和多变性，表现出了一种无所适从的状态。提醒政府相关机构应该对于居民的休闲生活给予更多的关心。

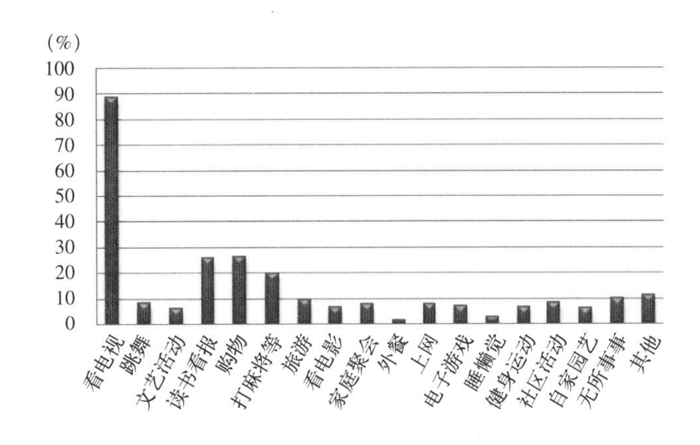

图22　主要休闲方式

（四）主要休闲场所

对于休闲场所的调查显示，绝大多数居民选择在家进行休闲娱乐活动，也有部分居民偏向于公园广场、社区公共场所、购物中心等公共娱乐场所。另外还有些许居民选择去麻将馆、电影院、郊外景点等来度过自己的闲暇时光。场所的选择呈现出多样性，这也反映了城镇居民休闲娱乐方式朝着选择较多的方向发展。但是同时应该注意到，还有相当多一部分的居民选择在自家的庭院阳台上进行休闲活动，这是与动迁前农民的生活习惯有着密不可分的关系，政府应该充分考虑到新市民的自身习惯的特点，来指导新城镇建设工作的进行。

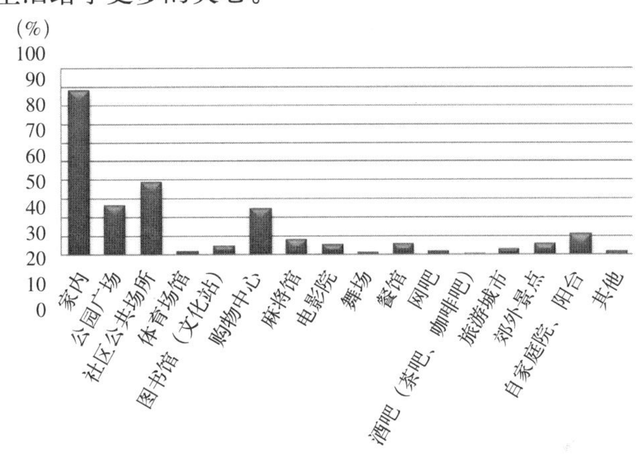

图23　主要休闲场所

（五）社区公益活动参与情况

对于社区公益活动参与情况的调查显示，51%的被调查者表示从来没有参与过，而26%的被调查者则表示只是偶尔参与，只有14%的被调查者表示自己经常参与。而偶尔参与和从没参与过的被调查者中绝大多数表示，对社会活动没有一个明确的概念，没有接触过这方面的消息同时也不知道通过什么途径能够参与到公益活动中来，这样的事实说明社区公益活动的普及宣传工作应该要进一步的加强，新城镇居民的精神文明素质应该得到进一步的加强，管理者也应要多向公众宣传公益活动的益处，吸引更多的人来参与。

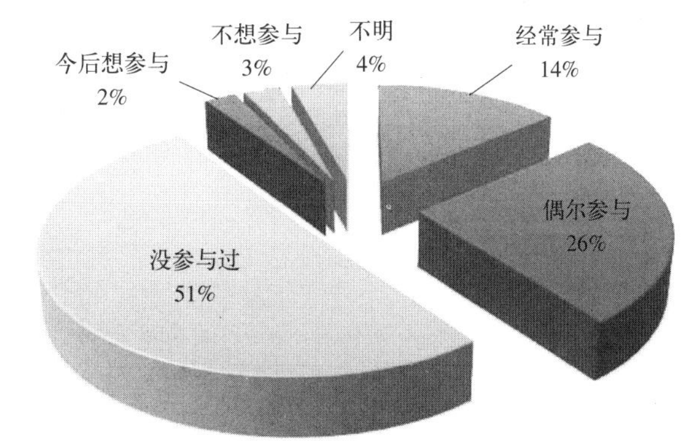

图24　社区公益活动参与状况

（六）与近邻交往情况

调查图表显示，在与近邻的交往中，有 50% 的被调查者表示经常交往，39% 的被调查者反映是偶尔交往，而只有 6% 的被调查者表示没有交往。而在表示经常交往的人群中，绝大多数人表示，虽然自己努力维持与邻居的交流，但是由于新城镇社区的建设机制不同，房屋构造的差异，使得邻里间见面的机会变得很少，之前的好邻居也逐渐变得生疏了，人与人之间越来越冷漠，建议社区管理者多组织一些社区活动使得社区居民都有参加的机会，从而增强彼此之间的了解。

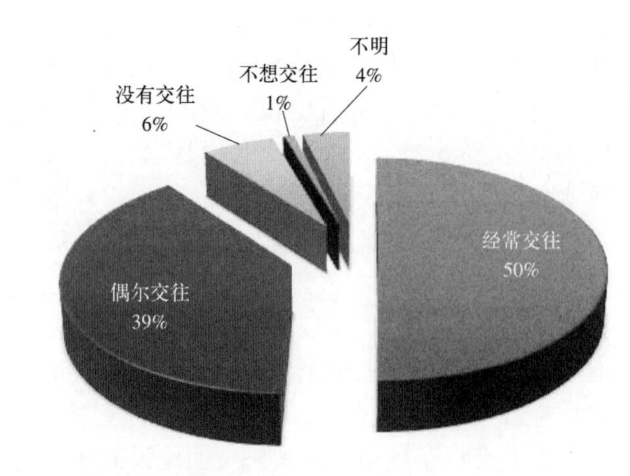

图 25　与近邻交往状况

（七）与社区其他居民交往情况

与上一个图表的数据比较，在与社区其他居民交往情况的调查中，更多的人表示偶尔交往和没有交往，分别占到了被调查者人数的 44.3% 和 14.9%，而只有 35.7% 的人表示经常交往。同样多数被调查者反映由于没有机会与社区其他居民交往，社区有的时候显得很冷清。

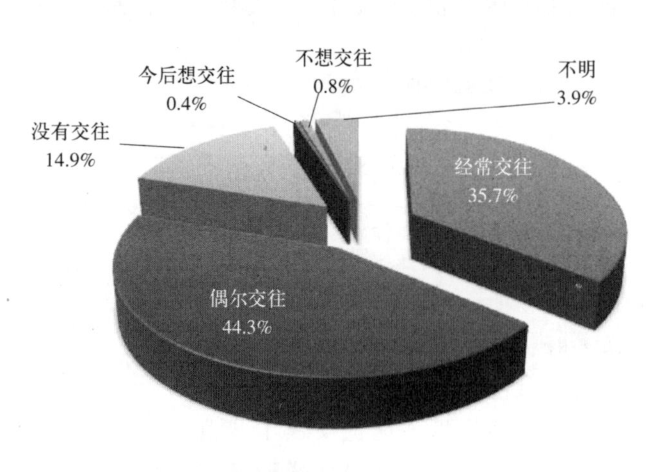

图 26　与社区其他居民交往状况

（八）日常主要交往人群

调查显示，日常主要交往人群中，近邻的比例占了 67.7%，位居第一位，其次是原农村社区老邻居，占了 59%，此外较多的是社区其他居民，为 37.7%。工作同事和共同兴趣爱好者所占比例均不到 15.6%。分析结果得出，新城镇的居民依然保持着与原有农村老邻居的交往，但是与其他社区的居民的交往则明显不足。

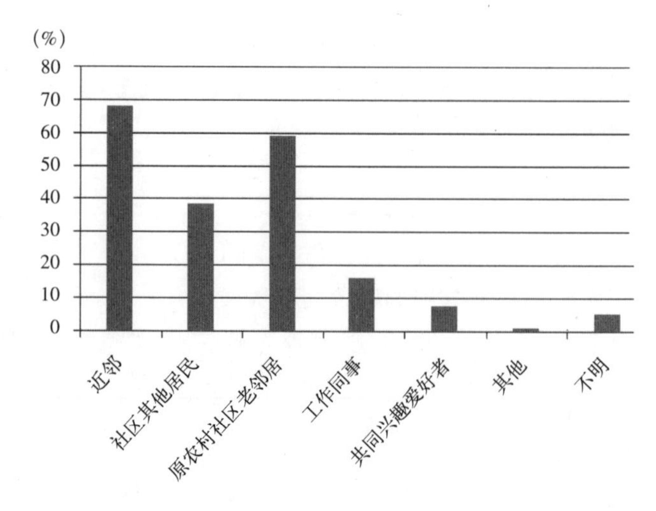

图 27　日常交往主要人群

（九）主要交往场所

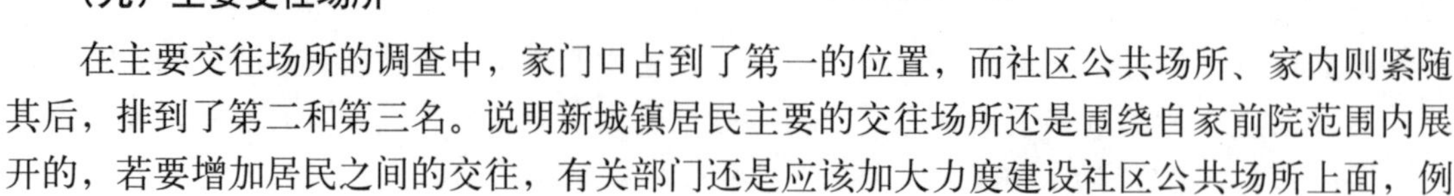

在主要交往场所的调查中，家门口占到了第一的位置，而社区公共场所、家内则紧随其后，排到了第二和第三名。说明新城镇居民主要的交往场所还是围绕自家前院范围内展开的，若要增加居民之间的交往，有关部门还是应该加大力度建设社区公共场所上面，例

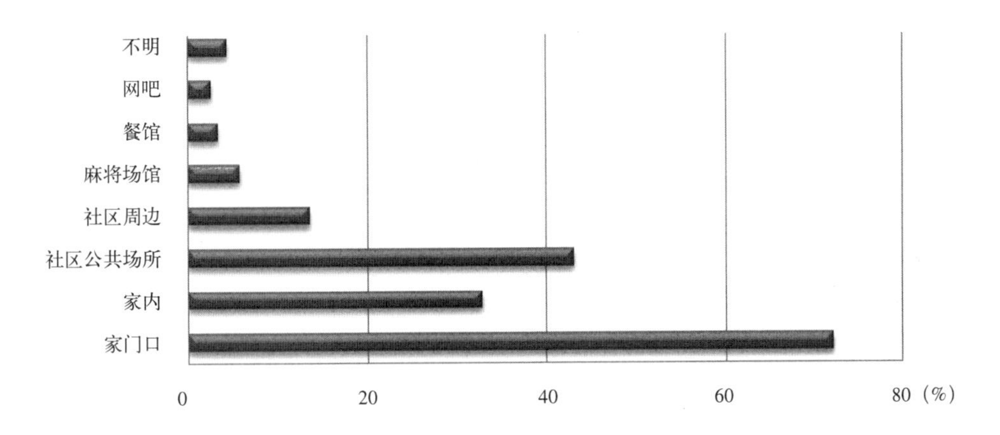

图 28　主要交往场所

如增加绿地数量，建设儿童游乐场，开设老年人活动场所和开放青少年活动中心等。社区内和周边活动场所的多样性是保证社区具有活力的关键。

（十）主要交往形式

图中显示，闲聊成为了社区居民最主要的交往形式，在选择答案中占绝对优势的比例，而打麻将占 34.7%，位居第二，社区活动占 19.8%，其余活动的选择率都很相当，并保持在一定的范围内。分析得出，城镇居民还是倾向于闲聊这种人和人直接接触的方式来进行交往，说明了居民之间良好的交流氛围，也从侧面说明大部分居民的交往活动形式仍比较单一。

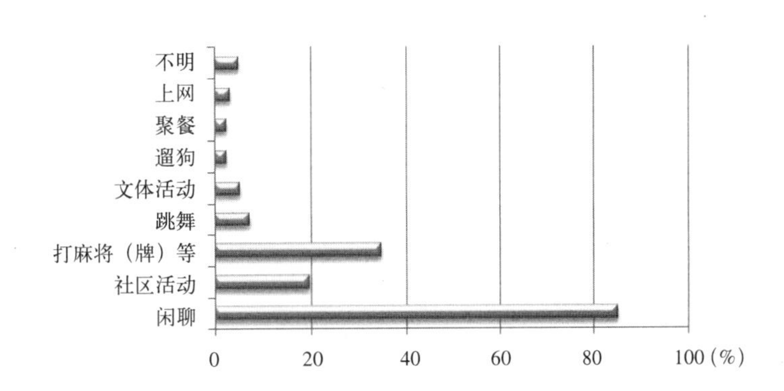

图 29　主要交往形式

（十一）社区居民之间是否需要交往

调查显示 67.8% 的被调查者表示，居民之间需要交往，而 20% 的调查者则认为居民之间非常需要交往。肯定居民之间交往的人数占到了 87.8%，说明绝大多数被调查者对于居民之间的交往还是很渴望的，希望能够共同创建一个和谐又有凝聚力的社区。

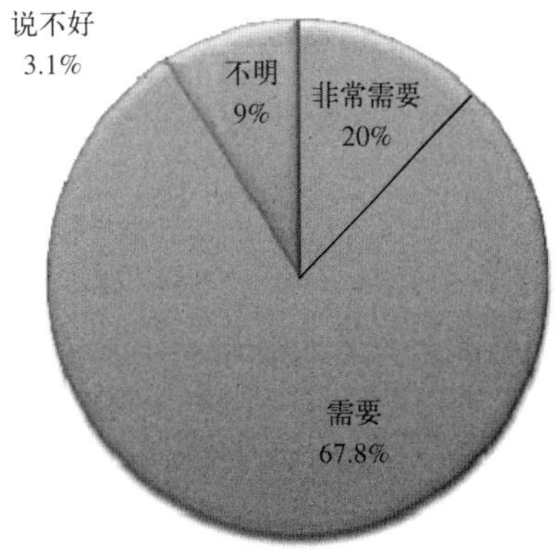

说不好 3.1%
不明 9%
非常需要 20%
需要 67.8%

图 30　社区居民之间交往意愿

六、主要问题与改进意见

（一）新市民城镇生活的主要问题

图中显示，反映没有可种植园地、与邻居交往不方便、活动场所太少的被调查者最多，此外也有相当多的人反映住房面积太小、不能饲养家禽、楼层太高等问题。分析结果得出，问题集中在农村生活与城市生活明显的区别，因而原先居民不能很好适应城市的生活。在习惯了独门独户、有宽敞的小院、能够种植植物自给自足的生活状态以后，新城镇居民不得不面对住房面积偏小、没有可供种植和饲养家禽的前院以及农用工具无处摆放的尴尬处境。同时也有居民反映房间采光不好，扔垃圾也不方便等问题。这些需要尽快解决的问题也提醒了“以宅基地换城镇户口”的动迁活动管理者，不能仅仅通过把农民从宅基地赶上楼就解决了新城镇社区的建设问题，还应该切身考虑到新市民面对生活习惯的巨大改变而不能很好适应的方面，彻底全面地解决好这些矛盾，建设好和谐的新城镇。

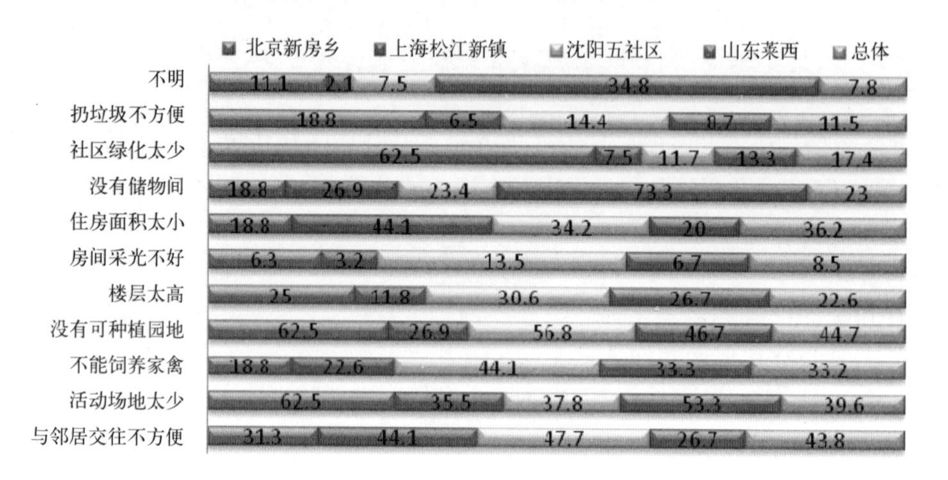

图 31　新市民城镇生活主要问题

（二）针对住宅建设改进意见

首先，居民希望可以提高房屋质量，增加住宅的面积和住宅层高，在住宅内部应当适当增加一些储物面积，以便存放一些农用工具；其次，增加一些公共设施与供休闲娱乐的活动空间，例如可种植植物和饲养家畜的院落，以方便居民进行小面积耕作、健身等，同时利于社区居民之间的交往；再次，社区的绿化需进一步加强，并且应增加社区中的残障设施，使其更人性化。

（三）新市民改善的方面

图中显示，绝大多数的被调查者认为新市民生活与之前相比，在居住环境和交通出行方面得到了很大的提高；同时在社区绿化，住房条件、看病就医、购物等方面得到了改善。分析结果得出，新城镇生活整体上比原居民的农村生活水平有了很大的提高，使新市民生活质量得到保障。其中，在四地当中，北京新房乡的居民希望改善本社区健身场所、建设无障碍设施的愿望最强烈；而上海松江新镇的居民则更希望改善自己的居住环境，对本社区的绿化问题关注度也更高；沈阳五个社区的居民更加关注交通出行的便利；山东莱西的居民更希望增加社区的配套设施，加强社会治安，提高购物、看病就医的便利性。

（四）新市民对城镇人居环境的适应性因素分析

农民转为市民后，方方面面都发生了根本性的转变，而居住环境和生活水平的提高是显而易见的，良好的区位、现代化的配套设施和新的生活方式都给居民带来了很大便利，在调研中我们也发现，大部分新市民对城镇人居环境有着很高的满意度和适应性，具体体现在如下几个方面：

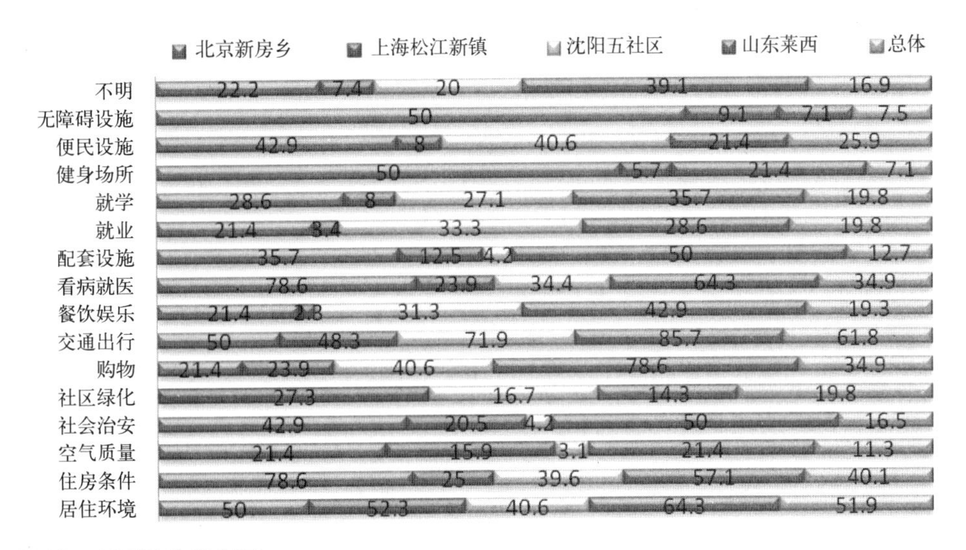

图 32　新居民改善方面

1. 居住条件和环境质量显著提高

在农村生活中，多数居民都住着一层的平房，房间布局很不合理，没有室内卫生间，保温性能差，在灾害发生时的抗灾能力也较弱；室外也没有集中的绿化空间和自家的小院落，缺乏活动空间和设施（见图 33）。而转为市民后，住进了多层楼房，居住条件和环境质量都有了很大的改善，日常生活更加便利、更加卫生，房间布局合理，保温性能好，同时也更加美观，在灾害发生时有更高的安全保障；室外有了集中的绿地和休闲活动场所，精神生活有了极大的丰富。同时这种居住条件和环境质量的提高也带来了心情的愉悦和现代化的生活方式，有利于居民生活习惯的改变（见图 34）。

图 33　农村住宅及环境

图 34　城镇住宅及环境

2. 基础设施条件改善

基础设施与居民的日常生活紧密相关，设施水平的高低往往决定了生活质量的高低。社区基础设施主要包括供水、供电、供暖、排水、供气等几大方面。在农村生活中，基础设施水平很低，有些设施甚至较为原始。在部分地区仍使用着室外的洋井手动取水；居民的取暖与做饭密不可分，大部分仍采用燃烧秸秆的锅灶方式，很不便利，也不卫生，更不环保，供暖效率也很低；采用室外厕所，夏冬季十分不方便（见图 35）；进住楼房以后，居民再也不用为这些日常生活所烦心，基础设施都是集中化供应和管理，拥有了室内卫生间，燃气和暖气自动供给，方便、快捷、卫生、环保，同时也提高了使用的效率。这种基础设施条件的改善直接带来的是生活方式的现代化，使居民的生活更加便捷、健康（见图 36）。

图 35　农村的锅灶

3. 生活水平和质量有所提升

由于农村区位条件和经济水平的制约，大多数的农村居民只能依靠种地和养殖为生，劳动强度大，收入单一，利润较低，生活水平提高缓慢。年轻人有些外出打工，有些则就地务农，教育水平及对教育的重视程度都远远不够；与此同时，村落内的商业设施和配套服务设施也很不发达，生活质量也停留在一个较低的层次（见图 37）。进入城镇生活后，生存环境有了翻天覆地的变化，社区周边有了良好的教育条件，下一代的教育受到重视。城镇中有更多的工作机会，居民就业也较以前容易很多，收入水平有很大的提高，同时商业氛围也很活跃，居民可以很便利地购买到丰富多样的商品，生活质量也上升了一个层次（见图 38）。

图 36　现代化的厨房

图 37　农村的养殖

4. 生活的优越感

随着新市民居住条件、环境质量、基础设施水平和生活水平的提高，随之而来的便是心理上的生存优越感，引用居民的话："我现在是市里人了"。大部分的居民对自己转为市民都感到很自豪，在人居环境改善的同时，享受到了同城里人一样的待遇（社会保障、就业机会、医疗条件、教育设施等）。在新市民转型时期，这种心理是十分重要的，它有助于使居民较快的适应新的生存和生活环境，转变生活方式和生活态度，以积极乐观的姿态面对新生活，同时这种优越感也暴露了我国长期以来存在的城乡二元化结构所带来的弊端。

图 38　城镇的商场

（五）新市民对城镇人居环境的不适应性因素分析

1. 生活方式和习惯难以快速转变

在农村长期以来所养成的生活方式和生活习惯是很难迅速转变的，尤其是对于中老年的新市民，他们习惯了在自家的庭院种植农作物，日常的蔬菜所需自给自足，而不是每天去市场购买；他们习惯了种地这种收入方式，由于没有其他技能和受过培训，在城镇很难找到适合他们的工作；他们习惯了开敞式的交流方式，而不是房门紧闭，邻里缺乏沟通；他们习惯了自家拥有独自的院落，而不是经常被隔壁的声响弄得睡不着觉。这些种种习惯都是岁月的积累，转变后使他们略显不适，很多回迁的社区都存在着一个普遍的现象，很多绿地都被居民当成了自家院落，重新种上了蔬菜，有些居民甚至在社区周边邻近的荒地上开始开荒种田（见图 39）。但随着时间的流逝，他们会慢慢适应城镇的生活方式，使自己真正融入到这个新的环境中来。

图 39　绿地种蔬菜

2. 生活成本提高

随着生活水平和生活质量的提高，生活成本也随之增加，居民反映"到处都要花钱"：拥有良好的教育要付出更多的学费；没有了自家院落每天都要去市场买菜；使用了方便快捷的暖气和燃气，自然要付出相应的费用；享受到了社区规范化的管理就要缴纳相应的物业费；购买到高质量的商品自然要花更多的钱。而这些对于普通的城市居民来讲也许不算什么，因为这就是他们生活的一部分，但对于新市民来讲似乎不太习惯，原本在农村不需要的消费现在也要支出，生活成本自然就高了，而总的来说，这其实就是生存环境的改变带来的消费习惯的不同。

3. 谋生手段转变

对于新市民来讲，最不容易适应的还是收入来源的改变，以及在城镇中就业遇到的困难。在农村，收入大多是依靠自家的承包地种田，有的搞些养殖，个别的做些生意，谋生手段较简单，技术含量也不高。进入城镇后，由于失去了原有的农田，生存环境也有了较大的改变，无论是青年还是中年，都需要寻找新的谋生手段和职业，但是由于缺乏相应的技能培训和就业指导，在城市竞争日益激烈的今天，谋生成了转型后新市民的一大难题。青年人较容易找到工作，但由于缺少学历和技能，一般都是处在社会的最底层，收入少，地位低，较为辛苦，以打工族居多。中年人中存在着三种人，一种人利用回迁后的补偿款做些小生意，自谋职业；一种人在外打工，做保洁、去工地、进工厂等，收入微薄；一种人在家无所事事，吃老本。

相比于以前，收入水平并未有较大的提高，就业成为一大难题，归结起来，一方面是由于规划决策的忽视，未考虑到新市民的就业，布置相应的产业；另一方面是政府服务的欠缺，没有进行相应的就业指导或者培训；还有就是社区工作的不到位，没有关注到新市民的实际需求，解决实际困难。

4. 受到差别对待，缺乏关注

农民转为市民后，各方面虽然有了普遍的改善，但在回迁过程中，仍然受到差别对待，在回迁后，也缺乏政府和社区的关注，引用居民的话说“上楼之后就再也没人管了”。主要体现在两个方面，一个是在回迁社区的建设上，普遍存在着质量不过关的现象，仅仅5年左右的时间，住宅和管线经常出现问题，社区绿化也缺少后期的维护，公共空间和配套设施也较少，物业管理不到位，出现路灯坏了长时间无人修理、植物随意生长无人修整、停水停电也不能及时得到恢复、小区内自行车随意摆放、垃圾不及时清理等现象。许多居民表示虽然物业费用很低，但是物业管理人员的态度不积极，使得物业管理工作不能够正常运转。并且，回迁社区的治安状况普遍很糟糕，但在同一社区、同一开发商建设的商品楼中却几乎没有这种问题。回迁社区与商品房有明确的分隔，即使相邻的建筑也用围栏分开，这是很明显的差别对待，以上几组照片是对沈阳同一社区中回迁小区与商品房小区的对比（见图40）。对比中不难看出，回迁社区的建设与商品房社区相差甚远。

（六）提高新市民对城镇人居环境的适应性措施

1. 政府监管，保障工程质量

回迁社区的建设不同于普通的商品房建设，不能仅仅依靠开发商的信誉和监理公司的监督，政府应该成立专项督察小组或指定相关部门对回迁社区的建设进行单独监管，以保障工程质量。

2. 居委会担负起重要角色

居委会统一管理着社区，日常工作最贴近社区的居民，是民众与政府连接的纽带，在社区工作中应当以主动的态度解决实际问题。居委会应当成立专门的社区服务站，对新市民遇到的实际问题要努力帮助解决，解决不了要积极帮助居民向上级部门反映、沟通。要善于把握新市民的心理和生活习惯，积极地组织相应的社区活动，引导新市民融入到这个新的环境中来。

3. 强化职业教育，提高就业能力

回迁社区的幼儿园

商品房社区的幼儿园

回迁社区的绿化

商品房社区的绿化

回迁社区的服务设施

商品房社区的大门

图 40　同社区回迁小区与商品房小区对比

首先，规划决策者应当充分考虑到新市民在转型后所面临的就业难题，在规划编制的过程中，合理的调整居住与产业的布局，为新市民就业提供良好的外部环境；其次，政府应及时地组织新市民的再就业培训和相关指导，努力帮扶新市民在新的生存环境下的谋生转型，做好引导工作；最后，社区应当密切关注新市民的生活状况和就业情况，做好帮扶弱势群体的工作，对就业困难居民加以帮助。

4. 丰富文化娱乐活动，改变生活方式

针对农民转成市民后的文化娱乐活动单一、生活方式较为传统的特点，应对他们大力开展一些丰富多彩的文化娱乐活动，使他们感到有事可做，生活充实。另外，还有一个更为重要的意义在于寓教于乐，运用既精彩又贴近他们生活的文艺活动，使他们在歌声和笑声中受到感染和教育，纠正一些不良的生活方式，引导他们形成健康向上的人生态度。

5. 完善社会保障制度，解决后顾之忧

一直以来，农民转变成市民的最大顾虑是担心进城后得不到社会保障。只有进一步完善目前的社会保险制度，对进城农民实现稳定就业，逐步实行工伤、医疗、失业、养老、生育保险等，并在继续扩大覆盖面的基础上提高保险标准，让进城农民没有后顾之忧，大胆放弃土地，转移到城市。

七、结语

目前我国正在处在城市化快速发展的阶段，全国每年有1000多万的农民进入城市，变为市民，在这个庞大的群体中，有对新环境的喜悦，也有对未来的忧愁。如何妥善地解决转型后新市民对城镇人居环境不适应的问题，努力引导新市民融入到城镇的新生活中来，是我们所要共同面临的难题，也是我们共同的职责。政府各部门应该充分考虑到农民的切身利益并给予充足的补偿，同时新社区的建设者还应充分考虑到新农村居民面对生活习惯的巨大改变的不适应以及因此产生的种种具体问题，并且还应该做到切实关心由于动迁工作所产生的“三无”（无土地、无工作、无社保）农民的社会保障，从而才能保证新农村社区的建设能够充分完善的进行。此外，新型农民社区的建设还需要社会各界人士的共同参与和积极合作，才能为建设完善成熟的新型农民社区提供保证。

社区篇

——中国人居环境示范住区建设实践

杭州
金都华府

开发单位：金都房产集团有限公司
设计单位：中联·程泰宁建筑事务所

技术经济指标：
所在地：浙江杭州
总用地面积：74514m^2
地上总建筑面积：139850m^2
总户数：1038 户
容积率：2.09
建筑密度：14.86%
绿地率：32.5%
地下停车位：610 个

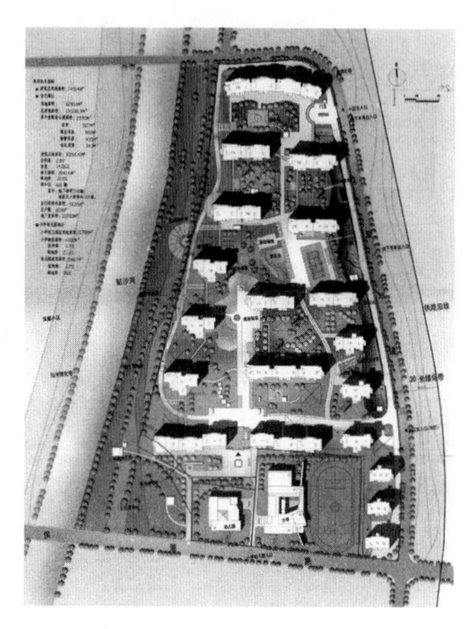

图 1　规划总平面图

一、项目概况

金都华府——位于杭州市上城区候潮路以北，贴沙河以东，铁路以西，规划安置回迁地块以南的 27 号地块内。小区的总体设计吸取了中国传统建筑的布局精神，强调人与自然的和谐共生，在充分利用贴沙河景观的同时注重小区内部环境的塑造，在布局上以院落为基本单位组成南北两个组团。两个组团在平面上错位布置，建筑体形的点、板结合，相互穿插，使各个院落能最大限度地向贴沙河开敞。整个小区的空间既有层次又富有变化，活动院落与绿化院落相互联系又有区别。总平面布局中，结合住宅出入口布置了三个活动院落和两个绿化院落，活动院落布置在两排住宅单元出入口处，使住户能方便地进入，两排住宅间布置绿化院落，从连廊进入，环境较安静，活动院落与绿化院落错落布置，动静分离能很好地满足住户的活动与休闲需要。通过建筑群的合理布局，尽可能地降低建筑的层数。整个建筑空间布局，东低西高、东退西进，使大部分住宅能享有贴沙河的景观，同时减少铁路的影响。为了突出地块蕴藏的深厚的历史文化，在建筑设计上特别注重了小区文化品位的营造。建筑墙面采用清新、明朗的白色，顶部采用深色调，基座采用棕色面砖，可令人联想到传统建筑的“粉墙黛瓦”。顶部退台处理，使紫阳山、钱江新城以及贴沙河的远山近水尽收眼底。在交通流线的组织上，强调“人车分流”的原则和宜人的人行路线的组织。机动车辆在进入小区主入口或次入口后，通过东侧车行道的 3 个地下出入口，向下行驶到就近住房的地下停车库。随后，居民可由停车库内的电梯直接进入各建筑单元。步行流线清晰便捷，同时又十分自然地融入小区的景观园林体系之中。对于消防，东侧 7m 宽的小区车行道路与西侧的消防专用道共同形成消防、急救环路。

二、规划鉴赏

小区以贯穿南北的中轴空间将两侧的若干组团串联成一个整体，采用塔板形式相结合，建筑单体长短不一、错位布置形成组团独立院落。组团结构清晰，功能分区明确，用地配置合理，做到公共与半公共、动与静的划分。单体建筑东低西高，以中轴大片空间为支点形成了非对称格局，空间平衡、连续而又灵动有序。交通采用人车分流，小区车道、步行道的设置和交通系统方向明确，符合人、车行为轨迹，做到了便捷、安全、无干扰。小区遵循了生态规划先行的原则，充分整合自然资源，利用周边的有利因素，争取到更多亲水近绿住户。并且广植乔木大树，草、灌、乔配置丰富，为居民创造了舒适、健康、生态、和谐的绿色家园。高层住宅建筑线条流畅，体形挺拔，新型墙体材料和玻璃造型简约、大方、稳重。建筑立面三段式的处理和黑、白、灰的色彩运用，体现了民族、地方的传统韵味。户型设计平面布局紧凑，各功能用房面积分配得当，且丰富多样，适应了市场需求，满足了社会不同人群的个性宜居选择。小区重视建筑节能技术的运用，从住宅墙体、门窗、屋顶等方面进行技术集成，达到杭州建筑节能目标。小区的智能化建设处于国内的领先水平，从安全防范、管理与监控信息网络三个方面作了比较深入的研究与实践，人性化的水平较高。此外小区实现了部分成品房装修一次到位，为杭州成品房供应市场起到了重要的引领作用。改进建议如下：适当增设健身康体设施，连廊及架空层增设座椅，完善无障碍设施的通达性。尽快落实商业服务配套设施，增加临时停车位，完善便民设施。

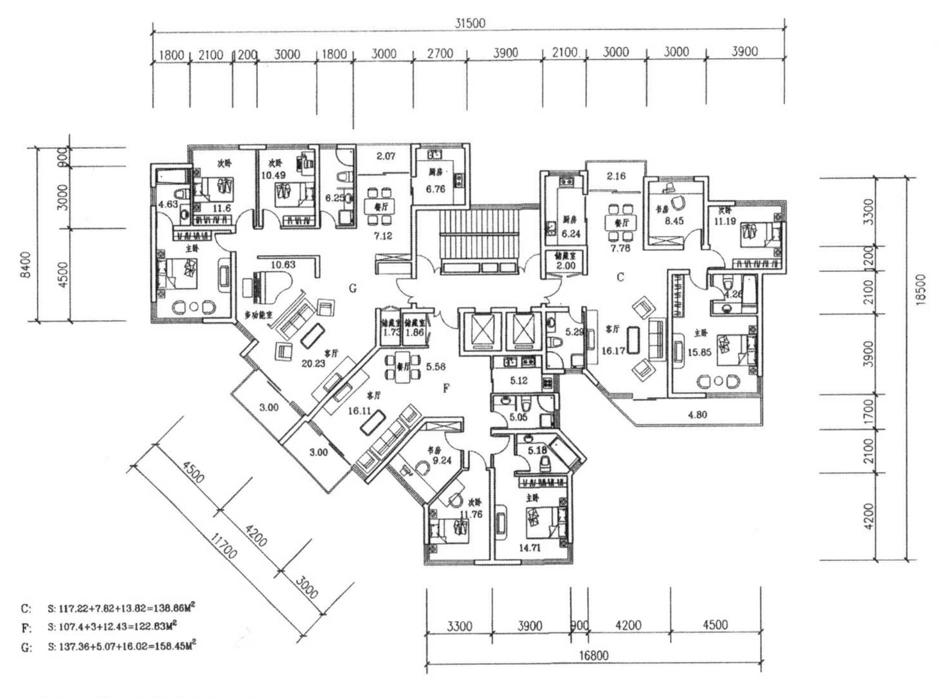

图 2 单元平面图（一）

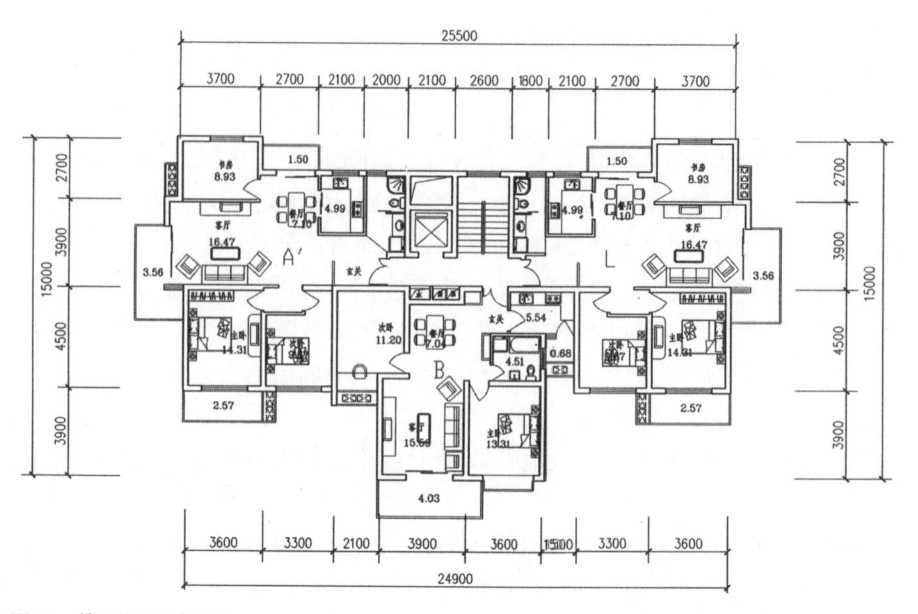

图3　单元平面图(二)

图4　建筑造型

图5　建筑形象

图6　组团景观

图7　住宅侧立面

图8　游泳池景观

宁波
华丰·紫郡

开发单位：宁波华丰建设房产有限责任公司
设计单位：杭州浙华建筑设计事务所

技术经济指标：
所在地：浙江宁波
总用地面积：200389m^2
总建筑面积：330608m^2
地下总建筑面积：50545m^2
容积率：1.65
建筑密度：27%
绿地率：35%

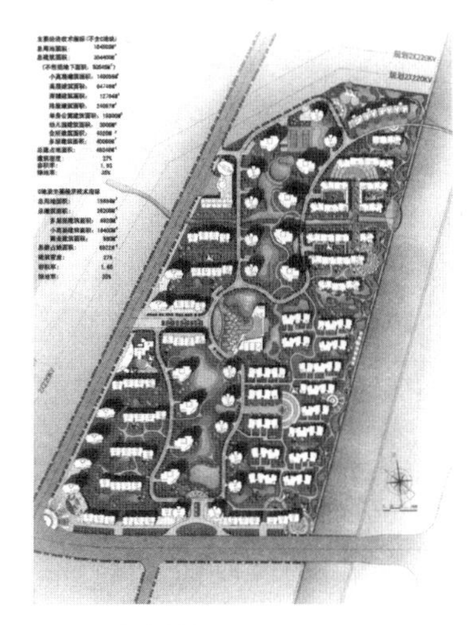

图 1　规划总平面图

一、项目概况

“华丰·紫郡”充分利用有利地形条件营造生态环境和自然资源，整个住宅区融于生态环境之中。在设计时，延续了“以人为本”的总体思想，结合小区整体规划和建筑设计，将现代景观设计艺术和宁波文化历史进行充分的结合。中央点式高层公寓建筑设计最大限度地保留了超大面积的中心庭院。各个组团既相互独立又彼此围合，每个组团的住户都拥有相对独立而半封闭的空间，有利于邻里之间的交流。组团之间以道路绿化等景观元素过渡，舒适而自然。点式分布的 16 幢高层公寓与其 5m 高的底层架空层继续形成立体空间上的层次感，并保持了中央绿化景观主轴的延续性和通透性。架空层的休闲小空间不仅丰富了邻里的交流空间 、提供了休憩健身的场地，而且与建筑之间精心设置的下沉广场、水上吧台、儿童乐园等景观设施相联合形成了一个超大规模的公共开放性场所。住区的道路系统呈哑铃形，充分考虑了人车分流和居民的安全性。机动车道形成南北两个环路，地下车库入口靠近小区入口，减少了小区内的机动车流量。步行系统以西侧和南侧主入口为主，同时辅以河道上的景观桥为次入口。各种层级的步行观景带，完全归散步者享有。步行系统安全舒适，按照无障碍标准进行设计。住宅产品有别墅、花园洋房、多层、高层、中高层，面积从 80 ~ 250 m^2 分为 5 个等级，满足了不同居民的需求。每户都有良好的通风面和景观面，户型内部空间紧凑、实用方便、宽敞明亮、视野开阔；同时观景阳台、主卧观景凸窗，既可获得尽可能多的阳光，也可以取得最佳的视觉及通风效果，提高了居住的舒适度。

二、规划鉴赏

本项目位于宁波政府规划和建设的重点区域。住区规划结构采用小区、小组团的两级结构，由 8 个小组团组成。规划结构清晰、整体布局严谨、空间层次分明、组团规模适宜。住区交通系统尽可能做到人车分流。车道以南北两个中间环形主要干道，联以次要干道与各组团相接，可达性好。住区主要出入口根据地块南北狭长的特点，于南部和西部各设一个与城市道路相连，次要出入口设于东侧，数量和位置适当，便于居民出入。住区停车采用地面、半地下、地下相结合方式。尤其是半地下车库，将地面绿化引入，达到采光通风的生态效果。停车位总数与住户约为1∶1，满足了停车的要求。住区环境景观设计以“伴水共生”为主题，充分利用东侧自然河道景观，将其引入住区，形成生动活泼的溪流，营造了富有灵气的水景。区内植物配置合理，绿色环境丰富。住区空间形态采用东侧布置多层、地块中心设高层、西侧布置中高层的手法，以形成城市空间上的梯度变化，不同层数住宅之间设置大小各异、围合开敞不一的庭院空间，提供了休闲、交往、健身、娱乐的活动场所。住区住宅布局均为南北朝向，日照、采光、通风良好。住宅产品多样，室内功能分区明确，空间尺度适宜，厨卫布置适当，细部处理周到。住宅立面造型简洁大方，色彩稳重静雅。住区建设注意应用实用科技产品，如采用墙体、屋顶、门窗保温，达到显著的保温节能效果；又如采用新风系统，部分住宅采用太阳能热水系统，全小区采用安全防范、信息管理、信息网络智能化系统等，贯彻了“科技提升居住品质”的理念。建议如下：积极推行全装修，以促进住宅产业化；有效利用架空层，使之成为充分活动场所；进一步做好节能和环境保护。

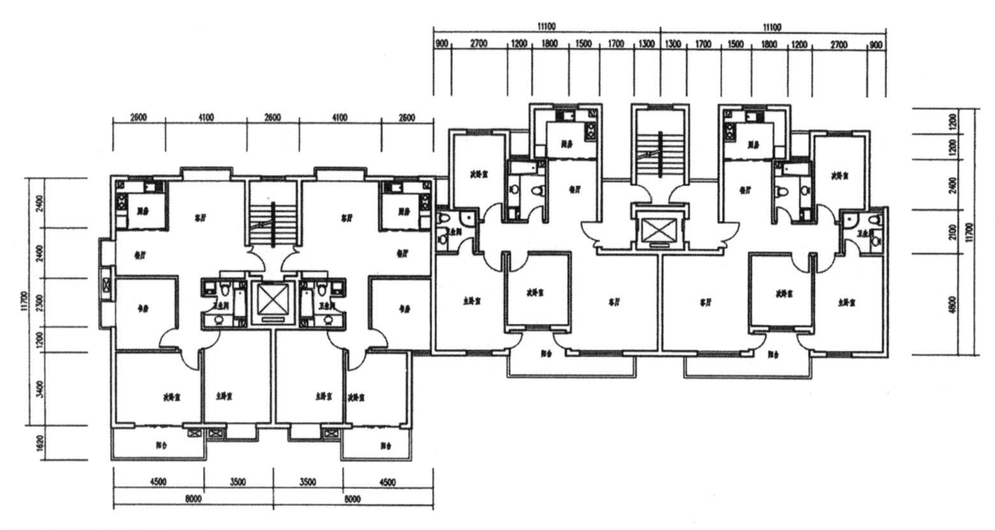

图2　单元平面图(一)

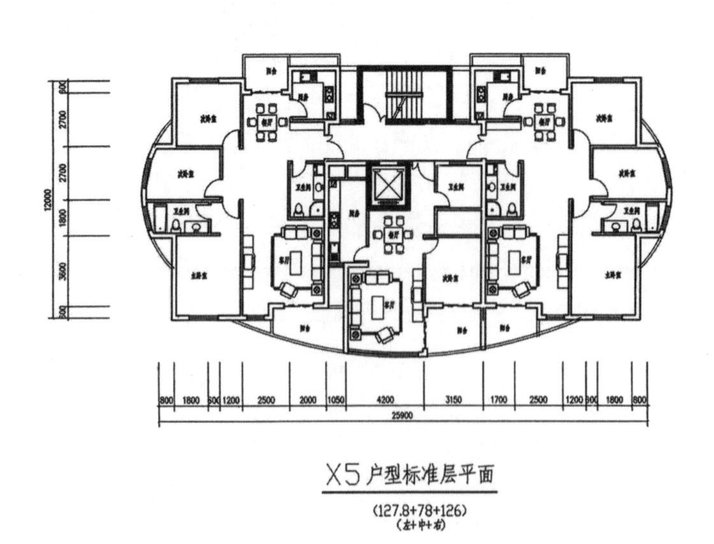

图3　单元平面图(二)

图4　建筑群形象

图5　小区内景观（一）

图6　小区内景观（二）

宿迁
中通·名仕嘉园

开发单位：江苏中通房地产开发有限公司

技术经济指标：
所在地：江苏，宿迁
总用地面积：80000 m^2
总建筑面积：112700 m^2
总户数：758 户
容积率：1.41
建筑密度：26.4%
绿地率：35.5%
地下停车位：380 个
地上停车位：50 个

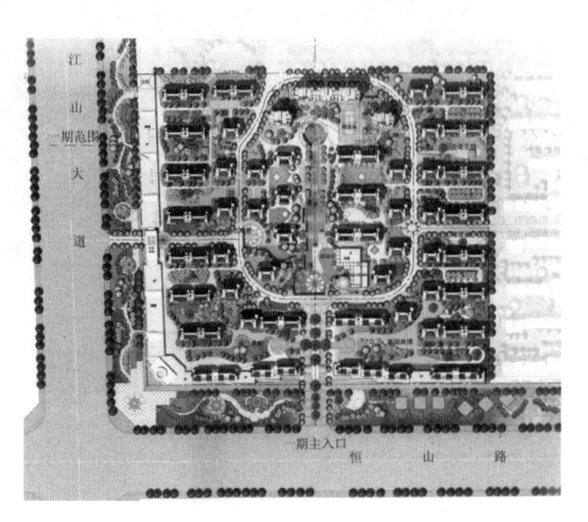

图 1　规划总平面图

一、项目概况

“中通·名仕嘉园”用地位于江苏省宿迁市宿豫城区。交通便利，环境优美，周边政府机关林立，不远处为京杭大运河。小区总体布局分为 5 个组团，规划采取环形交通，形成“轴—环—院落空间”相对开放的线性空间布局，使地块各空间的结构以及与城市周边关系有机组合。小区总体布局的空间结构，以中央绿化和水系为核心，创造点、线、面相结合的多层次的绿化体系，加之局部首层架空、水边栈道、主入口轴林荫步行道以及步行商业街的带状绿化，使整个住区空间通透、绿荫葱葱、流水潺潺，形成一派江北水乡的优美景色。小区交通采用人车分流的交通体系，在江南大道及恒山路设有小区次入口和主入口。设置环形路使各组团区块形成相对完整的空间。道路交通便捷、流畅，达到适度的人车分流。在半地下汽车库上，做一些起伏的微地形，布置景观绿化，为儿童、老人等提供安全的地面活动场所。住宅设计强调均好性，百分百的住户南向，大部分有景观面，景观阳台、服务阳台各在其位。入口设置门厅，客厅、餐厅相对独立分开，服务阳台靠近厨房。户型多采用大开间、小进深设计，利于户内空气的流通，营造健康生态的户型空间。本项目在充满朝气的氛围中，力求塑造全新现代风格的城市社区形象，引入现代的材料和技术，采用明快的色彩、简洁流畅的造型、精致的细部处理。借鉴现代主义的建筑语汇，以纯净的白色和浅灰色面砖为主色调，搭配局部的活跃色彩，体现其高雅的品位。住宅采用平、坡结合的现代处理手法，结合构架、板、墙体的自由组合，建筑造型新颖别致，简洁大方，充满时代气息。

二、规划鉴赏

本项目是宿迁市规模较大的新建住区。规划设计尊重社区所在的优越地理位置，充分挖掘地域文化精髓，遵照把宿迁园林化、森林化的要求，塑造了“水清、地绿、天蓝”的田园型住区。小区规划结构清晰，交通组织做到人和车的适当分流。环形的小区道路具有较好的引导性和通达性，方便机动车与步行人群的出行。院落空间不受机动车的干扰。建筑布局采用板式住宅与点式住宅相结合的布局方式，使小区的中心景观通透而灵动，强化了小区的凝聚力，板式住宅周边易于形成较规整的邻里单元，形成富有层次感的居住空间。小区以多层住宅为主，贴近宜人的城市尺度。住宅有良好的日照和通风，建筑造型大方，具有时代气息和地方特色。景观环境设计层次清晰，强调了中心景观的开放性与公共性，恰当地安排了小区会所、托儿所和体育活动设施，为老人和儿童提供了良好的活动场所。环境设计采用多种手法和景观要素，增加了环境的观赏性和趣味性。利用半地下车库的设置，形成微地形的变化，不但有效地利用了地下空间，又丰富了景观环境。生活配套设施齐全位置适中。建议如下：地面材料应选择透水性较强的块材，以利于地面水的回收。建议增加雨水收集系统，以补充景观用水。室外无障碍设施的设计应再进一步系统化。建议增种乔木，以增加荫凉，提高环境的使用性和功能性。

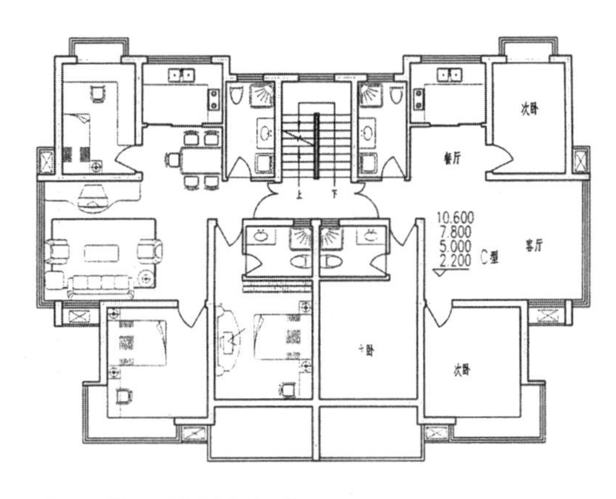

图 2　单元平面图（一）

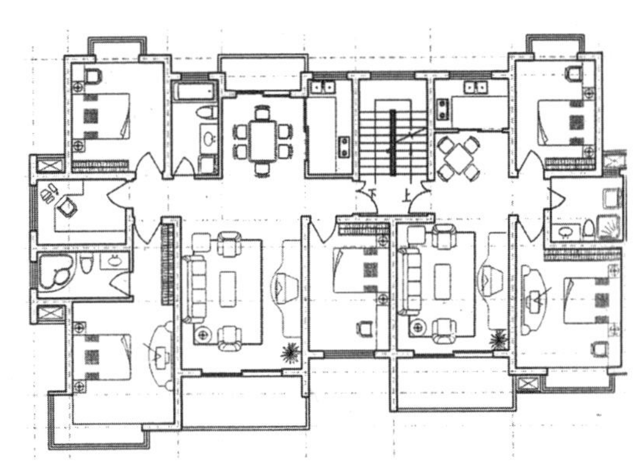

图 3　单元平面图（二）

图 4　临水景观（一）

图 5　临水景观（二）

图6 小区内景观(一)

图7 体育设施

图8 景观园林

图9 喷水

图10 小区内景观(二)

九江
新湖·柴桑春天

开发单位：九江新湖远洲置业有限公司
设计单位：泛太平洋设计与发展有限公司（加拿大）

技术经济指标：
所在地：江西，九江
总用地面积：635700 m^2
总建筑面积：953500 m^2
总户数：7091 户
容积率：1.5
绿地率：40.35%
停车位：2，886 个

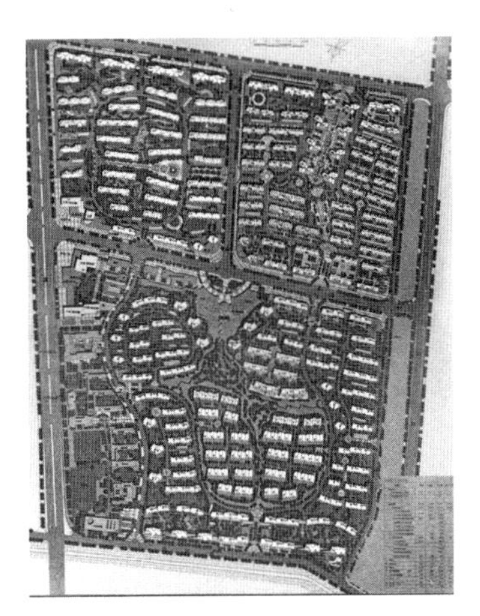

图 1　规划总平面图

一、项目概况

“新湖·柴桑春天”位于九江市城西的开发区内，采用“一核、两街、四片、五心”的规划结构。“一核”：以社区中的人民广场作为规划核心，为整个楼盘提供了可以认知的社区形象。“两街”：在新湖路与新湖北路的沿街设置底层商业，为居民的日常生活提供了方便。“四片”：是由三片住宅区与一片公共建筑区组合而成。“五心”：代表住宅区内的五个组团中心绿地，形态各异，空间层次丰富多样。“新湖·柴桑春天”遵循生态主义原则，从尊重自然出发，依照地块原始肌理，深入浅出地解析环境资源和人工园林景观的共享互补；南北东西通透的空间布局，注重安全与健康，并使内外景观紧密互融，移步换景，翠色连波，温馨怡人。在住宅的南侧广植落叶乔木，夏季树叶茂盛起遮阳作用、冬季落叶枝疏能将阳光引入室内，以适应冬寒夏热的气候条件；住宅北侧宜植常青树，以起冬季挡风或引导风流的作用。在住宅底部或群体的配合中，以架空、脱开等方式形成开放空间，使视野、风环境及人与自然接触界面得到有效的改善。在景观设计上，每区的景观环境皆有不同的重点。一区景观环境强调硬质铺装与绿化景观的结合，在充分营造中心绿化广场的同时强调小区的向心性和核心感；二区中，引入与一区的对景轴线，在中心营造出一片大型中心绿化广场，并与逐层递进序列感较强的叠水中心景观带相结合，强调景观的公共参与性；三区则充分利用八里湖的景致，利用涵管引入清澈的八里湖的湖水，营造中心高品质产品的水岛状的组团感。并充分利用这种小水系，来营造一种人文生态小溪的氛围。

二、规划鉴赏

本项目追求户型、外观、室外环境等方面的综合提高，具有很高的产品性价比，在九江起到了示范引领作用，具有较强的城市影响力。在总体布局上较好地处理了规模大的特点，与城市协调融合。其配套完善，形成了有一定规模和较强吸引力的公共中心，同时也考虑了未来的发展预留。在环境塑造中，尊重自然，应用了生态措施，植物配置合理，标准高，有效提升了生活环境质量。户型多样，公共空间与设施考虑周到，有利于促进居民交往与亲情的培养，并通过阳光浴场等设施，满足多样的个性化需求。采用景观轴线，将庐山、纪念碑、河道等外围景观引入小区，传承了地方文化，并结合区内环境的要素，使社区具有较强的文化品质。在节能门窗、外墙保温、雨水收集利用和水处理、小区智能化系统等方面大胆作了尝试。与专家的互动充分，在项目推进过程中，积极吸收了大量意见，使项目水平进一步提高，在新理念的传播中起了积极作用。建议如下：目前停车率较低，为适应未来发展，建议提出未来增加停车位的预案。在宅间增加活动空间，加强宅间院落空间的塑造，增添邻里归宿感。为居民提供更多元的场所，如提高儿童的看护功能等。一层庭园的隔离绿化可选择更密更高的植物，保持私密性。室内的柱影响使用，窗的密封性不强，建议进一步优化。进一步加强外墙外保温技术、遮阳技术、太阳能一体化技术、地源热泵技术等的研究和应用，改善室内的热环境，进一步提高节能目标。加强小区内无障碍设施的设计。

图2　单元平面图（一）

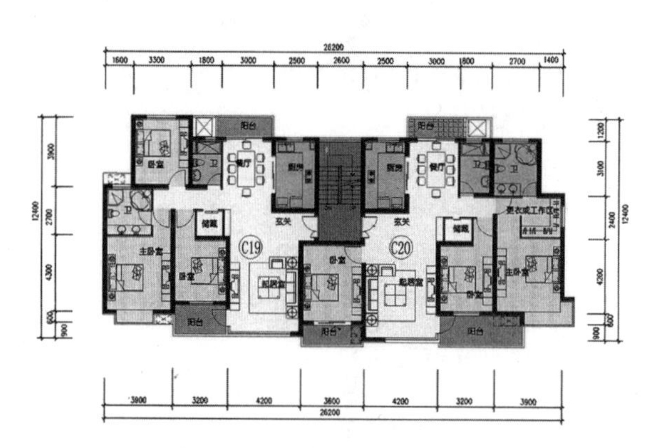

图3　单元平面图(二)

图4　景观大道节点

图5　小区内景观

图6　树木

图7　园林

图8　组团实景

杭州
新城•保元泽第

开发单位：杭州国泰房地产开发有限公司
设计单位：浙江南方建筑勘察设计有限公司

技术经济指标：
所在地：浙江，杭州
总用地面积：71327 m^2
总建筑面积：92815 m^2
总户数：848 户
容积率：1.3
建筑密度：33.4%
绿地率：35.2%
停车位：516 个

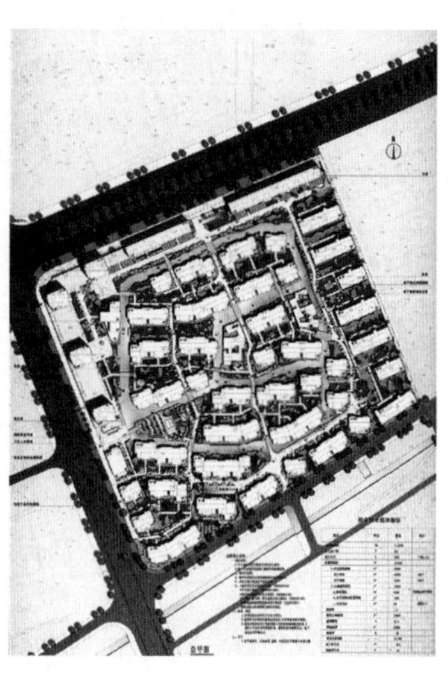
图 1　规划总平面图

一、项目概况

“新城•保元泽第”位于杭州余杭区临平南苑街道，西临东湖路，北依世纪大道。小区以低层住宅为主，辅以中高层、高层住宅和商业街区。小区总体设计以新市镇主义为理念，结合中国传统住宅的文化底蕴，以新民居的形式，诠释现代高尚住宅的文化脉络。小区既复原移建了具有 300 多年历史的保元桥等文物，又融入新一代国际智能高科技技术，使小区成为一个传统与现代、建筑与科技相结合的高尚住宅小区典范。保元泽第的开发理念是倡导新市镇主义，对传统江南小镇的生活方式进行提炼，并结合现代人的生活需要和时代赋予我们的科技文明，营造出源于传统、高于传统的新版市镇生活空间。在新市镇内，传统的邻里和睦、建筑与人的亲近、生活的方便亲切等都得到强化和重视，特别是江南特有的水乡情结更予以温情体现。开发单位也考虑了社会经济的发展和人民生活水平的提高，既重视人们的物质消费，也重视人们的文化消费，把整个小区定位为文化大宅。保元泽第的建筑属于新人文主义，在形式上属于新民居，但更多地考虑了古代大户人家的建筑神韵和现代人追求的简洁明快的格调。同时，在用材用料上则完全采用现代工艺、现代科技的材料，特别是采用德国技术的太阳能，又使建筑的屋面与传统建筑的材料形成强烈对比。

二、规划鉴赏

本项目总体风格呈现了青砖粉墙黛瓦的现代中式建筑之美，结合中国传统住宅的文化底蕴，以新民居的特色在现代人的生活方式和传统中式建筑之间找到了恰到好处的衔接。保元桥、韩美林先生的“母与子”题材雕塑，提升了环境文化的品质，所创造的意境丰富了人居环境住区的文化内涵。项目遵循江南园林、自然生态和谐的原则，以“先有河后有房”

的理念，引进水乡河溪脉络，营造了江南水乡景观氛围。项目的园林设计从尊重自然出发，依照地块原始肌理，配植多种树木植物，使住区空间环境和园林景观布局相得益彰、共享互补、自然和谐；河道延伸形成了开放空间布局，提供了居民之间休闲、亲切交往的场所。住区内外景观紧密互融、移步换景、翠色连波。项目突出规划设计的价值，一开始就以研发定位，为设计人员提供了可供创造的广阔空间。从居住文化和传统文化的创新出发，研讨现代居住行为需求和中国传统建筑的融合，从环境和空间的组成入手，创新了住区的整体风格，体现了对人性理念的深度关怀，体现人居环境建设的健康性、安全性、环保性与自然环境的亲和性，表现了建筑的形态美。小区居民出行方便，动静交通组织合理，保持了住区的安静、舒适和秩序感，体现了住区高品位的追求。项目的建设，注重“科技引领人居未来”的理念，着重运用实用科技的产品，在节能门窗、外墙保温、雨水收集利用和水处理、小区智能化系统等方面大胆作了尝试，取得了很好的效果。特别是本项目太阳能热水技术的运用，高效的热媒介传热等技术方面创造了行业领先地位。建议如下：应进一步完善小区内的无障碍设施的设计。社区户外公共活动空间不足，建议增加环境设施，如座椅、儿童活动场地等。社区水网密布，水景丰富，临水活动安全保障有待加强。今后还应考虑外遮阳的适用技术。

图2　临水细部

图3　小区内水景

图4　建筑与环境

图5　建筑立面

图6　水景

图7　保元桥

北京
山水文园

开发单位：北京凯亚房地产开发有限公司
设计单位：中建一局集团第四建筑公司
技术经济指标：
所在地：北京
总用地面积：800000m^2
总建筑面积：1000000m^2
绿地率：50%
容积率：1.4

图 1　规划总平面图

一、项目概况

“山水文园”地处北京东三环，临近东四环和东长安街，同时又是通往京沈、京津唐高速公路和北京经济技术开发区的重要门户，交通发达，出行便捷。社区中包含了 3 个超过 1 万 m^2 的人工湖，2 座真实的山体以及万余平方米清澈见底的小溪。小区高绿地率低密度的规划布局，为整个社区及其所在区域创造了宜居的生态环境。住宅设计采用板式小高层，一梯一至两户带电梯；通过上下错层、上下跃层、平层高厅、首层带 30 ~ 60m^2 亲水庭院，顶层带空中花园等，形成丰富的户型种类。采用了大面宽、小进深的设计方法，做到户户均享有大面积的采光及绝佳的观景效果。在组团中营建了占地 1.2 万 m^2 的山体和一个 1.9 万 m^2 的超大水系。并建设有总建筑面积万余平方米中央山体会所，具有娱乐、健身、社区服务和物业管理等几个功能。山水文园由九天物业管理公司为所有业主提供“超英式”的管家服务。

二、规划鉴赏

项目地处北京三环与四环之间，面积规模超大，具有得天独厚的地段优势。项目容积率不高，密度低，对于提升品质起到了很好的作用。景观规划融入了加拿大风格，独具匠心。项目采用造山造水的办法，在景观规划上营造有山有水的人造生态环境是可取的。绿地面积很大，并且水系的长度很长，在绿堤中间建有一条“自然的峡谷”，颇有新意。底层住户前面的溪水，对该项目品质的提升具有重要作用。有效地利用了地下空间，提高了土地利用率。注重细节设计。建议如下：应考虑让上层的住户更好地参与和享受自然环境。项目容积率不高，密度低，如何形成紧密的关系是很重要的，在注重生态的同时，应增加人文概念，营造紧密、和睦的人居环境。小区水景较多，应注意用更经济的手法维护绿地和水环境。社区规模宏大，与周边的结合不是很好，应改善。应增加居民近距离的步行购物的功能。需要加强城市功能，提高影响力。不主张搞大草坪，应做好草坪的维护。小区绿地不少，但绿荫不够，甬道两边应有林荫道，同时应增加户外活动的空间。

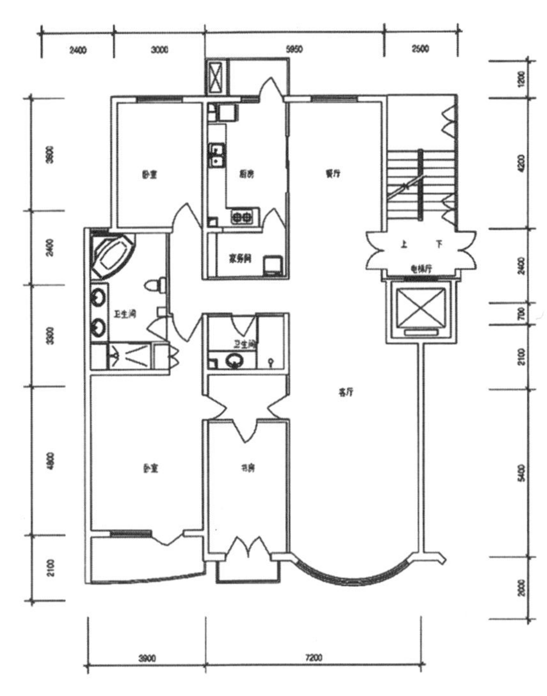

图 2　户型平面图

图 3　景观园林（一）

图 4　景观园林（二）

图 5　景观园林（三）

图 6 景观园林（四）

图 7　水景(一)

图 8　水景(二)

图 9　组团内景观(一)

图 10　组团内景观(二)

西宁
广汇·九合院

开发单位：青海广汇房地产开发有限公司

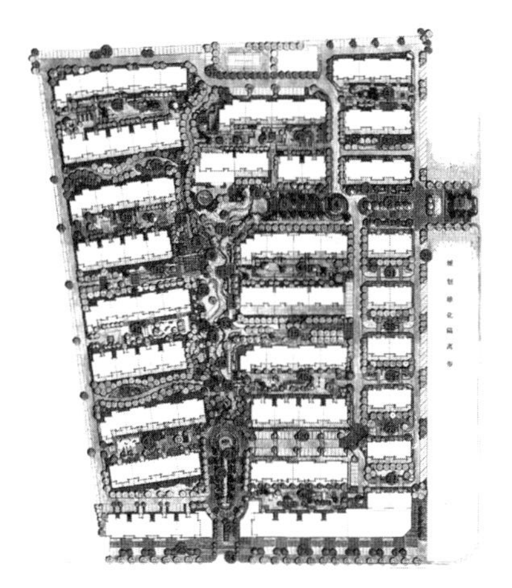
图 1　规划总平面图

技术经济指标：
所在地：青海，西宁
总用地面积：77140 m^2
总建筑面积：126800 m^2
总户数：1162 户
容积率：1.64
建筑密度：26.6%
绿地率：38%
停车位：350 个

一、项目概况

“广汇·九合院”位于西宁市城东，紧临东川经济技术开发区，距离市中心区 5km。基地方正，地势南高北低。规划设计结构清晰，功能分区合理。通过环形路的设置，避开了车流对中心环境空间的干扰，创造了舒适、休闲的交往空间环境。无论中心内部或者主入口景观均有上好的处理，入口处建立的标志性雕塑，增加了小区的可识别性、主题性和感染力。规划以“庭院”作为社区空间的基本元素，围绕中心绿地，形成“中心花园——庭院”两个空间层次；以环路连接各庭院，并在中部形成全步行环境；沿民和路设置小高层点式住宅，以丰富街景；内部均设置多层住宅；沿开元路和民和路设置底层商铺。在民和路和开元路各设置一个出入口，并沿用地外侧形成一条环形车道，连接停车场，将人行与车行交通在空间上分开，人车分流，使社区中部形成“无车区”。绿地系统按层次设计。结合中心绿地，形成两条景观轴线，组织广场、水景、雕塑等各类景观要素。考虑到项目周围服务设施缺乏的问题，规划将配套设施沿城市道路布局，并适当分散，以带动其他商业的形成，同时兼顾为周围社区提供服务，也为街道空间增加景观与活力。住宅造型上突出个性和现代感，并为商业街提供空间变化，根据建筑体形特点，确定多层和小高层住宅采用坡屋顶、老虎窗以及部分山花的处理手法，组合成富有韵律节奏、充满活力的住宅群落和极具特色的小区风貌。住宅单体灰瓦、坡屋顶的做法，贴近传统习俗的要求，立面处理丰富，空间环境优美。为有效提高住宅产品的性能，提高节能、环境舒适度、减少排放等，根据高原气候特点及市场状况，规划采用多项人居技术措施，以打造“科技健康和谐的高原范例住区”。

二、规划鉴赏

本项目规划设计空间结构清晰，功能分区较好，形成了中心景观开放空间与庭院的空间层次。通过环形路的设置，创造了舒适、休闲的交往空间和景观环境。规划突出"庭院"的社区空间组织，强化庭院空间的归属性，创造了宜人的邻里环境，并且有利于社区的安全防范。小区采用动静交通与空间的手法，为邻里交往创造适宜休闲的条件，利用院落空间设置停车场地，较好地解决了人、车之间的矛盾。规划布局保留了原有树木，构筑了自然宜人的氛围，体现了生态的原则。小区在东南两侧设置的配套商业、托幼园和会所等公共服务设施，即有利于居民使用，也有利于市场经营。住宅单体立面处理丰富，空间形象明快。考虑应用的科技项目较多，有利于提升项目的整体品质，并推动当地住宅的科技进步。

图2　鸟瞰图

建议如下：项目应从所在区位环境出发，进一步优化方案，提升楼宇品质，比如合院的形态、小高层的布点、托幼园的位置等协调空间关系，以丰富小区的景观环境和市场价值。建议减少东侧商铺占地，建设城市绿化开放空间，并利用东南侧城市绿带为住区增加外连空间，既为城市做出贡献，也提高项目景观效果。探讨中小套型的居住品质，应对户型功能空间作进一步推敲。有针对性地选择有实效的科技项目，具体落实技术措施，加强技术产品的可实施性研究。

图3　沿街立面

贵阳
绿苑小区

开发单位：贵州省经济适用住房建设发展中心
　　　　　贵阳方源房地产开发有限公司

技术经济指标：
所在地：贵州，贵阳
总用地面积：336820m^2
住宅总建筑面积：407300 m^2
总户数：3815 户
容积率：1.482
建筑密度：23.0%
绿地率：36.8%
地上 / 地下停车位：300 个 / 920 个

图 1　鸟瞰图

一、项目概况

“绿苑小区”位于贵阳市南明区，距贵阳市中心约 5km，距贵阳火车站仅 2.5km。项目设计利用山地、坡地建设经济适用住房，紧扣国家节能省地型住宅政策，其宗旨是“以人为本，绿色建筑，健康生活”，努力规划出因地制宜、保持原有山地绿色生态的居住小区。在交通组织、组团结构、空间环境、景观等方面符合城市发展方向，有利于提升城市中、低收入水平居民的居住标准，创造理想生活家园。总平面布置结合用地地形、地貌及用地内高压走廊和南面铁路情况，由东向西布置“雅然居、悠然居、天然居”三大组团及北段山地组团，使每个组团形成有机联系。小区景观设计结合用地内东、西两组高压走廊，布置“天然居”山体绿地，“雅然居”中心绿地及道路绿化、山体绿化形成绿化走廊；“悠然居”南、北两区各设计小区组团绿地。公建服务设施沿小区主要道路两边相对集中布置。利用自然地形设计道路线型，并顺应山体设计了弧形的居住建筑。结合用地高差特征的道路系统设计是本方案山地建筑最显著的特色之一，车行道穿过各个组团的过程中，景观和建筑形态不断变化，达到了移步异景的视觉效果。基于贵阳市实际情况，该小区未考虑自行车的停放，利用地形高差，设置了大面积的地下半地下停车库，有利于集中管理，而且充分体现了节约用地的宗旨。

二、规划鉴赏

本项目地处贵阳三个中心城区之一的南明区，交通便利，商业生活设施发达，小区利用地形复杂的山坡而建，符合国家节能省地型住宅发展方向。小区周边自然环境幽雅，空气清新，无污染源，适宜人居。小区建设规模较大，规划设计完整，具备提供生活起居、居民交往、服务配套的建设条件。规划设计因地制宜，基本保持了原地形地貌的特征。小区交通组织、组团结构、居住景观、空间环境等总体上符合城市发展方向，有利于形成文明社区的建设。建议如下：建议改变学校用地位置，核实学校规模，将中小学合并，形成九年一贯制学校。利用东侧临近城市交通干道优势，发挥学校社会服务的作用，并建议与原有学校南侧住宅用地进行置换建设。建议会所移至东侧入口处，以便经营，提高会所的利用率。改进居住组团的空间绿地规划，适当组织组团空间。建议改变削坡填沟建房的做法，结合地形设计山地住宅，改善住户的进出条件，减少对地形的改变，保持小区的自然形态。根据山地特点，完善车行与人行交通系统以及停车设施。建议利用自然坡地和适当地点建设小高层，形体采用错落方式，改变住区形象。改善小区对外

图 2　小区内干道

图 3　街道

图 4　依山而建的住宅

图 5　组团内景

开放性，在道路节点处适当拉开空隙，把外部景观引入住区。进一步改进住宅套型和建筑立面的设计，体现山地建筑特征。建议增加科技含量，改进节能、节水、节地的措施，如改进门窗的节能设计，增加建筑墙体保温、提升中水和雨水的处理及智能化。

东阳
中天·世纪花城

开发单位：东阳市中天房地产开发有限公司
设计单位：杭州浙华建筑设计事务所

技术经济指标：
所在地：浙江，东阳
总用地面积：218200 m^2
总建筑面积：382990 m^2
总户数：2467 户
容积率：1.75
建筑密度：26.9%
绿地率：35.3%

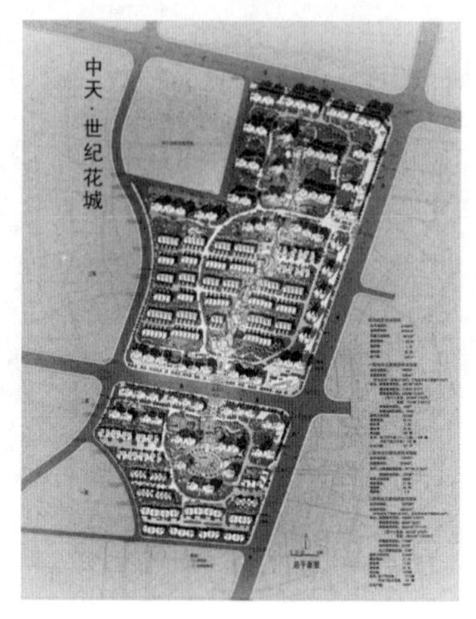

图 1　规划总平面图

一、项目概况

“中天·世纪花城”位于东阳市城市总体规划的中心区，该地块区位优势明显，北面的广福路和东面的学士路均为 40m 宽的交通主干道，出入方便。基地内开阔平坦，自然环境优美。沿基地的南北向设计了一条线状的中央绿化景观带，贯穿整个三期用地，同时通过二、三期正对的主入口与一期和二期的开敞中心绿地保持轴线联系，从而形成景观资源的连续性。线状的中央景观绿化带联系起了排屋区、叠排区以及高层区，通过对建筑形态的不同组合，使住宅最大限度地享受到绿地空间。在第一期中，线状绿地放大形成大尺度中心绿地大花园，通过架空层的设置，创造丰富的空间层次感。住宅类型有排屋、叠排住宅、点式和板式中高层以及点式或板式高层。丰富的建筑形态在经过区域划分、错综排列后，形成了小区丰富的空间形态。小区提供多种的空间层次来满足住户各类型室外活动的要求，增强小区的领域感、安全感和从属感。从中央线性景观绿化带到中心景观绿化，再到各组团公共绿地，层层递进。同时考虑设计了多处人性化的小尺度空间。蜿蜒的半岛水系勾勒出各功能区块，自然的水岸线形成了线状绿化带。结合浅水池、曲折的鹅卵石小道及起伏的台地，让景观有了灵动之美。建筑群体力求塑造简洁明快的建筑风格和富于江南水乡文化底蕴的新时尚精品住宅。引入现代的材料和技术，采用明快的色彩、精致的处理，创造空灵别致的造型。运用虚实对比，构建穿插，追求自然、平实与真正的品味，营建温馨儒雅的人居环境。沿甘溪路、学士路、广福路设一层商铺，为内外居民提供了便利。

二、规划鉴赏

本项目位于江北新区核心部位，具有优越区位条件。交通便捷，自然环境优美，具有很好的人居环境建设的外部条件。规划设计理念从营造宜人居住环境出发，采用了中心主

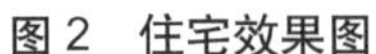
图 2　住宅效果图

图 3　鸟瞰图

图 4　中心区景

图 5　住宅效果图

轴景观带、生态花园、半岛水系等手法，创造了丰富的空间序列，有益于组织舒适、健康、休闲的生活环境，提高了居住的生活质量。小区采用混合居住模式及“同质集居”的概念，设计出多种住宅方案和多种人际交往的空间，具有一定的创见性。住宅设计平面功能合理，组合紧凑，采用入户花园和排屋内庭院的做法，对改善通风、开敞视线、增加与自然的亲和力及领域感有好处，并成为产品的特色。建议如下：调整小区路网，更好地与城市道路衔接，完善道路结构。建议在北区改变底层商业的单一形态，适当增加独立商业地块，设置小型超市、步行商业街等，以利社区的发展。改进小区主干道的景观布局和绿化设计，强化院落景观，弥补主景观共享性不强的弱点。增加老人和儿童的活动空间，并注意无障碍设计。适当扩大托幼园的规模并离开住宅设置。建议加强节能措施，并在雨水和中水利用、雨水渗透技术、景观水生化技术、太阳能技术等方面加强措施，争取更高品质的舒适度。

引导篇

——人居环境示范城镇和规模住区建设指引

中国人居环境示范城镇建设导则

一、概述

（一）人居环境示范城镇建设定位

中国人居环境建设示范城镇是由中国房地产研究会人居环境委员会根据正在进行的《城镇人居环境评估指标体系研究》课题研究成果而创建的旨在科学引导城镇人居环境建设的实践活动，是该课题成果的重要组成部分。

（二）人居环境建设目标

第一，指导城镇建设成为全国一流的生态人居城市，在本地乃至全国范围内起到示范作用，通过人居文化建设提高城镇发展竞争力，贯彻落实科学发展观，超越单纯的GDP观念。

第二，通过开展人居环境示范工作，达到生态环境保护与城市经济社会文化发展之间的平衡，使可持续发展理念成为本地区长期坚持的发展观，促进经济和社会文化发展同时能够达到较高的水准。

第三，通过开展人居环境示范工作，提高每个公民的环境意识和综合素质、追求健康的生活方式，使城镇每个居民都能够获得相对良好的社会保障和自我发展机会，舒适健康、精神愉悦，享受富裕的生活。

（三）人居环境建设原则

第一，可持续发展的原则。努力实现社会、经济、环境的全面协调和可持续发展。

第二，生态文明的原则。协调自然生态环境和城镇空间发展的关系。

第三，以人为本的原则。努力塑造以人为本的现代化新型城市。

（四）人居环境规划结构

人居环境规划是在《城镇人居环境评估指标体系研究》课题研究成果的基础上，根据城镇人居环境评估九大体系创设的综合性、融贯性规划体系，是以人居环境视角对城乡经济、社会、文化、环境全面协调可持续发展的科学表达。

城镇人居环境规划的框架结构主要包括城乡统筹与社会发展、资源利用与产业发展、自然生态与环境保护、基础设施与社会设施、居住环境与社区服务、城市防灾与公共安全、建筑科技与节能减排、地域文化与城市特色、公共政策与城市管理。九大体系基本上涵盖了城镇人居环境建设的各个领域。各个体系包括具体建设指标、发展目标、政策措施及管理建议等内容，可用于指导各城镇政府编制人居环境规划。

（五）人居环境规划政策框架

城乡总体规划是当地经济、社会和空间发展的总体框架，是属于法规性的文件。大多数城镇均编制了本地域的城乡总体规划用于指导本地区的城市空间及经济社会发展。随着我国城市化快速发展，城乡居民越来越重视环境问题，城市发展面临着复杂的经济、社会、文化、环境等综合矛盾，单纯的空间规划难以应付复杂多变的形势，需要提出以人居环境为核心的规划体系，尤其是新的《城乡规划法》，更是将改善城乡人居环境列为立法目标之一，在法律层面提出了改善城乡人居环境的需求。人居环境规划是一项综合性和融贯性的规划体系，可融入各阶段国家法定规划之中，也可单独编制，具有视角独特、针对性强、便于操作的特点。

（六）编制说明

分级指标：根据《城镇人居环境评估指标体系研究》课题成果，人居环境评估指标体系分为三级。一级指标共 9 项，每项指标均为 100 分，但权重有所不同；二级指标共 34 项；三级指标共 132 项。

使用方法：城镇人居环境规划评估指标体系是通过评分的办法来衡量城镇人居环境建设水平的尺度，并以权重分值确定各项评价因素的重要程度。

本导则评价因素划分为三级指标，其中一级和二级评价指标为通用型，适合全国各个中小城镇的人居环境规划目标，第三级指标可以随着评价城镇的区位、生态资源、经济社会发展、城市空间状态等要素的不同各有差异，并可以增减评价因素。有的地区如果需要第四级指标同样可以增加，但是，通常这个情况是由主要责任部门自行补充，以规范本部门的执行目标。

本导则评价因素分值随之同样被划分为三级分值注明并分别统计，以清晰地分辨各评价因素的重要程度。表中“标准值”是泛指全国城镇人居环境建设应达到的最低指标值；“年度指标”是指分年度阶段应当逐级达到的最低指标值；表中列出的“主要负责部门”是指该项目评价因素的主体执行单位，“相关部门”是指协同执行的单位，是责任单位；全部评价分值由参加验评单位专家和相关主管领导分别自主打出，然后再测算综合权重值打出最终得分。

全部九大体系总分值为 900 分，即每个一级指标为 100 分，二级指标分值累加总值与同级指标相同为 100 分。部分指标为定性指标，由人居委专家组评定打分，通过评估认证的试点城镇根据分数的高低分为三个等级，分别为通过、良好和优秀。试点城镇的评定等级和分数，可以大致反映城镇人居环境规划建设的总体水平。

（七）应用范围

本指标体系编制研究是在住房和城乡建设部立项的科技研究成果，由中国房地产研究会人居环境委员会完成，其城镇人居环境评价指标体系成果将对从事城镇规划的规划设计人员，在编制中小城市法规性规划时找准重点和理清编制方向。可用于指导中小城市编制人居环境规划，也可作为中小城市主管领导找准城市发展定位、制定政策的主要依据，同时也是政府各主管部门及专家学者在人居环境建设各阶段的工作指导、中间检查、验收评估工作的依据。

本体系也可供人居环境研究人员、规划设计研究机构和大专院校教学参考。

（八）名词解释

人居环境规划：是以城乡规划为基础，以人居环境的视角对城镇区域生态环境、资源、产业、社会、科技创新以及公共政策等方面在空间布局所作的整体安排，是融入城乡规划各法定阶段的体现式规划，所以又可以称为人居环境融贯性规划。

人居环境规划并不等同于居住区规划，而是在现有城乡规划体系基础上的一个拓展和创新。就其本质而言，人居环境规划是对城镇或规模住区人居环境发展的一种预期和实施。最终的目标是为了加强城乡规划对经济、社会、文化和空间发展的综合引导。

宜居城市：是包含各种社会生活要素的一个综合的大系统。要衡量一个城市是否宜居，不仅要看城市的住区建设、市政设施、生态环境等硬件条件，还要看城市的经济、社会、文化等软件环境。宜居城市的核心是人，城市建设应围绕“人类居住需要”这个中心做文章。同时，需要强调大自然是建设“宜居城市”的基础。人类的生产活动以及人居环境建设活动都离不开广阔的自然背景。“宜居城市”的最高境界就是人与自然的和谐统一。

城乡统筹：是指充分发挥工业对农业的支持和反哺作用、城市对农村的辐射和带动作用，建立以工促农、以城带乡的长效机制，促进城乡协调发展。长期以来，我国城乡经济社会发展形成了严重的二元结构，城乡分割，城乡差距不断扩大，“三农”问题日益突出，要解决“三农”问题，必须实行城乡统筹。要让更多的农村劳动力、农村居民进入城市，要调配更多的资金、技术、人才流向农村。城乡统筹，是经济发展战略的重大转变，也是解决“三农”问题新的希望，但是真正落实尚要通过一段时间的努力。

生态环境：是指由生物群落及非生物自然因素组成的各种生态系统所构成的整体，主要或完全由自然因素形成，并间接地、潜在地、长远地对人类的生存和发展产生影响。生态环境的破坏，最终会导致人类生活环境的恶化。保护和改善生态环境，是基于生态环境与人类生活环境有着密切关系，是我国环境保护法主要任务之一。生态环境并不等同于自然环境。自然环境的外延比较广，各种天然因素的总体都可以说是自然环境，但只有具有一定生态关系构成的系统整体才能称为生态环境。仅有非生物因素组成的整体，虽然可以称为自然环境，但并不能叫做生态环境。

评价因素：是指对某一类的事物或事件需要进行科学的鉴定评估（评价）的时候设定的影响事物或事件的性质变化的因子要素。通常构成影响的要素是非常错综复杂的，因此需要分析考量决定其中影响较大者，而忽略一些枝节的因素，保证评价结果符合主导的方向。评价因素通常可选择设定为三级因素因子划分，但也可根据评价的需要，设定多个层次评价因子，用于编制执行细则指导的需要。

权重评价：是指针对全部评价因素评价分值按比例实行的分配评价，比例的占有值需要根据本地域人居环境规划的重要程度进行分配，权重值越大则说明紧迫性和重要程度越高。通常是在评估者对一级评价因素完成打分后再乘以权重系数，再进行累计获得总评价得分。本项权重系数应当由人居环境规划制定者参照本地主管领导的意见制定，一旦通过即获得制导权。

二、人居环境示范城镇建设九大体系及政策措施

（一）城乡统筹与社会发展

1. 目标

第一，加速推进城市化、工业化和生态城市建设的进程。

第二，推动人口、产业的空间集聚和农业产业结构性的调整。

第三，建设一个现代、文明、自然并富有亲和力的新城镇。

第四，缩小城乡差距，使整个城镇走向共同富裕的道路。

2. 发展指标

1）指标

2）指标相关说明

(1) 基尼系数 (Gini Coefficient)：是意大利经济学家基尼 (Corrado Gini，1884 ～ 1965 年) 于 1912 年提出的，定量测定收入分配差异程度，国际上用来综合考察居民内部收入分配差异状况的一个重要分析指标。

其经济含义是：在全部居民收入中，用于进行不平均分配的那部分收入占总收入的百分

城乡统筹与社会发展指标　　　　表1

一级指标	设置目的	二级指标	三级指标		2010年指标	2015年指标	2020年指标
			指标	单位			
城乡统筹与社会发展	反映一个地区城乡统筹发展的基础和能力	城市化水平	城镇人口占总人口比重	%	≥55	≥65	≥75
			区域内城镇城乡规划完成比例	%	≥90	100	100
		区域经济与社会发展水平	区域内城镇控制性详细规划覆盖面积比	%	≥60	≥80	100
			恩格尔系数	%	<40	<35	<30
			基尼系数	—	<0.4	<0.35	<0.3
			农牧民人均纯收入，居民人均可支配收入	%	≥50	≥60	≥70
			社会保障覆盖率	%	≥80	≥90	100
		城乡一体化程度	城镇体系结构完善程度	—	≥0.8	≥0.9	≥1
			城乡资源环境保护与合理利用程度	%	0.6	0.65	0.8
			城乡市政基础设施一体化程度	%	0.6	0.7	0.8
			城乡公共服务的一体化程度	—	0.6	0.7	0.8
			高等级道路通达各乡镇（工矿点）的比例	%	≥80	≥90	100
			行政村公交开行率	%	≥50	≥70	100

比。基尼系数最大为1，最小等于0。前者表示居民之间的收入分配绝对不平均，即100%的收入被一个单位的人全部占有了；而后者则表示居民之间的收入分配绝对平均，即人与人之间收入完全平等，没有任何差异。但这两种情况只是在理论上的绝对化形式，在实际生活中不会出现。因此，基尼系数的实际数值只能介于0～1之间。

（2）恩格尔系数（Engel's Coefficient）：是食品支出总额占个人消费支出总额的比重。

简单地说，一个家庭或国家的恩格尔系数越小，就说明这个家庭或国家经济越富裕。反之，如果这个家庭或国家的恩格尔系数越大，就说明这个家庭或国家的经济越困难。当然数据越精确，家庭或国家的经济情况反应也就越精确。

（3）社保覆盖率：社会基本养老保险覆盖率和社会基本医疗保险覆盖率的平均覆盖率。该指标衡量基本社会保障制度对广大人民的惠及程度。

已参加基本养老保险的人数指按国家法律、法规和有关政策规定参加基本养老保险并在社保经办机构已建立缴费记录档案的职工（含离退休人员）人数，包括中断缴费但未终止养老保险关系的职工人数，不包括只登记未建立缴费记录档案的人数。

已参加基本医疗保险人数指按国家有关规定参加基本医疗保险的人数，包括参加保险的职工人数和退休人员人数。

（4）城乡公共服务的一体化程度：国家公共产品的供应和提供的公共服务对城乡居民一视同仁，或向农村倾斜。公共服务包括金融保险业、交通通讯业、健康医疗服务、商业物流服务等。

（5）高等级道路：指二级以上的公路。

(6) 行政村公交开行率：开通公交的行政建制村占区域所有行政村的比例。公交可以是通达或路过行政村的定时班车。

3. 政策措施

注：政策措施可根据本导则和指标体系相关要求，结合当地具体情况制定，本政策措施由人居环境委员会为创建中国人居环境示范城镇——乌审旗编制（以下各章节政策措施均以乌审旗为例）。

1）在 2015 年前取消本地域内农业户口，消除城乡二元制差别。取消附加在户籍中的福利，实行城乡社会平等的社会经济政策。由发改委、公安局、民政局负责制定具体实施方案。

2）建立完善财政转移支付体制，本地域内统一平衡财政支出，加大对落后地区和农村（及牧区）财政支持力度，按照指标体系年限达到减少农村经济、社会发展和居民收入与城镇差别的目标。本项工作由财政局、民政局负责制定具体实施方案，2010 年完成并实施。

3）对农村地区实行统一的、平等的社会保障政策，实现社会保障的无缝覆盖。由社保局、发改委、财政局制定实施计划，并在 2015 年前完成社会保障覆盖旗域全体居民。

4）实施城乡规划集中统一管理，建立城乡规划一体化管理的新体制，实现城乡规划和控制性详细规划相应空间全覆盖和农村地区“一书两证”建筑管理。由规划局、国土资源局负责在 2011 年前完成相关法规制定工作并开始实施。

5）结合社会主义新农村建设要求，参照《城市居住区规划设计规范》配置村镇公共服务设施。根据居民点的集中程度，在 300 人以上的村庄，在人口聚集较为集中的地点，配置公共中心，服务半径根据人口密度适当放大。

6）首先，为解决退耕退牧居民就业问题，建立城乡产业一体化基地。在基地内充分利用本地优质农（牧）业资源、水资源和土地资源，将实行农业产业化经营，形成规模化高效经营示范基地。本导则将根据规划目标安排 10000 人就业。由发改委、农牧局、规划局、国土资源局负责制定具体实施规划。争取在 2015 年底前建成并投入使用。

其次，为切实配合退耕退牧工作，使退耕退牧进城居民能够安居，建设移民小区。由发改委在 2010 年完成退耕退牧进城居民 2010 ~ 2020 年增长计划，由规划局、建设局和房管局负责编制建设计划，财政局负责制定财政补贴计划。在 2009 年建成两个移民小区后，从 2010 年起不再单独建设，而是融入其他小区内，按照一定比例配建。

7）为加强区域联系，城镇人居规划建设不低于二级公路的连接交通。

8）保证城市水、电、燃气等供应充足，完善区域基础设施网络和交通道路网络。本导则规划在 2020 年前建成完善的区域基础设施网络和道路网，使全旗域内的居民都能够享受高水平的基础设施服务。由政府办监督规划实施，规划局、交通局、公用局等配合。

9）在 2010 年前建成农牧区居民点、工矿点与城镇间的定期公交班车的线路网并开始运营。在 2009 年组建公交运输公司，由该公司负责线路网规划和运营系统建设，交通局配合。

（二）自然生态与环境保护

1. 目标

第一，执行国家退耕还林还草政策，恢复城镇生态，建设健康生态系统，支持经济社会可持续发展。

第二，保护生态环境，营造优良的水环境、大气环境、土壤环境。

第三，在现有城市绿化指标控制的基础上，进一步深化能够确保维护生态体系效能的城市建设指标，以便维持城市发展中的生态环境支持。

第四，将建设“草原中的城市，城市中的草原”成为生态绿地系统建设的首要目标，为了实现这一目标，绿地建设分三步走：3 年实现国家园林城市的目标，5 年达到国家生态园林城市标准，8 至 10 年跨入“国际花园城市”的行列，最终完成建设“草原花园城市”的目标。

2. 发展指标

1）指标

自然生态与环境保护发展指标 **表2**

一级指标	设置目的	二级指标	三级指标		2010年指标	2015年指标	2020年指标
			指标	单位			
自然生态与环境保护	重点是增加绿化覆盖率，建设绿色城镇	生态系统	县域内生态网络连通度	—	≥0.8	≥0.9	1
			县域内物种丰富度指数	—	≥0.85	≥0.9	1
			县域内本地植物指数	—	≥0.8	≥0.9	≥0.9
			县域内自然植被覆盖率	%	≥50	≥60	≥70
		自然生态修复工作力度	“四区”是否根据生态环境保护要求划定	—	√	√	√
			自然植被用地受保护情况	%	0.7	0.8	1
			生态敏感区保护面积占比	%	≥50	≥80	100
			退化土地恢复率（退耕还林、还草）	%	≥30	≥40	≥50
			建成区绿化工程所用苗木自给率	%	≥55	≥65	≥75
			城区透水地面比例	%	≥50	≥60	≥70
		城区绿地系统建设水平	建成区范围绿地率	%	≥15	≥25	≥35
			建成区范围绿化覆盖率	%	≥40	≥50	≥60
			建成区人均公共绿地	m^2/人	≥25	≥30	≥35
			按长度城市街道绿化普及率	%	≥85	≥90	≥95
			“园林式单位”达标单位占比	%	≥70	≥80	≥90
	重点是增加绿化覆盖率，建设绿色城镇	水环境保护水平	自然水体水环境质量达标率	%	≥70	≥90	100
			工业废水排放达标率	%	≥80	≥90	100
			城市污水处理率	%	≥50	≥60	≥70
		空气环境保护水平	二氧化碳排放消减指标	%	≥5	≥10	≥15
			空气质量在二级及以上天数	天/年	≥300	≥330	≥330
		土壤保护水平	化肥使用率	kg/ha	<250	<230	<210
			牲畜粪肥管理率	%	≥50	≥70	≥90

2）指标相关说明

（1）生态网络连通度：较大面积自然生态环境群落之间的关联程度。生态网络连通度指数值范围是从0（网络没有连通）到1.0（网络具有最大连通度）。

（2）物种丰富度指数：一定大小的样方（或面积）中的物种数目。受样方面积大小的影响，它没有考虑物种间个体数目或生物量或盖度的差异。它是衡量群落内物种丰富程度的指标，数值越大说明样地物种丰富度越高。

（3）本地植物指数：一定区域内城市建成区内全部植物物种中本地物种所占比例。

（4）自然植被：未受到人为的影响，而依然在自然状态下发育的植被，称自然植被。一般地说把稍微受到人为影响而没有扰乱其基本组成和结构的也看做是自然植被。

（5）“四区”

禁止建设区：包括基本农田保护区、牧场保护区、水源保护区、自然保护区的核心区。禁止建设区原则上禁止任何建设活动，其中基本农田保护区内严禁进行村镇建设、采矿、挖土挖沙等一切非农活动；地表水饮用水源一级保护区内，停止一切农业生产活动，退耕还林、还草，严格禁止与水源保护无关的任何建设活动；泉域地下水重点渗漏区内，以发展绿化种植和生态农业为主，禁止新建与水源保护无关的建设项目；自然保护区的核心区内，除必需的保护设施外，不得增建其他任何工程设施。

限制建设区：包括风景区、森林公园等自然和人文景观保护区、自然保护区的控制区、一般农田用地区、林地绿化区、重要生态廊道区等。限制建设区内对各类开发建设活动进行严格限制，不宜安排城镇开发建设项目，确有必要开发建设的项目应符合城镇建设整体和全局发展的要求，并应严格控制项目的性质、规模和开发强度，适度进行开发建设。

适宜建设区：包括城镇建设区及独立工矿等其他适宜建设的区域，其中城镇建设区及镇域一般村的规划建设用地。适宜建设区作为城镇及其他独立工矿优先发展的地区，必须在划定规划建设用地范围内，加强城镇规划的执行力度，城镇的规划建设必须严格控制在城镇建设区范围之内，严格控制用地规模，高效集约利用土地资源，根据资源条件和环境容量，科学合理的确定开发模式和开发强度。

已建区：已经建设的区域范围，主要以改善居住环境、提高绿化率、增加休闲、商业、体育设施以协调城区的整体景观风貌和发展水平为改造重点。

（6）生态敏感区：可认为是对自然环境要素变化反应敏感、生态系统稳定性较差、在人为或自然因素多重胁迫下易于向不利于人类利用的方向发展，且在现有经济和技术条件下其负面效应不易得到有效遏制的区域，主要特征是系统内部结构的不稳定性和对外界干扰的敏感性。

（7）退化土地恢复率（退耕还林、还草）：原为草地或林地的土地，被开垦为农田后，恢复为草地或林地的土地面积比例。

土地退化是指由于使用土地或由于一种营力或数种营力结合致使雨浇地、水浇地或草原、牧场、森林和林地的生物或经济生产力和复杂性下降或丧失，其中主要包括：①风蚀和水蚀致使土壤物质流失；②土壤的物理、化学和生物特性或经济特性退化；③自然植被长期丧失。

退化土地恢复率 = 已恢复为生态用地的退化土地总面积 / 退化土地总面积 ×100%

（8）透水地面：城市建成区内道路广场用地中，水能够透过面层渗透到地层，地面径流系数小于0.60的地面。

（9）建成区范围内绿化覆盖率：指在城镇建成区的绿化覆盖面积占建成区面积的百分比。绿化覆盖面积是指城镇中乔木、灌木、草坪等所有植被的垂直投影面积。

城市绿化覆盖率（%）＝城镇内全部绿化种植垂直投影面积 / 城市面积 ×100%。

（10）按长度城市街道绿化达标率：城市街道绿化达标路段长度与道路总长度的百分比。

（11）“园林式单位”达标单位占比：“园林式单位”达标单位比重是指达到园林式单位的数量占城区机关、企事业单位总数的百分比。可执行省级、市级“园林式单位”评定标准，或由县（旗）园林管理部门单独出台“园林式单位”评定标准。

（12）二氧化碳排放消减指标：区域内逐年消减二氧化碳排放量的百分比。

（13）空气质量在二级及以上天数：指城区全年空气质量在二级及以上天数。空气质量二级即空气污染指数 API 小于或等于 100。

3. 政策措施

1）关闭自备水井保护地下水源。配合自来水普及计划，对单位和住户自备水井进行普查。对自行打井盗采地下水的，要进行高额罚款。由公用局和水务局制定普查执行计划以及罚款标准。

2）通过雨水和污水管道建设，使城市污水收集率超过 90%，基本禁止污水未处理排放和生活污水随街倾倒。通过招商引资方式，启动污水处理厂改扩建设，使处理率达到 95% 以上。由建设局和规划局制定雨、污水管建设计划，由建设局负责组织污水处理厂建设。

3）对于有污染的用地单位（主要是汽车修理和垃圾收集）实行严格的污染控制措施，严格处罚废油污染地面和直接排入雨水管，控制地下水污染和提高雨水可用性。由环保局制定油污等污染物控制管理和处罚办法。

4）建设雨水保存和渗漏相结合的系统，在水量少时，将雨水进行存储；雨量大时，多余雨水通过溢流系统流入生态公园或湿地公园。由园林局和建设局负责编制规划并组织实施。

5）全市机动车道、人行道、广场等全部使用透水材料铺设，基础采用相应透水级配石基层。由建设局完成透水地面铺砌规定和技术要求并开始执行。

6）新建防渗无害化垃圾处理厂一处，由建设局和公用局负责实施。

7）由园林局负责组织制定绿地建设年度计划并组织绿地建设，建成城市生态防护林带绿化、植物园绿化，并最终形成适合各城镇的绿地格局。

8）按照人居绿地规划，形成林荫路系统，按道路长度使城市街道绿化普及率、达标率分别在 95% 和 80%以上；市区干道绿化带面积不少于道路总用地面积的 25%，由园林局负责。

9）实施单位绿化达标体制，使达标单位占 70%以上，先进单位占 20%以上。此项工作由园林局监督实施，各单位积极配合。

■ 工业企业、交通枢纽、仓储、商业中心等绿地率不低于 20%；

一般单位附属绿地面积占单位总用地面积比率不低于 30%；

■ 产生有害气体及污染的工厂的绿地率不低于 30%，并根据国家标准设立不少于 50m 的防护林带；

■ 学校、医院、疗养院所、机关团体、公共文化、部队等单位的绿地率不低于 35%。

（三）资源利用与产业发展

1. 目标

第一，根据国家建设节约型社会的方针，转变以外延扩张为主的传统用地观念，挖掘存量用地潜力，加强土地资源的综合利用，发展循环经济，形成资源高效利用城镇。

第二，有效利用本地资源，引导及发展效益型产业，增加就业并提升城市活力。尽可能走以能源产业为支柱、商贸流通服务业为基础、农牧业为辅助、旅游业为突破口、科技产业为动力的发展道路。建设成为全国一流的生态型、环保型产业基地。

第三，高效利用水资源，减少地下水资源的开发，提高地表水的利用效率，形成水资源节约型城市。

2. 发展指标

1）指标

2）指标相关说明

资源利用与产业发展指标 **表3**

一级指标	设置目的	二级指标	三级指标		2010年指标	2015年指标	2020年指标
			指标	单位			
资源利用与产业发展	①以资源承载力引导产业发展，增加就业与提升城市活力；②重点是土地、水和能源	土地空间利用效率	城镇人均建设用地面积	m^2/人	220	175	150
			乡村人均建设用地面积	m^2/人	200	150	150
		能源消耗水平	单位GDP能耗	吨标准煤/万元	<2	<1.5	<1.2
			可再生能源在总能耗中所占比例	%	≥2	≥5	≥10
			清洁能源在总能耗中所占比例	%	≥50	≥70	≥90
		水资源消耗水平	工业单位GDP水耗	m^3/万元	≤80	≤70	≤60
			节水型农业产值占农业产值比重	%	≥60	≥70	≥80
			人均日生活用水量	升/人·天	≤230	≤220	≤220
		产业结构水平	第三产业产值在GDP总量中的比例	%	≥18	≥25	≥30
			第三产业从业人员占总就业人口比重	%	≥35	≥45	≥50
		产业与资源吻合程度	产业对本地自然资源的利用水平	—	≥0.7	≥0.8	≥0.8
			产业对本地非自然资源的挖掘利用水平	—	≥0.7	≥0.8	≥0.8

（1）可再生能源：可再生能源泛指多种取之不竭的能源，严格来说，是人类历史时期内都不会耗尽的能源。可再生能源不包含现时有限的能源，如化石燃料和核能。乌审旗天然气资源蕴藏丰富。

（2）清洁能源：是不排放污染物的能源，包括核电站和“可再生能源”，可再生能源是指原材料可以再生的能源，如水力发电、风力发电、太阳能、生物能（沼气）、潮汐能等，可再生能源不存在能源耗竭的可能，因此日益受到许多国家的重视，尤其是能源短缺的国家。

(3) 单位 GDP 能耗：城镇单位 GDP 能耗是指县（市）总能耗与本县（市）生产总值之比。

单位 GDP 能耗 = 地区总耗能（吨标准煤）/ 地区生产总值（万元）。

(4) 人均生活用水量：每一用水人口平均每天的生活用水量。

人均日生活用水量 = 报告期生活用水量 / (用水人口 × 报告期日历天数)· 1000

3. 政策措施

1) 根据总体规划确定的人均用地指标，结合城镇用地结构的特点和土地资源性质，在人居环境质量、土地经济性和容积率等的综合关系研究的基础上，确定居住区容积率控制值，公共建筑区和办公区容积率参考居住区容积率，在节约用地的同时，保持地方城市空间特色。由规划局负责制定地方城市规划技术管理条例，在其中对容积率加以明确规定。

2) 制定城镇产业准入政策，实行产业准入制度。限制不符合循环经济原则的产业进入和发展，制定相应的产业准入政策，包含污染、能耗、水耗等控制标准，同时进入产业实行税收鼓励或限制政策进行保证。由发改委、环保局和税务局共同研究制定产业准入政策以及相应的税收政策。

政策中对于产业进入核准，明确政府不作为决策主体，而是负责组织论证、可行性研究、空间布局和配套设施的规划和实施建议，实行人大表决以及环保部门一票否决制。

3) 实行企业达标排放政策，强制实施污染退出政策，对在生产过程中不能达到排放标准的企业，强制关闭，退出生产和转行。由环保局研究制定地方企业排放标准，并且不低于国家标准。

4) 配合燃气普及计划，全面限制燃煤的销售和在住宅中的使用。由环保局和房管局制定住宅燃煤使用控制计划。

5) 配合退耕还草还林和农牧民进城政策，满足就业和发展产业需要。产业基地以以色列节水型农业技术为蓝本，运用现代农业和牧业技术，提高生产和研发水平。利用信息交流技术，推出新产品满足本地和更大的市场需求。将传统的开放式生产系统转向（半）封闭式农业产业系统（畜舍、温室）。

城乡产业一体化基地不但要成为技术示范基地，而且要成为资源循环利用示范基地。根据循环经济原则，城乡产业一体化基地能源、水和其他物质要使用相应技术达到循环使用：

■ 通过利用厌氧发酵池实现生物质气化等生产沼气（原料为粪便及秸秆或其他生物质）；

■ 生物质气化供热；

■ 太阳能集热（包括给厌氧发酵池保暖）；

■ 生产生物肥料及土壤结构的改良剂；

■ 利用温室顶棚收集和利用雨水；

■ 二氧化碳循环；

■ 其他生物质及生物能源的相关活动。

城乡一体化基地的建立和最初的发展将需要一定的财政支持，在基础设施完善、实现规模化生产并达到良性循环后，将会直接或间接地为本城镇带来经济和社会收益。财政支持的范围包括初级基础设施的建设、技术引进以及培训的费用。

城乡一体化产业基地在建设之初，首先要立足于为居民服务，在逐渐规模化、效益化之后，将辐射范围逐渐扩大到全省。最终要形成区域性城乡一体化产业示范基地。

6) 按照总体规划，高起点规划建设一处现代物流园区。选址后统一规划、合理布局、集中建设，解决目前相关建设项目分散选址建设的问题，集中打造发展现代服务业的典范。由城镇建设投资公司和国土局制订计划。

7) 对工业用水实行阶梯水价政策，对于超过表 3 规定的单位 DGP 水耗的用水量，每超过 10%，水价增加 10%，控制工业耗水水平。由发改委和公用局制定相应水价规则。

（四）城市与社会基础设施

1. 目标

第一，将基础设施建设作为首要任务，加强市政设施承载力，满足城市发展和社会需求。

第二，将城镇建设成为公共服务设施优质、齐全，生活便利，具有高标准生活水准的现代新城镇。

第三，建立发达的城市内部交通系统、公交系统，使试点成为绿色出行示范城镇。

第四，健全建设社会福利机构，体现人文关怀，构建幸福城镇。

2. 发展指标

1）指标

基础设施与公共服务发展指标 表4

一级指标	设置目的	二级指标	三级指标		2010年指标	2015年指标	2020年指标
			指标	单位			
基础设施与公共服务	①直接反映人居环境硬环境；②重点是硬件	市政设施水平	城区市政集中供水普及率	%	≥90	≥95	100
			城区燃气普及率	%	≥80	≥90	100
			城区集中供热普及率（采暖地区）	%	≥50	≥70	≥90
		社会公共服务设施	每万人拥有文化设施建筑面积	m^2/万人	500	1800	1800
			每万人拥有卫生设施建筑面积	m^2/万人	600	1000	1500
			每万人拥有体育馆面积	m^2/万人	300	350	400
			人均商业设施面积	m^2/人	1.5	1.8	2
			教育支出占财政支出比重	%	4	5	6
			公共卫生支出占财政支出比重	%	5	8	10
			每万人拥有病床数	张/万人	40	50	60
			按标准配建小学的社区比例	%	20	50	100
		交通设施	每万人拥有的公共汽车数量	辆/万人	1	5	10
			城市干道路网密度	km/km^2	4	4	4
			公交覆盖率（500m）	%	15	30	50
			步行、自行车和公共交通出行比率	%	≥80	≥75	≥70
		社会福利设施水平	养老设施、孤儿院、智障学校基本满足社会需求	—	0.5	0.7	0.9

2）指标相关说明

（1）城区燃气普及率：指城镇城区使用天然气、煤气、液化气、工业可燃气及城市专供电炊的非农业人口数占城市非农业人口总数的百分比。

（2）全社会教育支出占财政支出比重：每年政府用于教育的财政支出占财政总支出的比例。该指标对提高城市的发展潜力具有重要意义。

（3）每万人拥有病床数：指城镇人口中每万人拥有的医疗病床数。反映地区医疗服务水平。

3. 政策措施

1）全面普及集中供水、供气和供热。由公用局负责全面普查，确认自来水、燃气管道尚未到户的户数。负责组织编制供热专项规划和自来水、燃气全面普及计划，使集中供水、燃气、供热全面到户。同时由商务局负责引进新的供水、供气和供热企业，形成竞争格局，降低供水、供气、供热市场价格。

2）建设五大城市文化工程，由建设局、文体局和财政局负责实施。

■ 会展中心：用于会展活动，还包括举办大型文艺汇演和政府、人大、政协大会等。

■ 科技中心：用于举办科普及青少年科技文化活动；

■ 图书馆：用于图书借阅、文化活动；

■ 人居城市博物馆：用于举办城镇历史、文化、城市建设等展览，可与规划展览馆兼容；

■ 民间艺术中心：作为各民族文化交流场所，设小剧场和室外演出场，并兼有小型演出和电影放映。

3）根据《医院分级管理标准》，建设一所病床数为300张的二级甲等现代化医院，由卫生局、规划局和财政局负责组织编制设计方案，与现有三所医院和社区医疗形成完整体系。

4）增建小学，全部按照学校建筑设计规范要求设计，按标准配置各种附属用房和设施。由教育局、规划局和财政局负责制定建设规划和设计方案。

5）发展公共交通，增设建设示范点城市至其他中心镇和旅游点的定期班车，定期班车在城区范围内形成区间车，带动城区内公交发展，既便利居民出行，又可提高公交服务效率。由交管局制定公交线路和公交车辆购置规划。

6）建设养老院和智障儿童学校，建设标准采用国家标准。由社保局和财政局负责。

（五）居住环境与社区服务

1. 目标

第一，彻底改变城市旧居住区居住环境恶劣现状，改善居住环境质量，全面提高城市形象。

第二，全面提高居民居住水平及社区服务水平，使示范城镇进入人居环境先进宜居城市行列。

第三，通过保障性住房，满足弱势群体的住房需求，促进社会和谐。

第四，美化住区环境，提供更多的绿色开敞空间，以满足居民日常户外休闲与邻里交往需求。

2. 发展指标

1）指标

2）指标相关说明

（1）成套住宅：指包括卫生间、厨房等功能的、有单独户门的住房单位。

居住环境与社区服务发展指标 表5

一级指标	设置目的	二级指标	三级指标		2010年指标	2015年指标	2020年指标
			指标	单位			
居住环境与社区服务		住房建设水平	城镇人均住房建筑面积	m^2/人	30	32	35
			住宅成套率	%	≥30	≥60	≥90
			全装修住宅占新建住宅的比例	%	≥10	≥30	≥50
			保障性住房覆盖率	%	≥30	≥60	100
		便利度与服务水平	800m半径内拥有社区中心的社区比例	%	≥20	≥60	≥90
			800m半径内拥有文、教、体、卫设施的社区比例	%	≥20	≥60	≥90
			距离商业服务设施500m以内的社区比例	%	≥40	≥70	100
			500米半径内拥有公共绿地的社区比例	%	≥30	≥50	≥90
			社区固定停车位数量与住宅总套数的比例	%	≥20	≥30	≥50
			有物业管理的住宅面积占新建住宅面积比例	%	≥60	≥70	≥90
		环境水平	绿化达标的社区比例	%	≥80	≥90	≥95
			社区绿地乔木种植达标的社区比例	%	≥60	≥80	100
			声环境达标的社区比例	%	≥80	≥90	100
			住宅日照标准达标率	%	≥80	≥90	100
			封闭式垃圾收集系统覆盖率	%	≥80	100	100
			卫生公厕普及率	%	≥80	100	100

（2）保障性住房：指廉租房和经济适用房。

（3）住宅日照标准：在大寒日要满足满窗日照 2 小时的国家标准。

（4）封闭式垃圾收集系统：是从垃圾收集到垃圾运输再到垃圾处理均是处于封闭的状态进行的，减少垃圾在此过程中造成的其他污染。

（5）卫生公厕：是与旱厕相对的概念，能够隔绝粪水，防止渗漏污染地下水，防止老弱病幼坠落，保证安全，防止恶臭和蝇虫滋生。包括水冲式和泡沫式。

3. 政策措施

1）建立保障性住房建设和管理制度。在经济适用房建设的同时，在所有新建商品住宅区（楼）中，配建 10% 的保障性住房作为廉租房，由政府按照成本价回购或折扣地价后回收，作为公共产权住房低价出租给低收入者。由房管局、规划局和建设局负责制定保障性住房建设和管理办法，对配建住房标准、配建住房验收标准、申请人资格认定标准、租金水平及调整机制、出租管理和物业管理等提出具体措施。

2）建立居住区配套商业服务业统一建设和经营的机制，将住宅开发建设与配套公共服务设施的建设及经营最大限度地分离开来，成立配套商业经营管理公司，由该管理公司负责建设，以及建成后招标经营。

在商业经营管理公司负责新建住宅区的配套商业设施管理中，商业设施初期的经营不以营利为目的，应以低于市场价的价位甚至零价位招标出租给有经验、信誉好的商户经营，在后期商业运行正常后，再恢复市场价格。并给政府带来远期和持续稳定的收益，弥补最初的投入。

本项工作由房管局负责执行实施办法，其中包括成本和赢利核算办法、财政初期补贴与回收期的资产管理和经营机制等。

3）全面实施旧城改造，尽快改变旧城人居环境差的状况，采取如下政策措施：

■ 确立不以营利为目的的旧城改造方向；
■ 政府主导旧城新区的改造，以非营利机构为旧城改造管理主体；
■ 计算开发成本与居民负担能力的差别，对旧城改造居民实施补贴；
■ 实施原住居民回迁政策，延续原有社会关系，保护城市文化；
■ 改造后住宅安排全部原住居民入住后，剩余住宅可以市场化出让，以补贴开发成本；
■ 建设综合社区中心，实施公共配套开发和管理新政策（见上述第2条）；
■ 按照10%比例配建保障性廉租住房。

成立旧城改造指挥部，由规划局、建设局、财政局等部门抽调人员组成，全面负责旧城改造任务，完成旧城改造工作计划，包括成本和收益测算以及补贴计划，10年内全部完成旧城改造工作。

4）根据现代生活要求，将社会基础设施的内容和服务范围适当扩大，适当提高服务设施用地指标标准。将部分居住区级（镇级）公共服务功能向小区级用地延伸，纳入本规划公共服务设施体系。将各类社会基础设施用地适当集中，形成综合社区中心。为形成半径为600m的社区服务中心，将城镇划分为几个社区，分区建设社区中心。综合社区中心包括商业、文体、医疗和社区服务等内容（见下表）。

城镇社会基础设施用地标准（m^2/千人） 表6

类别	项目	用地规模	建筑面积	注
教育	小学	1800	1200	建筑面积不小于10000
医疗卫生	卫生站	150	100	建筑面积不小于300
文化体育	活动中心(包括多功能室)	100	100	建筑面积不小于500
	小型图书馆（包括互联网室）	100	100	建筑面积不小于800，图书不少于6000册，公用电脑不少于50台
	室内健身所(含户外活动场地)	150	120	建筑面积不小于1000
商业服务		200	150	建筑面积不小于1200
社区服务	服务中心（包括家政服务等）	70	50	—
	日间照护（包括残疾人托护所）	40	30	—
	居委会（含治安联防站）	20	20	—
	物业管理	50	40	—
其他	公厕	20	15	—
总计		2700	1925	—

由规划局负责组织制定旧城改造建设详细规划，根据城镇社会基础设施建设标准确定社区中心的具体建设地点和范围。由旧城改造指挥部负责实施。

5）建立专门非商业化的物业管理机构，管理全市非商业性开发的住宅区物业，改善社区形态。物业收费以涵盖物业管理机构运行成本为标准。由房管局制定物业管理机构管理办法，并启动全市社区物业管理。

6）制定地方住宅日照标准和机动车位标准，对住宅间距执行日照间距和大寒日 2 小时日照双重控制标准。对于新建居住区，机动车停车标准不得低于 5 辆 /10 户，由规划局制定地方城市规划技术管理规定，明确上述内容，并于 2010 年开始实施。

7）利用社区医疗服务站为居民提供免费咨询、健康教育，免费建立家庭、个人健康档案。为 60 岁以上老人每年可免费体检一次（基本体检：血、尿、便常规，心电图）。由卫生局负责制定实施计划，全面实施老年人每年免费体检计划。

8）规划确定新建居住小区绿化面积占总用地面积的 35%以上，辟有休息活动园地，改造后的旧居住区绿化面积也不少于总用地面积的 30%，全市园林式居住区占 60%以上。在社区中将沿街商业设施的非采光后墙以及锅炉房、热力站等适合立体绿化的附属建筑，实施立体垂直绿化；停车场绿化采取绿地与停车场结合的形式，采用嵌草铺装和林荫停车场增加居住区的绿量和景观效果。由园林局负责制定社区绿化实施标准并实施。

9）为平衡绿化效果、经济性和生态要求等关系，社区绿化实施绿化树种分类制，分别为基调树种、骨干树种和常用树种，对城市不同地带的绿化树种使用不同种类和配比。由园林局制定社区绿化树种配置规定以及苗圃建设计划，按照分类制实施社区绿化树种配置。

10）将垃圾收集和储运装置全部改为封闭式。垃圾收集和运输车改为自动装卸全封闭式；垃圾收集点改为封闭式构筑物，内置可移动式标准化垃圾桶，并与垃圾储运车自动装卸装置匹配。由市政公司负责制定封闭式垃圾储运系统改造计划，全城实现封闭式垃圾储运。

11）公厕改造。除在近期已列入改造范围的旧城区外，现有公厕全部改为泡沫式公厕；在新建城区，新建公厕要全部采用泡沫式公厕设计。由市政公司负责制定卫生公厕改造计划。

12）盲道建设。将所有城市道路加设盲道。由建设局负责。

（六）城市防灾与公共安全

1. 目标

建立和健全现代化城市和区域综合防灾减灾和公共安全体系，提升城市和区域综合减灾应急能力和救助能力，确保居民生命和财产安全，维护城市社会经济稳定；在灾害发生时，将人民的生命财产安全损失减少到最小。

第一，使城市避开地震活断层等地质灾害高易发区和蓄滞洪区，最大限度地预防和减轻灾害毁伤后果。

第二，治理现有重大安全隐患的危险源，根据规划实施调整并尽快排除，同时要避免产生新的安全隐患。

第三，重要目标应相对分散布局，充分考虑和满足人防要求。

第四，结合城市公园、绿地、广场、运动场建设城市灾害避难场所，确保场所面积充足和疏散通道畅通，充分利用地下空间防灾避险。

第五，利用现代技术手段，全面提高城市和区域防灾能力和安全保障水平。

2. 发展指标

1）指标

城市防灾与公共安全发展指标　　表7

一级指标	设置目的	二级指标	三级指标		2010年指标	2015年指标	2020年指标
			指标	单位			
城市防灾与公共安全	①重点公共空间（绿地、广场）；②注重规划及应急保障	城市防灾	城市人均应急避难场所面积	m^2/人	1.5	≥2	≥2.5
			消防力量到达时间	分钟	6	5	5
			城市主要灾害防范达标率	%	≥90	≥95	≥98
			“生命线”工程完善与安全程度	—	0.8	0.9	1
			甲乙类传染病发病率	%	≤16	≤15	≤14
		公共安全	每年每万人群体性事件发生数	起/万人	≤0.5	≤0.5	≤0.5
			每万人刑事案件立案数	件/万人	≤50	≤40	≤30
			危险品生产与储存的布局的合理性	—	≥0.9	1	1
			每万人安全事故死亡人数	人/万人	≤2	≤1.8	≤1.5

2）指标相关说明

（1）城市防灾：为抵御地震、洪水、风灾等自然灾害保护人类生命财产而采取预防措施的统称。

（2）城市应急避难场所：城市规划中设定紧急避灾功能的用地，紧急避难场所面积超过 2000m^2，不含水面。

（3）生命线：包括供排水系统、供电线路、供热系统、供气系统、通讯信息、交通道路系统、消防系统、医疗应急救援系统、地震等自然灾害应急救援系统，是衡量一个城市社会发展、城市基础建设水平及预警应急反应能力的重要指标。

（4）甲乙类传染病：国家的《传染病防治法》将全国发病率较高、流行面较大、危害严重的急性和慢性传染病列为法定管理的传染病，并根据其传播方式、速度及其危害程度，分为甲、乙、丙三类，在最近又新加了一例手足口病列入丙类传染病，详细如下：

甲类传染病（2 种）：鼠疫、霍乱；

乙类传染病（26 种）：甲型 H1N1 流感（新加）、传染性非典型肺炎、艾滋病、病毒性肝炎、脊髓灰质炎、人感染高致病性禽流感、麻疹、流行性出血热、狂犬病、流行性乙型脑炎、登革热、炭疽、细菌性和阿米巴性痢疾、肺结核、伤寒和副伤寒、流行性脑脊髓膜炎、百日咳、白喉、新生儿破伤风、猩红热、布鲁氏菌病、淋病、梅毒、钩端螺旋体病、血吸虫病、疟疾。

（5）群体性事件：群体性事件是影响社会稳定的重要因素，是社会政治、经济、文化冲突的集中反映，能够综合考察各市履行职责特别是责任落实的情况。群体事件指社会群体为实现既定的目标而从事的活动及其表现。如集体冲击党政机关驻地，拦截交通工具，罢工、罢课、罢市以及违反规定的集会、游行、集体上访等活动。

（6）危险品：危险品指对具有不同程度的易燃、易爆、腐蚀、毒害或放射伤害等危险特性物品的总称。这些物品容易在受到摩擦撞击、日晒、雨淋、空气温度变化、接触火源以及遇到性能互相抵触的特质等因素下，引起爆炸、燃烧、中毒或灼伤等灾害事故。

3. 政策措施

1）建成应急指挥中心。建立以镇长（旗长）为首的领导机构和执行系统。该系统要明确应急指挥常驻设机构及子系统的职能；明确市应急指挥常设机构在统一处理重大突发事件的地位和作用；制定处置重大突发事件的预案，组织处置突发事件的新闻发布和群众性宣传教育。系统内人员要赋予明确的工作职责，保证具有通畅的信息网络和随时能出动的执行队伍。由政府办公室负责制定实施计划，组建应急指挥系统。

2）在城市管理GIS系统内，建立灾害预测和处理子系统，通过信息网络平台，与公安、消防等子系统保持信息沟通渠道畅通，为城市防灾和灾害处理提供技术保障。由信息办负责在GIS系统建设时同时建立该子系统，按照GIS系统建设计划，在GIS系统启动时同时启动运行。

3）在建筑人防物资储备库的基础上，集中建设两处防灾救灾物资储备库，选址结合体育公园和植物园，保证在灾难发生时能够使人们及时得到救助。由人防办和将要成立的应急指挥中心负责制定物资储备库的规模和建设规划，制订物资库管理办法和紧急情况下的物资分配预案，2年内竣工并完成物资储备。

4）按照总体规划要求，修筑防洪堤坝，使城内大河、大中型水库防洪标准达到50年一遇标准；小河以及小型水库防洪标准达到20年一遇标准；镇区防洪标准达到20年一遇标准，排涝标准达到10年一遇标准。由水务局负责制定实施计划。

5）对主要的河道进行疏浚，并通过绿化加固河流的堤防、减少水土流失。10年内完成大河的防河道两岸绿化隔离带宽度均达到100m，其余河道绿化隔离带宽度达到30～50米；修缮水库的溢洪道、溢洪闸，加固堤坝的防护，在水库周边通过绿化等方式，加固护坡。由水务局和林业局制定实施计划。

6）执行本次人居规划实施避灾绿地系统规划，由避灾据点、避灾通道和救灾通道共同构成一个完整的体系，提高城市的抗灾能力。由园林局和林业局负责实施，达到避灾绿地系统要求。

7）建立灾害预警机制，根据全市突发性地质灾害监测网站建设的需要，落实本城镇内新建监测站点的选址，对地面沉降、地裂缝灾害实施重点监测；加强气象设施建设与气象探测环境保护、气象预报与灾害性天气警报、气象灾害防御、气候资源开发利用和保护等，建立对暴雨、大风、高温、寒潮、大雾、雷雨大风、沙尘暴、冰雹、雪灾、道路结冰等气象灾害的预防体系。做到预报准确率不小于80%，使应急系统能够及时启动，人民群众能够及时采取预防措施。由地震局、气象局和信息办负责此项工作，完成灾害预警体系并投入使用。

8）对全市违法占用道路情况进行集中检查，保证宽度在4m以上的道路和通道的畅通，建立安全可靠高效的交通、水、电、气、热、通信等城市“生命线”系统，提高抵御灾害的管理水平。由政府办公室牵头，组织规划局、交通局、水务局、电业公司、燃气公司、热力公司以及通信公司等单位编制“生命线”保障工程计划。

9）建立集成通讯技术、卫星定位技术和网络技术的紧急服务GIS辅助系统，将火警、盗警、急救电话号码联动，三个号码都与同一GIS系统相联；并在今后逐步将三个号码统一成为一个号码，统一由该系统指挥，将所有的消防车和急救车装备GPS定位仪和紧急救助相关设备，使城区采取上述措施后，紧急救助系统要保证救助人员在接到电话后，3分钟内到达呼救现场。由公安局、消防局和卫生局负责制定实施计划，使紧急服务GIS辅助系统在2年内投入使用。

10）设立紧急呼救站网络，在城区面积在0.5公顷以上的公园全部设置紧急呼救装置，装置顶部配合照明、摄像头、警灯等，使人们在公园、停车场等空间内任何一点到达紧急呼救装置的距离不超过60m，提高城市夜间安全性。由公安局负责制订紧急呼救站网络规划，在2010年开始建设，2010年底前投入使用。

（七）建筑科技与节能减排

1. 目标

第一，全面应用人居科技，通过科技手段进一步提高人居水平。

第二，利用科技手段节约能源、提高能源使用效率，为国家节能减排目标作贡献。

第三，使用新的建筑科技，加大社区节能减排力度，在节能减排方面树立人居社区典范。

2. 发展指标

1）指标

建筑科技与节能减排发展指标　　表8

一级指标	设置目的	二级指标	三级指标		2010年指标	2015年指标	2020年指标
			指标	单位			
建筑科技与节能减排	提高建筑资源和能源利用效率，降低废物和废气排放	新型建筑材料	黏土砖在建筑中的控制率	%	70	90	100
			地方材料使用率	%	≥50	≥60	≥60
		节能技术	新建建筑节能达标率	%	≥80	≥90	100
			既有建筑节能改造率	%	≥30	≥60	≥90
			建筑再生能源技术普及率	%	≥50	≥60	≥70
		环境技术	屋顶绿化率	%	≥1	≥3	≥5
			噪声控制技术应用	—	0.7	0.8	1
			光污染控制	—	0.7	0.8	1
			生活垃圾无害化处理率	%	≥60	≥90	100
		智能技术	住宅宽带网络普及率	%	≥50	≥90	100
			住区安保设施普及率	%	≥50	≥90	100
		节水技术	再生水利用率	%	≥10	≥70	100
			采用节水灌溉技术的绿地比例	%	≥30	≥60	100

2）指标相关说明

（1）光污染：目前，国内外对于光污染并没有一个明确的定义。现在一般认为，光污染泛指影响自然环境，对人类正常生活、工作、休息和娱乐带来不利影响，损害人们观察物体的能力，引起人体不舒适感和损害人体健康的各种光。从波长 10mm ～ 1mm 的光辐射，即紫外辐射，还包括可见光和红外辐射，在不同的条件下都可能成为光污染源。

广义的光污染包括一些可能对人的视觉环境和身体健康产生不良影响的事物，包括生活中常见的书本纸张、墙面涂料的反光甚至是路边彩色广告的“光芒”亦可算在此列，光污染所包含的范围之广由此可见一斑。在日常生活中，人们常见的光污染的状况多为由建筑的玻璃幕墙产生的反光所导致的行人和司机的眩光，以及夜晚不合理灯光给人体造成的不适。

（2）生活垃圾无害化处理率：是指报告期城镇生活垃圾无害化处理量与生活垃圾产生量的比率。无害化垃圾处理方式包括：卫生填埋、高温堆肥、焚烧或垃圾综合处理。

（3）再生水利用率：指城镇污水再生利用量与污水处理量的比率。再生水包括雨水、中水、工业废水。

3. 政策措施

1）建立建筑材料审查制度，对建筑设计和施工中使用的建筑材料进行审核和监督，按照规定控制黏土砖在建筑中的使用，在5年内要使黏土砖的使用在95%的建筑中得到控制，10年这一指标控制在100%。由规划局和建设局负责制定建筑材料审查制度。

2）建立建筑设计和施工的节能审查制度，根据国家城市建筑节能标准和规范，对建筑物的保温采暖设计实行核准制，在建筑竣工验收时对保温节能性能进行检测，合格的才能核发竣工验收合格证和房产证，使建筑节能在20年内合格率达到100%，由规划局和建设局负责制定建筑节能审核制度。

3）对于未按照节能标准设计和施工的现有建筑物，要按照建筑设计和施工的节能的标准进行强制节能改造。除了旧城改造中要拆除的建筑物外，使未按照节能标准设计和施工的现有建筑物中的30%得到改造，5年内60%得到改造，10年内90%得到改造。节能改造的成本实行单位或个人负担50%，政府财政负担50%。由建设局和财政局负责制订实施计划。

4）推行住宅精装修计划。为避免住户自行住宅装修带来的材料浪费、建筑垃圾和对住宅建筑结构潜在的破坏，推行住宅精装修交房。对装修的标准实施“菜单式精装修”，供不同经济承受能力的住户选择。由建设局和房管局负责制订实施计划，在商业性开发住宅和经济适用房以及廉租房建设中全面实施此计划。

5）全面禁止使用和销售9升及以上容积的水箱的便器，改用3或6升节水马桶；供水管道全面禁止使用镀锌钢管，改为可再生塑钢、UPVC管等管材。由建设局制订具体实施方案。

6）鼓励使用太阳能、沼气以及生物能。对于在住宅中使用太阳能和沼气提供生活和取暖热水装置的住户，政府提供设备购置和安装成本30%的财政补贴，由环保局、建设局和财政局制订具体实施方案。

7）实施屋顶绿化计划，对公共建筑和办公建筑（除轻质屋顶和不宜上人屋面的以外）强制实施屋顶绿化，在设计审查时要实施屋顶绿化承重和防渗漏处理设计，在竣工验收中进行检测，使用过程中定期检查和督促屋顶绿化维护。由建设局、园林局制订具体实施计划。

8）建立强制雨水回收制度，对公共建筑和办公建筑以及建筑规模在10000m^2以上的住宅区，在设计审核时要同时审核雨水回收系统设计，在竣工验收时进行检测。雨水回收系统储水装置设计容积不小于屋顶面积（m^2）× 0.6m，雨水回收系统收集的雨水要首先满足屋顶和庭院绿化用水。由规划局、建设局和园林局负责制订实施方案。

9）建立建筑光污染审查制度，将玻璃幕墙面积在建筑南、东、西立面的面积的比例控制在30%以下，在广场、主干道交通路口、繁华地段和住宅区周边，这一比例要控制在20%以下。由规划局和建设局制订具体实施方案。

10）建立信息化社区，建立连接城乡各户家庭的宽带网络体系，网上提供政府、社会服务和网上教育，边远地区实现远程教育。由信息化办公室和通信公司负责制订实施方案及实施，两年内完成宽带网络全镇覆盖并实现网上社会服务功能，5年扩至全市覆盖。

11）新建小区采用智能安保系统，包括对讲系统、车辆管理系统、电子巡更系统、周界防盗报警系统、闭路监控系统，全面建设安全社区。由建设局、房管局、公安局制定具体实施方案，要使5年内90%以上的社区、10年内100%的社区实现智能化安保。

12）建立垃圾分类体系，对生活垃圾进行分类，减少垃圾产生量并且方便无害化处理。将全市社区垃圾收集点以及沿街垃圾桶更换为分类收集装置。除可回收垃圾外，全部进行无害化处理。由环保局和市政公司制订具体实施方案，包括奖罚条款。同时向全体市民发放垃圾分类收集宣传页，提高居民垃圾收集环保意识。

13）建立废弃物处理中心及二手货市场。对电子垃圾等进行集中处理，鼓励居民进行旧货交换，提高物品循环使用率。并对现有废旧物资回收利用系统进行整理完善。由环保局和市政公司负责制订实施计划和具体措施。

14）建立再生水回用制度。建设中水回用管道系统，将污水处理厂处理后的中水回用于建筑物（冲厕等）或小区内（可以用于灌溉绿地）。由公用局、环保局和建设局制订具体实施方案，其中包括回用水水质标准，5 年内全面实施污水回用，使再生水利用率在 10 年内达到 100%。

15）建设全市公园和公共绿地节水喷灌装置，使全市绿地在 5 年内节水灌溉比例达到 100%。由园林局和公用局负责制订实施计划。

（八）地域文化和城市特色

1. 目标

第一，打造具有地方人文特色的人居生态城市，使文化特色成为城市的灵魂，以人居文化来突出城市特色。

第二，在城市建设中发扬和继承地方文化，加强居民的文化认同感和心理归属感，同时对外形成独特的文化吸引力。

第三，使文化融入、渗透到经济社会生活的各个领域，营造和谐、健康、文明、向上的生产生活方式，促进政治文明、精神文明的协调、有序发展。

第四，通过形成具有独特魅力的特色文化体系，使其尽快转化为经济品牌，促进和发展旅游业和外来投资，促进经济的发展。

2. 发展指标

1）指标

地域文化和城市特色发展指标　　表9

一级指标	设置目的	二级指标	三级指标		2010年指标	2015年指标	2020年指标
			指标	单位			
地域文化与城市特色	①突出特色与传承文脉；②以地方文化精粹提升城市形象和综合竞争力	城镇整体形象	城市整洁美观度	—	0.8	0.9	1
			标志性建筑	—	0.8	0.9	1
			城市空间丰富度	—	0.6	0.7	1
			特色地形地貌景观保护和利用	—	0.8	0.9	1
			城市重要节点效果	—	0.8	0.9	1
			城市夜景效果	—	0.8	0.9	1
			户外广告及标识设置规范合理	—	0.7	0.8	1
		历史文脉延续	历史文化的传承	—	0.8	0.9	1
			历史街区的保护和利用	—	0.8	0.9	1
			历史建筑的保护和利用	—	0.8	0.9	1
			人文景观保护和利用	—	0.8	0.9	1
		建筑文化	城市主要空间及建筑的地域特色与文化内涵	—	0.6	0.8	1
		节庆活动	地方特色的节庆活动	—	0.8	0.9	1
			地方特色餐饮文化及特产	—	0.8	0.9	1

2）指标相关说明

（1）城市整洁美观度：包括城市规划区内的道路、建筑物、构筑物、公共设施、园林绿化、环境卫生、广告设置、各类标志、集贸市场、公共场所等。

（2）人文景观：包括历史遗址、园林、建筑、民居、城市风貌、文化风貌等景观。

3. 政策措施

1）综合考虑传统居住形态、空间特点、土地经济性、建筑高度和容积率与城市空间形态的关系，由规划局负责制定地方城市规划技术管理条例。

2）确立城市文化。本项工作由规划局负责，将该空间形态纳入城市规划，在今后的城市建设中要坚决实施。

3）制定城市主要建筑管理条例，对城市广场和次干道及以上级别道路周边建筑设计提出形式、色彩、地方文化、符号等的特殊要求，使城市建筑成为体现城市文化的重要载体。由规划局负责制定主要建筑设计管理条例，并付诸实施。

4）划定城市重要空间节点为城市节点，在城市节点处重点进行城市设计，在城市节点建设标志性建筑，对建筑布局、建筑特色、绿化、小品和公共设施等提出详细规定，形成城市节点控制性详细规划。将这些节点建设成为本地居民向往和使外来旅游者形成深刻印象的空间节点，提升城市空间价值。由规划局负责制定城市节点控制性详细规划，并批准实施。

5）对城市照明系统和亮化工程进行统一规划，对标志性建筑和沿街建筑照明提出统一要求。使用节能照明技术增加城市夜间美化效果，提高夜间安全度。并使用色彩还原度较高的光源表现建筑和城市空间设计特点。由规划局负责制定城市照明规划。

6）对城市广告进行统一规划，制定地方城市广告设置规范，对广告安置、广告内容、广告形式、色彩原则等提出要求，对新设置广告统一要求。并对现有城市广告进行集中检查清理。由规划局负责制定城市广告管理实施办法并实施。

7）确定城市中心某商业街为地方文化特色一条街，对该街道进行城市设计，按照地方文化要求设计两侧建筑，引进地方餐饮、地方特产和艺术品销售，弘扬地方文化。由规划局、建设局负责完成商业街城市设计，3年内投入使用。

8）对城市路牌、路标、门牌号等进行统一设计，在城市主要街道和城市重要节点增设反映地方文化的雕塑和小品等，增加城市地方文化氛围。由规划局、建设局和财政局负责设计方案并实施，对现状路牌、路标、门牌号等按照新的要求统一进行改造。

9）强化系列文化节，每年在固定月份举办系列文化节。增加旅游产品丰富度和游客滞留时间。在弘扬地域特色文化的同时，增加城市知名度，提升文化竞争力。由旅游文化局负责此项工作。

（九）城市管理与公众参与

1. 目标

第一，在国家法律框架内，引进更多的国际先进经验，建设具有国内一流甚至具有国际水准的城市管理模式。

第二，加强公众参与和监督城市管理，通过民主建设，提高城市管理的公正性，避免由于权力过于集中带来的社会不公现象，减少社会不和谐的因素。

第三，使用最新技术辅助城市管理工作，全面提高政府工作人员素质，提高城市管理能力、城市管理效率和管理水平。

第四，将公众参与法制化和制度化建设，拓宽居民参与城市管理渠道，增加解决居民困难的手段，使城市和谐宜居。

第五，通过公众参与，增强居民的家乡认同感、生态文化意识、可持续发展意识，全面提高居民整体素质和参与质量。

2. 发展指标

1）指标

城市管理与公平参与发展指标　　表10

一级指标	设置目的	二级指标	三级指标		2010年指标	2015年指标	2020年指标
			指标	单位			
城市管理与公众参与	体现公平、保障与监督	城市管理水平	城市依法管理的力度	—	0.8	0.9	1
			城市发展与招商引资的力度和特色	—	0.7	0.9	1
			GIS城市管理空间覆盖率	%	100	100	100
			政府各部门电子政务网站开通率	%	≥50	≥70	100
			大专以上学历占政府工作人员比例	%	≥70	≥80	90
			对人才的吸引力	—	0.8	0.9	1
		和谐社会建设	公众参与公共政策制定程度	—	0.5	0.7	1
			公众意见渠道通达率与反馈率	%	≥70	≥80	100
			重复上访率	%	≤50	≤40	≤25
			弱势群体援助机制	—	0.6	0.8	1
			城市管理人员执法形象	—	0.8	0.9	1

2）指标相关说明

（1）公众参与：是指社会群众、社会组织、单位或个人作为主体，在其权利义务范围内有目的的社会行动。其定义可以从三个方面表达：①它是一个连续的双向的交换意见过程，以增进公众了解政府机构、集体单位和私人公司所负责调查和拟解决的环境问题的做法与过程；②将项目、计划、规划或政策制定和评估活动中的有关情况及其含义随时完整地通报给公众；③积极地征求全体有关公民对以下方面的意见和建议：设计项目决策和资源利用，比选方案及管理对策的酝酿和形成，信息的交换和推进公众参与的各种手段与目标。

公众参与是一种有计划的行动；它通过政府部门和开发负责单位与公众之间双向交流，使公民们能参加决策过程，防止和化解公民和政府机构与开发单位之间、公民与公民之间的冲突。

（2）GIS 城市管理覆盖率：城市采用 GIS 管理技术的空间范围占城市建成区范围的面积比例。涵盖城管、市政、国土、规划、房产、环保、园林、市容、建筑等各方面。

地理信息系统（GIS，Geographic Information System）是一种基于计算机的工具，它可以对在地球上存在的东西和发生的事件进行成图和分析。GIS 技术把地图这种独特的视觉化效果和地理分析功能与一般的数据库操作（例如查询和统计分析等）集成在一起。这种能力使 GIS 与其他信息系统相区别，从而使其在广泛的公众和个人企事业单位中解释事件、预测结果、规划战略等中具有实用价值。

（3）重复上访率：当年重复上访案件数占已办结的投诉案件数比率。

（4）弱势群体：弱势群体是指在社会经济活动中处于弱势地位的人群。所谓弱势地位，主要表现是缺乏劳动能力，或在市场经济条件下，劳动能力落后，不能适应社会经济发展的新要求，在市场竞争中处于不利地位。

3. 政策措施

1）建立城市管理地理信息系统（GIS），统一城市基础地理信息平台，使城市管理相关部门都能够便捷地使用这一系统辅助城市管理，全面提高城市管理质量和效率。地理信息系统管理的内容将包括（但不限于）：

■ 经济和社会发展规划及增长管理
■ 城市规划管理
■ 基础设施和交通规划和管理
■ 社会需求评价和管理
■ 选举分区和统计管理
■ 犯罪跟踪和公共安全措施
■ 学区划分和学生安全管理
■ 税收分析、评估和纳税监控
■ 公共卫生健康风险评价和管理
■ 公共服务设施和公共住房选址及监控管理
■ 水资源监控
■ 环境和自然资源如野生动物、绿带监控和管理
■ 建设项目选址及可行性分析
■ 环境影响评价
■ 公共信息服务和公众参与管理
■ 灾难预测和紧急疏散规划和管理

由市政府信息化办公室负责此项工作，建立工作框架，1 年内完成数据库、软件和系统开发，2 年完成数据库内容填充，使城市统一地理信息系统投入使用，政府各部门都能够通过终端使用该系统辅助城市管理，公众能够通过终端浏览和下载非保密信息。

2）建设完善的政府网站系统。政府各部门都要建立各自的网站，各网站除了公示、宣传、下载等基本功能外，要具备政府事项网上办理、政府公众互动、信息采集等高级功能。此外，对应空间关系的信息要与地理信息系统平台关联，最大限度地发挥电子网络系统的作用，提高政府工作效率和城市管理水平。信息办负责此项工作，各个部门制订计划后由信息办汇总计划，统一制定相关要求和计划，完成网站系统建设，2 年内完成与地理信息系统的联网。

3）为建立和谐城市，将公众参与纳入城市管理和建设的法律框架中，对公众参与的范围、方式、程序、权力等做出具体规定，使公众参与城市事务常态化、制度化、规范化。法制办负责制定公众参与的地方法规，经人大批准后实施。

4）建立城市行政服务大厅，在服务大厅实行政府管辖事务“窗口制”，由该窗口统一接收审批事务相关申请、核发相关批件。由政府办公室负责组织实施，先完成实施计划和服务大厅建设，后开放并使用该“窗口”。

5）全面提高政府工作人员素质，通过提高大专以上工作人员比例、岗位培训、法制教育、奖惩机制等提高政府工作人员素质，提高政府服务水平。由人事局完成城市生态人居城市政府人员素质提高计划；在行政许可法框架下，由法制局完成政府工作人员工作条例，详细规定政府工作人员责任、职权范围、自由裁量权等，并向全社会公布，监督实施，建

设依法治政政府。

6）建立书记、市长等热线电话和公共邮箱，并对公众公布。保持旗长电话、信箱等渠道畅通，专人处理来访电话、信件等。由信息办完成市长、书记等热线电话和公共邮箱管理条例，在法律上保证公众信息渠道的通畅性。

7）根据弱势群体需求，由法制办、信访办、社保局和财政局研究扶助弱势群体保障办法，包括保障范围、保障措施、保障程度等，完成并付诸实施。配合法制化、公众参与、信息公开透明等措施，最大限度化解社会矛盾，有效减少上访等非正常解决问题现象。

8）实行城市活动通用电子卡片，全体市民使用一张电子卡片刷卡完成就医、缴费、公交、查询、消费活动等。由信息化办公室负责制订实施计划并实施。

根据城市经济发展水平和财政增长预测，平衡建设人居示范城镇的各项财政支出，保障财政健康的可持续支付能力。由财政局负责制订社会基础设施与公共服务财政保障计划，此项工作需经过人大审定。

规模住区人居环境评估指标体系

一、概述

（一）编制背景

在历经了20多年经济持续发展和高速城市化之后，“规模住区”的出现是房地产业发展的一种必然。规模住区容易营造完整的住区环境，有利于降低开发成本和获得规模效益，便于开展大规模营销活动。与此同时，房地产开发企业实力逐渐增强并具备了相当多的开发经验，为规模住区提供了可能。各地规模住区开发应运而生。

规模住区的定义不同于一个居住小区，不能用做小区规划的办法去对待规模住区的规划设计，对于规模住区的开发建设不单纯是解决城镇居民生活的居住场所，还关系到城镇居民的购物、出行、交往、文化娱乐、教育、就业等多种要素，要解决好居住与自然环境、居住与城市环境的关系，规模住区应具备相应的城市职能，是城市重要的组成部分。

鉴于目前全国各地规模住区数量的不断增多，而规划设计人员对规模住区认识不足，缺少先进的规划理念作为指导，不同程度阻碍了城市的健康发展，为了及时纠正这一偏差，特此提出规模住区人居环境评估指标体系，以指导规模住区的开发实践。

（二）编制目标

编制本体系意在建立一个能全面概括、正确引导、简单易行、清晰明了的评估规模住区人居环境的指标体系。本体系编制是在中国房地产研究会人居环境委员会（下称人居委）开展的《中国人居环境与新城镇发展推进工程》指导下开展的。它的特色是源于实践、指导实践，易于房地产开发企业的理解和掌控，是房地产项目评价的目标，同时也是住区建设各阶段的实施指南。

本体系中的规模住区人居环境建设宗旨是：通过住区的开发建设，营造一个与自然环境和城市环境和谐共生的人居环境。人居环境的内容是丰富多彩的，具有多层次的特点，因此我们在构建住区硬环境的同时，还要兼顾到生态资源的保护、能源的节约和再利用、城市生活的便利和丰富多彩、社区邻里之间的亲情以及居住文化的传承等人居软环境的建设，创造一个舒适健康的、和谐宜人的住区人居环境。通过精明增长方式，达到最大化合理利用资源能源、保护生态、减少污染、传承文化；通过科学规划和设计，提供复合城市功能，创建现代居住生活新模式，为城市创造价值。

（三）研究路径

规模住区人居环境评估指标体系的研究和编制过程是从住区建设的实践中来，再到住区建设的实践中去的漫长过程，人居委用4年的时间完成了《城镇规模住区人居环境评估指标体系研究》的课题。

正确的理念来源于正确的工作方法，研究工作首先需要做大量的基础调查研究，掌握翔实的一手资料。为了达到这一目的，人居委同时在全国范围开展了“规模住区人居环境金牌建设试点”工作，即开发单位在自愿的基础上接受人居委对住区建设全过程的指导技术咨询，包括在项目的策划、规划设计、建筑设计、科技研究、施工及验收的全过程中，人居委在各个阶段都会组织资深的专家给予各方面的指导和帮助，使项目得以健康地发展。

这项工作进展顺利，得到了地方政府、开发企业和广大住户的支持和肯定。通过这些试点工程，人居委掌握了全国不同地区、不同规模、不同类型的大量规模住区的技术资料。通过对项目的分析比较和总结提炼，提出了“规模住区人居环境建设七大特色目标”。逐步在金牌建设试点项目的推进中将“七大特色目标”进行量化，使指标体系逐步得到完善并易于操作。

在开展《中国人居环境与新城镇发展推进工程》的过程中，人居委陆续编制完成《规模住区人居环境技术评估指标体系》、《规模住区规划设计与评估验收技术要点》、《试点项目预评价报告书》、《试点项目中间检查细目表》、《试点项目综合评估验收表》等大量技术文件，为试点提供了技术支持。而“七大特色目标”则简明、扼要地点出了规模住区人居环境建设的特色与总目标，使开发项目相关部门一开始就能掌握试点的精髓，一目了然。

（四）评估内容

规模住区人居环境评估指标体系内容有：生态、配套、环境、科技、亲情、人文和服务七个方面。住区人居环境强调住区与城市、住区与地域资源的关系；强调通过室内外的空间环境建设为住户提供舒适健康、和谐宜人的居住条件；强调用科技的手段引领居住生活的品质。评估内容主要为下面七个方面：

1. 生态：生态规划先行，突出人与自然

优化土地资源，积极整治和利用地形地貌、林木植被、水系河流。最大限度地保护环境与各种自然生态条件。住区规划与周边生态、人文、建筑等环境和谐协调，体现健康安全城市建设的原则要求。

2. 配套：完善配套建设，创造城市价值

规模住区规划要在城市建设过程中，促进城市功能的完善和整体功能优化，有利于增加就业和促进经济社会发展，为重塑城市形象作贡献。通过优化城市区域功能，完善城市设施配套，保护城市文化风貌，实现区域土地增值。

3. 环境：理顺空间布局，构建宜居环境

住区与建筑具有合理的空间布局、良好的个性空间、精致园林小品的情趣空间、邻里沟通互动的自然空间和健康休闲的运动空间。交通组织简约而生态，能有效避免噪声和空气的污染。突出体现生态、绿色和健康的人类住区发展的要素。住宅平面紧凑合理，室内具备良好的声、光、热、空气环境等居住性能条件。

4. 科技：整合科技资源，引领品质升华

体现节能、节地、节水、节材与环保的开发原则，贯彻高舒适度定量节能优化整合技术，努力实现高舒适度、定量节能、低成本、易行技术的综合效益。革新设备管道布置方式，引导实施全装修成品房供应的机制。通过住宅科技的应用提升居住环境品质，引领居住未来。

5. 亲情：突出人本关爱，体现社区和谐

要有突出的亲情社区特色，体现对人的关爱。有完善的保健、运动、休闲配套服务设施和人际交往与文化活动场所。体现对老年人、儿童和残疾人等特殊人群特别的关怀，设置充分的设备设施。营造具有人本关爱、新涵养、新风尚的亲情居住氛围。

6. 人文：提升住宅品质，传承居住文化

应有居住文化的城市情结，打造既有传统人居文化思想、地方建筑文化特色，又能满足现代人生活需要的文化住区，努力营造宜人的生活居住氛围，逐步建立一个环境宜人、生活便利、归属感强的全新社区文化生活模式。

7. 服务：健全服务管理、保证物业增值

住区景观环境优美、卫生条件良好、社会风气和谐、安全保障齐全。通过物业公司健全的管理、浓厚的社会服务意识，提高居住人群的认同感，从而提升住区的社会知名度和居住者的自信心，保证住宅的保值增值。

（五）评估模式

规模住区人居环境评估指标体系适用于住区建设的各个阶段，在项目的策划、设计阶段可根据指标体系的内容进行控制，在施工的过程中仍可按照本体系的各项技术指标进行监管。对于已建好的规模住区也可以利用本体系评估验收。为了便于项目各个阶段的操控和总体评估，本体系分别制定了项目综合验收评估指标体系和阶段性的指标体系，以供不同需求使用。

为了配合人居环境金牌建设试点的推广和培育工作，除本评估标准体系主体外，还编排了各种相应的表格，供不同专业的专家在各种项目不同阶段跟踪检查和指导工作时使用。表格的内容和评估指标体系内容相对应，并利用评分的方法将各项指标进行量化，使检查或评估结果更加清晰明了。

本指标体系还适合于分期开发的项目，如分期开发一期建成后的评估也可被看作为最终的认定，但要具有一定的规模，或有相对的独立性。理由是规模住区开发大多需要较长的时间，多数是分期完成的，而后期产品的品质一般均比前期要好。

本指标体系现为2009年版本，是继2005年版本和2007年版本，经过应用一段时间后，认真修订的又一新版本。本标准体系在应用过程中，将会不断加以完善，以保证本体系适应生活水平提高、技术进步与观念更新的住区发展实际情况。

（六）使用方法

规模住区人居环境评估指标体系是通过评分的办法来衡量住区的环境品质，并以权重分值确定各个指标的重要程度。评估体系由“必要项目”和“加分项目”两部分组成。必要项目是指住区建设必须完成的内容，也是强制性内容。表中将必要项目和分值之间的对应关系放在一起，置于评估指标体系主体正文的前面，可一目了然地表达必要项目的内容和重要程度。为了通过评估认证，所有的“必要项目”必须达到要求，而“加分项”可以根据不同地区、项目的不同环境和特点加以选择，选择的项目越多，总分越高，说明项目的亮点越多，评定等级越高。本体系认为：不论南方与北方、沿海与内地评价内容是一致的，只是在某些指标方面略有差别。通过评估认证的项目根据分数的高低分为三个等级，分别为通过、良好和优秀。项目的评定等级和分数，可以大致反映开发项目的总体水平。

（七）评估效用

本体系是以不低于现有国家规范和相应行业标准为基础，并参照了国际上相关评估标准和市场化操作手法而编制的。目的是使房地产项目开发有一个高水准和便于操作的参照系，满足不断提高的规模住区建设与开发的要求。本体系尽可能地以定量和定性的条文体例和表格的简易表达方式，可供房地产开发策划定位、规划设计、施工实施和检查验收各阶段不同专业人员直接参照，也可供各阶段制订实施方案之用。

（八）应用范围

1. 本体系为在住房和城乡建设部建筑节能与科技司立项的科技研究成果，由中国房地产研究会人居环境委员会完成，主要应用于指导规模住区的规划和建设，同时为已建成规模住区的评估提供了简单易行的评价方法和标准。为适应规模住区人居环境金牌试点推进工作的需要，在评估验收指标体系的基础上，又制订了一系列的分阶段的评分表格，目的是配合专家在试点跟进工作的需要，这部分的内容将附在评估验收指标体系之后，供住区在不同的阶段参考和使用。

2. 本体系适用于规模住区开发在项目策划定位、规划设计、工程施工以及已完成竣工验收等各阶段的人居环境建设指导、检查、评估工作。

3. 本体系也可供人居环境研究人员、规划设计机构和大专院校教学参考。

（九）评估说明

1. 为了便于对不同建设阶段的规模住区人居环境评估，本评估标准可对前期策划与规划设计阶段、建筑施工阶段（中间检查）和竣工后的综合验收阶段分别进行评估，可作为分阶段成绩。竣工后验收评估的“终极评估”是综合性的、全方位的、可检查的评估，是最终的评估。

2. 各阶段评估均可参照本标准进行，由专家现场评估打分，专家个人按分项权重计量后的平均值计算，均以百分制计分。“通过”分数线为 70 分；“良好”分数线为 76 ～ 85 分；“优秀”为 86 分以上。

3. 最终验收评估包括过程执行评估和指标体系评估两个部分，均采用加权评分的方法进行。过程评估总分为 100 分，权重值占 30%；综合指标体系总分为 100 分，权重占 70%。项目开发建设总得分为 100 分。

4. 规模住区人居环境指标体系最终验收评估的得分成绩，是建立在七大指标体系的一级指标成绩都获得“通过”（70 分）的基础之上。如果有一项一级指标未通过，则整个项目评价为不及格，对于一级单项总体有突出表现的，可在项目建设一级指标总分中酌情加 1 ～ 3 分。

5. 本评估标准体系在实际应用时，根据项目的特点、开发阶段、市场要素等不同情况，可依据本标准提供的标准条文编制适合的评估表格。

（十）名词术语

1. 规模住区：系指城镇以居住功能为主的成片开发的规模较大而具备一定城市配套机能的完整生活住区。一般可由多个独立居住组团（城市街坊）或二至三个以上开放小区构成。人们生活方便，和城市其他功能区有机联系。

2. 人居环境金牌建设试点：2003 年年底，人居委发出“中国人居环境与新城镇发展推进工程”倡议，针对住区人居环境建设而开展的理论与实践相结合的品牌活动，在不同地区选取有代表性的项目，将科研成果直接应用到开发项目中，这类项目称“人居环境金牌建设试点”。人居环境金牌建设试点研究是住房和城乡建设部科研课题《规模住区人居环境评估指标体系研究》的分项课题。

3. 硬件与软件建设：人居环境评价包括硬环境和软环境两方面要素：即人居物质环境和人居社会环境，是自然要素、人文要素和空间要素的统一体的两个侧面。就人居软环境而言，它更多地涉及社会学、心理学及行为学的研究内容。

4. 紧凑城市：紧凑型城市是指城市结构致密而紧凑。城市土地、生态环境、城市基础设施可以被高效利用，城市交通完善快捷，是生活环境与工作环境舒适方便的城市。紧凑型城市不仅包含着地理的概念，更重要的在于城市内在的紧密关系以及时间、空间的关联度。通过紧凑城市概念在创造人文环境、综合土地利用、减少出行距离、提高城市效益等方面作出范例。

5. 社区：是社会学领域的名词。实际是指环境建设、住区设施、物业服务、人际交往、文化传承等方面的融洽关系。与当今提出的和谐社会建设有共同之处。住区建设和社区建设是指房地产开发规模建设目标的两个方面。

6. 空间环境结构：是住区环境品质营造的重要环节。空间环境直接关系住区环境景观形象，关系到每家每户的生活感受。住区规划设计的主要目标是创造各式各样的满足不同功能要求的空间环境，并形成序列空间环境结构，形成住区特色，提高住户的满意度。

7. 室内环境品质：主要指室内居住性能的建设，包括声、光、热和空气质量在内的品质指标。上述评价要素在房地产开发中，经常因为增加成本、技术与产品的可靠性不足等因素而流于概念和形式。房地产开发需要以追求高品质来摆脱“粗放型”的建设模式。

8. 定量节能设计：定量节能建筑设计，首先需要确定舒适度等级，也就是确定项目市场目标。通过整合资源，特别是应用被动设计理念，达到理想目标和投资效益的结合。一般用计算机模拟，把节能、舒适、健康和降低费用的指标以量化方式落实到建筑各个方面，达到节能和居住舒适的目标。

9. 高舒适度：对于现代建筑的舒适度，量化节能技术有一整套的衡量标准，具体包括：温度、湿度、空气运转速度、柔和冷热辐射、新风补充量、噪声控制等基本要素。以高舒适度档次的住房为例，要保证夏天温度在26℃左右，冬天保持在18℃左右；每人每小时要保证 $30m^3$ 的新鲜空气；30% ～ 70%的适宜的湿度比例；在室内要控制风的流动速度，不能让人有不舒适的感觉等。我们主张高舒适度与低能耗同步考虑。

10. 物业增值：物业的增值因素是通过科学合理的规划设计、优质的工程质量和社会服务来实现品质的提升。物业品质在建设完成以后大体已经固定，如物业地点、房屋结构、空间形态和环境景观特征等已经不能改变。但是，对于文化建设、服务质量、环境卫生、社会风气等软环境建设则可以通过社会服务来实现住区品质的上升，进而可以使物业增值。

二、规模住区人居环境评估指标体系的内容

（一）指标体系评估

（总分 100 分，综合评分权重为 70%）

1. 生态——生态规划先行，突出人与环境

（按 100 分评定，体系权重为 16%）

目标：建立正确的场地生态资源保护与城市环境协调联系的规划观念。

必要条件：无人为的对场地自然、人文和历史的破坏现象；与周边住区和居民无纠纷发生。

评估内容：包括住区建设选址、基地原有地形、地貌的保护利用、基地原有植被、水体的保护利用、人工环境建设布局、周边生态环境协调等方面内容。

得分评定：得分项目 1.1 住区建设选址

目的：正确选址以保证建设项目居住安全、合理，并使工程顺利进行。

检查：1.1.1 应选择在适宜健康居住的地方。远离污染，保证场地空气、水的清洁，避免噪声、光、电磁波等不良因素的污染。

1.1.2 防灾减灾。充分考虑应对地震、火灾、泥石流、滑坡等自然灾害的防治措施。

1.1.3 开发强度、住区建筑密度、容积率等指标必须符合城市总体规划要求。

1.1.4 应能承受在建造过程中用水、电、气的供应，有消防、安全的保障。

措施：1.1（A）建设场地选址受影响的因素多，本标准以规划目标为主导要素，认真掌握当地规划部门提供的资料；

1.1（B）参考市场要素。

得分项目 1.2 地形地貌利用

住区建设选址（20分） **评分表1.1**

序号	评估检查细目	是否评估		分值	评估得分
1.1.1	远离污染源	Y	N	5	
1.1.2	充分考虑发生自然灾害的应对措施	Y	N	5	
1.1.3	开发强度合理，符合城市总体规划要求	Y	N	5	
1.1.4	能够承受施工荷载，有消防、安全的保障	Y	N	5	

目的：地形地貌保护是生态原则的体现，地形地貌利用可创造项目的附加值。

检查：1.2.1 对基地自然地形、地貌进行保护和完好合理利用。

1.2.2 建筑布置因地制宜，随坡就势，不刻意追求住区规划总平面构图形式上的完美。

措施：不做大的场地平整，以减少土、石方工程量，尽量做到土、石方就地平衡。

地形地貌利用（15分） **评分表1.2**

序号	评估检查细目	是否评估		分值	评估得分
1.2.1	保护基地自然地形、地貌，建筑布置合理	Y	N	8	
1.2.2	减少土、石方工程量，争取就地平衡	Y	N	7	

得分项目 1.3 原有植被、水体的保护利用

目的：原生态树木植被、水系是不可多得的资源，对它们的充分利用是对保护环境和项目增值最为有效的行为。

检查：1.3.1 保留基地原有的具有城市泄洪功能的水渠，如规划改道水渠，必须保证泄洪功能不受影响。

1.3.2 保护好基地古树名木和景观水系，尽量保留利用基地原生态植物群落。

1.3.3 减轻地表径流，可兴建水池或采取其他场地环境恢复措施，弥补因开发引起的对环境变化的影响。

1.3.4 景观用水应采用自然水系的水、中水或收集的雨水，不得采用自来水。

措施：应对基地可保护植被数量、水系河流的径流规律充分了解。

植被、水系河流的保护利用（20分） **评分表1.3**

序号	评估检查细目	是否评估		分值	评估得分
1.3.1	保证基地城市泄洪功能	Y	N	5	
1.3.2	保护基地古树名木、景观水体和文物建筑	Y	N	5	
1.3.3	减轻地表径流，弥补因开发引起的对环境变化的影响	Y	N	5	
1.3.4	景观用水不采用自来水	Y	N	5	

得分项目 1.4 人工环境建设、布局

目的：引导人工与自然的关系，适度把握人工度，使景观环境建设协调合宜。

检查：1.4.1 住区绿地率应大于 35%。

1.4.2 选择当地适宜生长和易于存活的树种。

1.4.3 植物配置应做到乔、灌、草搭配，点、线、面结合，特别应注意避免遮阴树不足的现象。

1.4.4 提倡垂直绿化，墙面、屋顶、平台绿化能取得良好的美观效果以及隔热、除尘、保湿等生态效益。

1.4.5 小品、雕塑、座凳、灯具、标牌等设计有序，简洁大方。

措施：1.4（A）室外人工环境设计应委托专业人员参与。

1.4（B）规划布局均衡，设计亲切宜人。不追求气派、气势，而强调环境的均好性，同时注意营造品质和公共空间特色。

1.4（C）植物的形态和色相要与周边建筑形体与色彩统筹考虑，掩映成趣。

人工环境建设（30分） **评分表1.4**

序号	评估检查细目	是否评估		分值	评估得分
1.4.1	住区绿地率大于35%	Y	N	6	
1.4.2	选择当地适宜生长和易于存活的树种	Y	N	6	
1.4.3	植物配置合理	Y	N	6	
1.4.4	墙面、屋顶等有垂直绿化	Y	N	6	
1.4.5	环境小品设计有序，简洁大方	Y	N	6	

得分项目 1.5 周边环境协调

目的：使项目成为城市建设的组成部分，和城市文化风貌协调一致。

检查：1.5.1 住区的建筑风貌、生态环境、绿化景观应置于城市总体环境之中，按照所在区域景观系统深入构思，取得内外环境协调。

1.5.2 当住区临近城市公共绿地、河岸等重要景点时，应注意吸纳利用，其建筑布置和绿化系统应留有视线通廊。

1.5.3 住区环境适度开放，外围墙应通透，为城市添绿。住区临近城市道路时，注意房屋局部后退，以提供城市居民休闲的绿地。

周边环境协调（15分） **评分表1.5**

序号	评估检查细目	是否评估		分值	评估得分
1.5.1	住区的生态环境与城市总体环境协调	Y	N	5	
1.5.2	注意建筑布置，留有景观视线通廊	Y	N	5	
1.5.3	住区环境为城市添景	Y	N	5	

2. 配套——完善城市功能，创造城市价值

（按 100 分评定，体系权重为 10%）

目标：配套齐备，方便生活，同时实现住区与城市配套互补，完善城市功能。

必要条件：配套项目与住区建设同期进行，居民满意度高。

评估内容：以教育配套、服务商业配套、文化体育配套、市政设施配置、景观环境功能等几个方面进行。

得分评定：得分项目 2.1 与城市配套设施关系密切，住区与城市互补

目的：综合利用资源，使项目建设与城市互补、互为贡献。

检查：2.1.1 项目对城市的依赖关系大，与城市核心商业区（街）的距离不超过 1.5km。项目对城市配套的贡献率高。

2.1.2 结合用地周边的设施情况和现有条件的项目配套水平，允许配建项目数量和面积增减，做到合情配套、功能齐全，适度超前。

2.1.3 公共建筑和公共服务设施具有其专业特点和个性特色，满足设置要求，布局符合服务半径、方便、安全、经济等要求。

与城市配套设施关系（40分） 评分表2.1

序号	评估检查细目	是否评估		分值	评估得分
2.1.1	与城市核心商业区（街）的距离不超过1.5km	Y	N	10	
2.1.2	结合用地周边情况，允许配建项目数量和面积增减，做到合情配套、功能齐全，适度超前	Y	N	20	
2.1.3	满足配套项目设置的专业要求，布局符合服务半径、方便、安全、经济等要求	Y	N	10	

得分项目 2.2 配套完整，符合相关规定要求

目的：保证住户生活品质，舒适方便。

检查：2.2.1 教育设施配套：500m 范围内有托儿所、幼儿园、小学校。

2.2.2 服务业商业等配套：200m 范围内有便民店、邮局、银行、副食店、餐馆和医务所，不少于三个。

2.2.3 大型城市设施：2km 范围内有超市、医院、宾馆、公园、体育馆、文化中心，不少于三个。

公共建筑配套完整（30分） 评分表2.2

序号	评估检查细目	是否评估		分值	评估得分
2.2.1	500m以范围内有托儿所、幼儿园、小学校	Y	N	10	
2.2.2	200m范围内有便民店、邮局、银行、副食店、餐馆和医务所，不少于三个	Y	N	10	
2.2.3	2公里范围内有超市、医院、饭店、公园、体育馆、文化中心，不少于三个	Y	N	10	

得分项目 2.3 市政设施到位，配置齐全

目的：市政设施是住区的必要条件，是成熟住区的保证。

检查：2.3.1 市政公用设施配套齐全，水、电、气、通讯配套到位，空调（含采暖）设施有安排。

2.3.2 管理有方，制度完整。有良好的维修保证。

2.3.3 无垄断现象发生。

市政设施到位（30分） 评分表2.3

序号	评估检查细目	是否评估		分值	评估得分
2.3.1	市政公用设施配套齐全，水、电、气、通讯配套到位，空调（含采暖）设施有安排	Y	N	15	
2.3.2	管理有方，制度完整。有良好的维修保证	Y	N	10	
2.3.3	无垄断现象发生	Y	N	5	

3. 环境——合理空间布局，构建宜居环境

（按 100 分评定，体系权重为 30%）

目标：具备适宜居住的良好条件。满足人在生理上和心理上对居住功能的各项要求，有一个健康、舒适的居住环境。

评估内容：从住区空间整体布局、住宅内部功能组织和居住空间的空气质量、声、光、热物理环境等方面进行。

得分评定：得分项目 3.1 住区空间布局合理，环境优良

目的：通过合理规划，创造舒适、安全、健康的居住空间。

检查：3.1.1 住区功能结构合理，建筑布置有序，空间层次清晰，环境均好性强。

3.1.2 路网格局因地制宜，构架清晰、顺畅、便捷、可达性强。人流、车流组织合理，与景观环境有机结合。出入口选择得当，避免过境交通。

3.1.3 静态交通组织合理，停车位数量较充足，停车方式得当，布局合理，方便使用。

3.1.4 与外部交通有机联系，公共交通站点不超过 300m，公共交通便利。住区出入口的位置以及数量设置合理。

3.1.5 市政管线布置合理，无明显的矛盾问题。

措施：3.1（A）选择素质良好的建筑设计团队。

3.1（B）交通组织要以人的需求为核心，充分考量人的出行方向和行为规律，落实安全、健康、生态的各项目标。

住区空间布局（30分） **评分表3.1**

序号	评估检查细目	是否评估		分值	评估得分
3.1.1	住区功能布局合理有序，环境均好性强	Y	N	6	
3.1.2	交通组织顺畅，与景观环境有机结合。出入口选择得当，避免过境交通	Y	N	6	
3.1.3	停车方式得当，布局合理，停车位数量较充足	Y	N	6	
3.1.4	城市交通联系方便，距公共交通站点不超过300m	Y	N	6	
3.1.5	市政管线布置合理	Y	N	6	

得分项目 3.2 住宅内部功能齐全、布局紧凑、设施设备完善

目的：通过组织平面功能空间安排管网设备，最大化地利用面积。

检查：3.2.1 住宅套内居住空间、厨房、卫生间等基本空间完备，并设有储藏、用餐及阳台等空间，各功能空间形状合理，基本空间长短边之比 ≤ 1.8，建筑层高适宜。

3.2.2 各功能空间布局紧凑，能按照人的行为轨迹组织流程。套内交通不穿行起居室、卧室，纯交通面积不超出使用面积的 1/20，能做到居住活动流线顺畅、动静分区、公私分离、洁污分开。

3.2.3 建筑空间布局具有可改造性、灵活性，能按照不同功能要求进行调整。

3.2.4 住宅设施设备完善，管网布置紧凑、有序，管道接口定位准确，厨房、卫生间设施配套完善齐全，给排水与燃气设施完备。设备、管道设置考虑改造和更换方便。

3.2.5 所有公共管道的阀门、电气设备和用于总设备系统调节和检修的部件，均不应布置在住宅套内。用于各户冷、热水表，电能表和燃气表的设置应便于管理。

住宅内部功能组织（30分）　　　　评分表3.2

序号	评估检查细目	是否评估		分值	评估得分
3.2.1	住宅套内功能完善，尺度适宜，布局合理	Y	N	8	
3.2.2	各功能空间布局紧凑，套内交通不穿行起居室、卧室	Y	N	8	
3.2.3	建筑空间布局具有可改造性	Y	N	5	
3.2.4	住宅设施设备完善，管网布置紧凑、有序，管通接口定位准确	Y	N	5	
3.2.5	公共管道设备检修的部件，均不应布置在住宅套内。住户水、电能表和燃气表的设置应便于管理	Y	N	4	

得分项目 3.3 居住空气质量良好

目的：建立正确的现代建筑通风观念，处理好主动与被动的通风方式。

检查：3.3.1 通过合理的住区规划布局和住宅建筑设计，组织居住自然通风，合理设置风口位置，组织气流防止短流，且提高自然通风效率。不留通风死角，做到自然状态下居住空间通风顺畅。

3.3.2 厨房设竖向或水平油烟道，有组织排放油烟，六层以上住宅在屋顶设机械排风装置。卫生间设竖向或水平风道，暗卫生间及不适宜开窗通风的卫生间需加设机械排风装置，防止串气、泛味。

3.3.3 应考虑住宅在外窗密闭情况下的换气方式，可加设换气装置或设有组织的新风系统，新风经过滤、杀菌等处理后送入室内，新风量不少于每人每小时 $30m^3$。采暖和空调季节新风机应有热交换系统。

3.3.4 控制住宅装修对空气的污染，应对装修的材料和施工实施监控，并在完工后对室内空气质量进行检测，检测不合适必须进行整改，应倡导、实施一次装修到位。

居住空气质量（10分）　　　　评分表3.3

序号	评估检查细目	是否评估		分值	评估得分
3.3.1	做到自然状态下居住空间通风顺畅，不留通风死角	Y	N	3	
3.3.2	厨房设排油烟道，卫生间设排风道，暗卫生间及不适宜开窗通风的卫生间需加设机械排风装置	Y	N	3	
3.3.3	考虑住宅在外窗密闭情况下的换气方式，新风量不少于每人每小时$30m^3$	Y	N	2	
3.3.4	控制住宅装修对空气的污染，装修完成后进行检测，检测不合格必须进行整改，倡导、实施一次装修到位	Y	N	2	

得分项目 3.4 住宅声环境良好

目的：提高我国的降噪技术水平，改善声环境质量。

检查：3.4.1 有效控制基地周边噪声对居住环境的影响，要求住区室外等效噪声级，白天≤ 55dB（A），夜间≤ 45dB（A），夜间偶然噪声级≤ 60dB（A）。

3.4.2 特别注意住区周边沿街住宅的防噪声。

3.4.3 做好住宅建筑室内噪声防治，住宅室内允许噪声标准：白天≤ 45dB（A），夜间≤ 35dB（A）。

3.4.4 住宅建筑平面布置和空间划分坚持动静分区的原则，卧室不与电梯间、空调机房等设备用房相邻，以减少对有安静要求的房间的噪声干扰。

3.4.5 采取有效减振、减噪、消声措施，有效控制机电系统和设备的运行噪声。

措施：3.4（A）采取隔离和降噪措施，可采用布置公用建筑、建隔声屏或绿化作缓冲区，住宅临街或正对噪声源方向的外窗，必须采用双层窗或中空双玻、三玻等气密性好的外窗，以提高隔音效果。

3.4（B）住宅内部除要求建筑外门、窗的密闭防噪外，要做好分户墙和楼板的隔声处理，以及户内给排水管道和卫生洁具等所产生的噪声防治。

住宅声环境（10分） **评分表3.4**

序号	评估检查细目	是否评估		分值	评估得分
3.4.1	住区室外等效噪声级，白天≤55dB(A)，夜间≤45dB(A)，夜间偶然噪声级≤60dB(A)	Y	N	2	
3.4.2	注意住区周边沿街住宅采取防噪声措施	Y	N	2	
3.4.3	做好住宅内部分户墙和楼板的隔声以及给排水管道和卫生洁具等所产生的噪声防治。住宅室内允许噪声标准：白天≤45dB(A)，夜间≤35dB(A)	Y	N	2	
3.4.4	住宅平面布置做到动、静分区，保证卧室等空间的环境安静	Y	N	2	
3.4.5	采取有效减振、减噪、消声措施，有效控制机电系统和设备的运行噪声	Y	N	2	

得分项目 3.5　住宅日照、光环境良好

目的：建立对住宅日照的检查方法，同时照顾好用地、环境等要素的利用关系。

检查：3.5.1 通过计算机日照分析，科学合理安排建筑位置，确保每套住宅至少有一个居住空间获得日照，当有四个或四个以上居住空间时，应有二个居住空间获得日照，日照时段符合国家日照标准规定。

3.5.2 设计采光性能最佳的建筑朝向，发挥庭院、天井、中庭的采光作用，使每套住宅均有良好的自然采光条件。室内采光系数最低值为0.5%～1%(光气候 Ⅲ 区)。窗地面积比：卧室、起居、书房为1/7；厨房为1/7，尽量做到卫生间直接采光。

3.5.3 住宅室内照明质量良好，光源位置合理，照度适宜，公共部位保证最低照度标准。住宅适当部位设置夜间照明指示灯。

3.5.4 避免对居住生活造成眩光等干扰。设置防眩光设施，如采用遮阳百页、遮光幕等，有效避免光污染，住区有良好的灯光设计和夜景。

住宅日照、光环境（10分） **评分表3.5**

序号	评估检查细目	是否评估		分值	评估得分
3.5.1	通过计算机日照分析，确保住宅日照符合国家日照标准规定	Y	N	3	
3.5.2	每套住宅均有足够的自然采光条件。窗地面积比符合国家规范，尽量做到卫生间直接采光	Y	N	3	
3.5.3	住宅室内照明质量良好，光源位置合理，照度适宜	Y	N	2	
3.5.4	避免对居住生活造成眩光等干扰。住宅有良好灯光设计和夜景	Y	N	2	

得分项目 3.6 住宅热环境良好

目的：节能的目的是改善热环境，热环境需要科技的保证。

检查：3.6.1 为居住者提供舒适的生活热环境，住宅室内温湿度应符合下表要求：

3.6.2 建立住宅外围护结构隔热保温优化技术体系，热工性能良好。

3.6.3 采暖及空调装置合宜，分户计量便利、分室控温到位。

3.6.4 有太阳能供应热水系统。

住宅室内空气热环境指标

参数	标准值	
	冬 季	夏 季
温度	18～22℃	24～26℃
湿度（相对湿度）	≥30%	≤70%

住宅热环境（10分） **评分表3.6**

序号	评估检查细目	是否评估		分值	评估得分
3.6.1	住宅室内温湿度应符合相关规定：温度冬季18～22℃、夏季24～26℃；湿度30%～70%	Y	N	3	
3.6.2	建立住宅外围护结构保温隔热体系	Y	N	3	
3.6.3	采暖及空调装置合宜，分户计量便利、分室控温到位	Y	N	2	
3.6.4	有太阳能供热水系统	Y	N	2	

4. 科技——整合科技资源，引领品质升华

（按 100 分评定，体系权重为 20%）

目标：通过住宅科技的广泛应用，切实提高居住品质，并做到节约资源，防止污染，实现住宅建筑的可持续发展。

评估内容：从节约能源、节地、节水、节材、污染防治等五方面进行。

得分评定：得分项目 4.1 节约能源，提高室内舒适度

目的：既要把能源节省下来，降低居民支出，同时要改善居住温度、湿度、新风补给等品质。

检查：4.1.1 室内温度、湿度和新风补充符合规定要求。

4.1.2 体形系数控制。减少外围护结构面积，正确设计不同朝向下的建筑最佳长宽比。

4.1.3 外墙能有效隔断热桥的外保温方式。控制窗墙面积比，外门窗、玻璃及户门、阳台门等的热工性能及气密性良好，隔热系数高。

4.1.4 屋面保温层采用高效保温材料，有效切断地面、墙面冷桥，有相应的保温措施。

4.1.5 采用适当的遮阳方式和外遮阳装置。

4.1.6 优化建筑中采暖、空调、热水供应、炊具、照明等各设备系统的设计选型和运行。

4.1.7 利用可再生能源，如太阳能、风能、地热能、生物质能等技术，可再生能源利用效率占总能耗的比例高。

措施：4.1（A）建立定量节能的理念，运用计算机模拟的方法指导节能设计与节能施工。

4.1（B）运用被动节能建筑设计与主动节能设计原理，整体优化节能措施，降低节能成本，使节能效果最大化。

节约能源，提高室内舒适度（25分） **评分表4.1**

序号	评估检查细目	是否评估		分值	评估得分
4.1.1	室内温度、湿度和新风补充符合规定要求	Y	N	5	
4.1.2	控制体形系数，正确设计不同朝向下的建筑最佳长宽比	Y	N	4	
4.1.3	做好外墙保温，外门窗热工性能及气密性良好，传热系数低	Y	N	4	
4.1.4	屋面有相应的保温措施	Y	N	3	
4.1.5	采用适当的遮阳方式和外遮阳装置	Y	N	3	
4.1.6	优化建筑中采暖、空调、热水供应、炊具、照明等各设备系统的设计选型和运行	Y	N	3	
4.1.7	可再生能源利用率占总能耗的比例高	Y	N	3	

得分项目 4.2 节约用地，提高土地利用率

目的：建立紧凑型规划设计理念，在优化环境建设的前提条件下，提高土地的利用率。

检查：4.2.1 利用废弃土地进行改良、开发，优先选择已开发且具有城市改造潜力的地区建设住宅。没有非法占用耕地的现象。

4.2.2 选择适当的容积率和覆盖率，保证适宜的土地开发强度。

4.2.3 优化住宅单体设计，提高使用面积系数，高层使用率≥ 72%，多层≥ 78%。

4.2.4 采用新设备、新工艺、新材料，减少公共设施占用土地面积。

4.2.5 充分利用地下空间，提高土地利用效率。

4.2.6 严格限制实心黏土砖的利用，就地取材，采用当地新型墙体材料取代黏土砖。

措施：4.2（A）用紧凑型方法规划设计住区，做到疏密有致，保证绿地，空间有序。

4.2（B）加大住宅进深；尽量采用一梯多户设计；在适当气候区域使用东西向住宅。

4.2（C）扩大地下空间的使用比例，改善地下空间使用功能。

节约用地，提高土地利用率 (25分) **评分表4.2**

序号	评估检查细目	是否评估		分值	评估得分
4.2.1	使用废弃土地进行改良、开发，优先选择已开发且具有城市改造潜力的地区建设住宅	Y	N	4	
4.2.2	选择适当的容积率和覆盖率，保证适宜的土地开发强度	Y	N	5	
4.2.3	优化住宅单体设计，提高使用率，高层使用率≥72%，多层≥78%	Y	N	5	
4.2.4	采用新设备、新工艺、新材料，减少公共设施占用土地面积	Y	N	4	
4.2.5	充分利用地下空间，提高土地利用效率	Y	N	4	
4.2.6	严格限制实心黏土砖的利用，采用当地新型墙体材料	Y	N	3	

得分项目 4.3 节约用水，保证水质

目的：把节约用水贯彻到规划设计的各个方面，并使科技节水应用普及。

检查：4.3.1 坚持低质低用、高质高用的用水原则，充分利用市政供水以外的水资源。

4.3.2 采用调频调压水泵，保证出水压力，优选节水器具和设施。

4.3.3 收集住区雨水、生活污水，并经适当处理后回收和再利用。

4.3.4 做好公共场所节约用水。公用的便器、水池等采用节水器具，绿化浇灌采用滴灌、微喷等节水方式。

4.3.5 住区节水率≥ 20%，回用率≥ 10%。

措施：4.3（A）确定合理的用水收费标准，使居民和节约用水能联动起来。

4.3（B）保证饮用水、日常用水、景观水、灌溉水等水质，定期水样检查。

4.3（C）选择适宜的各种水处理技术，坚持生态、高效、低成本。

4.3（D）地面停车场宜采用植草砖铺砌，人行便道等室外场地应采用渗透型地面及透水性好的地面材料。

节约用水，保证水质（20分） **评分表4.3**

序号	评估检查细目	是否评估		分值	评估得分
4.3.1	坚持低质低用、高质高用的用水原则，充分利用市政供水以外的水资源	Y	N	4	
4.3.2	采用调频调压水泵，优选节水器具和设施	Y	N	4	
4.3.3	住区雨水、生活污水经适当处理后回收和再利用	Y	N	4	
4.3.4	公共场所的便器、水池等采用节水器具，绿化浇灌采用滴灌、微喷等节水方式	Y	N	4	
4.3.5	住区节水率≥20%，回用率≥10%	Y	N	4	

得分项目 4.4 节省用材，回用复用建材

目的：用环保、生态和可持续的理念使用建材，保护和充分利用建材资源。

检查：4.4.1 坚持集成化生产模式，应用标准化和定制化方式指导生产施工。

4.4.2 可再生材料的利用，如工业废料、竹材、木材等。

4.4.3 推行商品住宅一次装修到位，减少住户自行装修对已有建筑构件或设备的损坏、拆除而造成的浪费。

4.4.4 对旧建筑的翻修、改造，最大限度地利用现有建筑结构和围护结构，最大限度地利用尚可利用的旧建筑材料。

措施：4.4.（A）节省建筑主体结构用材，如采用高强度混凝土、预应力技术等。在技术经济可能的条件下发展钢结构住宅。

4.4.（B）采用节材新工艺、新措施，实现材料的重复连用、复用。

4.4.（C）制定切实可行的成品房市场供应的制度。

节省用材，回用复用建材（20分） **评分表4.4**

序号	评估检查细目	是否评估		分值	评估得分
4.4.1	坚持集成化生产模式，应用标准化和定制化方式指导生产施工	Y	N	5	
4.4.2	可再生材料的利用，如工业废料、竹材等	Y	N	5	
4.4.3	推行商品住宅一次装修到位	Y	N	5	
4.4.4	对旧建筑的翻修、改造，最大限度地利用现有建筑结构和围护结构，最大限度地利用尚可利用的旧建筑材料	Y	N	5	

得分项目 4.5 保护环境，防治污染

目的：建筑与环境紧密相连，减少建筑排污、排气，以保护环境。

检查：4.5.1 做好生活垃圾收运，应采用垃圾袋装、分类收集的方法。

4.5.2 积极选用有机垃圾生化处理技术，做到全自动控制，全封闭处理，降低环境污染。

4.5.3 住区通风无死角，无热岛现象。

措施：4.5（A）垃圾收集后经压缩装置压入配套垃圾箱运出。高层住区可采用气动垃圾收集系统，清洁高效。

4.5（B）对废电池等有害废品特殊集中处置，并宜采用有机垃圾生化处理等先进技术实现垃圾减量化、无害化和资源化。

4.5（C）正确安装空调，减少空调使用量。

保护环境，防治污染（10分） **评分表4.5**

序号	评估检查细目	是否评估		分值	评估得分
4.5.1	生活垃圾采用袋装、分类收集的方法	Y	N	4	
4.5.2	选用有机垃圾生化处理技术，做到全自动控制，全封闭处理，降低环境污染	Y	N	3	
4.5.3	住区通风无死角，无热岛现象	Y	N	3	

5. 亲情——突出人本关爱，体现社区和谐

（按 100 分评定，体系权重为 8%）

目标：突出人本关爱，体现社区和谐。

评估内容：从住区空间围合感和凝聚力、居民活动和邻里交往的场所设置、无障碍设计三个方面来进行。

得分评定：得分项目 5.1 住区空间围合感和凝聚力

目的：通过建筑布局创造丰富的空间层次，满足居住心理的安全感、亲情感、舒适感要求。

检查：5.1.1 住区空间层次丰富、序列清晰、围合感强。

5.1.2 住区空间通透，视野开阔，环境景观延续，围合但不封闭。

5.1.3 有明显的方位标识，楼号和单元门号清晰，识别性强。

5.1.4 私密保护好，户型独立设置，个性受到保护，无视线干扰现象。

措施：通过精细规划，建筑设计及环境设计形成围合空间，提高凝聚力。

住区空间围合感和凝聚力（40分） **评分表5.1**

序号	评估检查细目	是否评估		分值	评估得分
5.1.1	住区空间层次丰富、序列清晰、围合感强	Y	N	10	
5.1.2	住区空间通透，视野开阔，环境景观延续，围合但不封闭	Y	N	10	
5.1.3	有明显的方位标识，楼号和单元门号清晰，识别性强	Y	N	10	
5.1.4	私密保护好，户型独立设置，无视线干扰现象	Y	N	10	

得分项目 5.2 居民活动和邻里交往的场所设置

目的：检查交往场所的设置水准，保障交往活动的质量。

检查：5.2.1 住区公共空间集中、分散相结合，点、线、面相结合，景观丰富，环境温馨。

5.2.2 人际交往、文化活动、休憩、健身、儿童游戏场地充足；设施、设备配套较齐全；儿童游戏场地良好；有老人室内外活动空间。

5.2.3 住区环境清洁、美观、休闲，小品雕塑具有生活感，文化品位浓厚。

5.2.4 住区会所形式多样，规模适当；集会、休闲健身、文化活动丰富多样；管理有序。

措施：5.2（A）每 10 万 m^2 住宅区应有一处老人、儿童室外活动场地和不少于 $80m^2$ 的室内场地。有青少年球类运动场地（或室内）一处。

5.2（B）物业管理有制度。小区经常开展书画、展览、茶艺、插花、服饰、歌咏、烹饪比赛等群众喜闻乐见的文化娱乐活动，居民享有丰富的社区文化生活，又增加相互交往的机会。

居民活动场所设置（40分） **评分表5.2**

序号	评估检查细目	是否评估		分值	评估得分
5.2.1	公共空间集中、分散结合，景观丰富	Y	N	10	
5.2.2	休憩、健身、儿童游戏场地充足；设施、设备配套较齐全	Y	N	10	
5.2.3	住区环境清洁、美观、休闲，小品雕塑具有生活感，文化品位浓烈	Y	N	10	
5.2.4	会所等文化活动场所丰富多样；管理有序	Y	N	10	

得分项目 5.3 无障碍设计

目的：体现对社会特殊人群的关怀，让老年人等特殊人群享受平等、公正、自如的生活方式。

检查：5.3.1 针对老年人住宅，进行无障碍和可塑性设计，并设置相关设施，如扶手、防滑及报警装置等。

5.3.2 住区环境建设实施无障碍的技术规定，增设坡道、扶手等，住区信息标识符合国际化要求。

5.3.3 应注重以老年人为主要服务对象的相应医疗保健和健身设施建设，500 户以上的住区应设老年之家一处。

5.3.4 鼓励住区建设老年公寓，提供社会化服务。

措施：熟悉针对老年人的建筑设计规范，无障碍设计规范。

无障碍设计（20分） **评分表5.3**

序号	评估检查细目	是否评估		分值	评估得分
5.3.1	进行无障碍和可塑性设计，设置相关设施	Y	N	5	
5.3.2	实施无障碍的技术规定，增设坡道、扶手等，住区信息标识符合国际化规定	Y	N	5	
5.3.3	注重以老年人为主要服务对象的相应医疗保健和健身设施建设，500户以上的住区应设老年之家一处	Y	N	5	
5.3.4	住区建设有老年公寓，提供社会化服务	Y	N	5	

6. 人文——提升住宅品质，传承居住文化
（按 100 分评定，体系权重为 8%）
目标：住宅品质升级，传承居住文化。
评估内容：从地方历史文脉传承、现代人文精神再创造两个方面进行展开。
得分评定：得分项目 6.1 地方历史文脉的传承
目的：传承城市文化情结，创造既有中国建筑文化特色，又能满足引领现代人生活需要的现代化建筑。
检查：6.1.1 基地及周边古迹文物、历史文化遗存保护得当。
6.1.2 重视城市历史文化传承，对新建建筑高度、建筑密度作有效控制。
6.1.3 新建筑区建筑风格和造型、色彩等方面尊重周围已形成的城市空间、文化特色和景观。
6.1.4 住区建筑环境氛围营造要体现对不同地区、民族的生活习惯的尊重与适应，与城市协调不冲突。
措施：6.1（A）基地内的历史文物采用积极保护方针；修复和利用并举、文物和景观结合，使文物既能受到保护，又能发挥作用。
6.1（B）列入规划、设计和施工的全过程。

地方历史文脉的传承（40分） **评分表6.1**

序号	评估检查细目	是否评估		分值	评估得分
6.1.1	古迹文物、历史文化遗存保护得当	Y	N	10	
6.1.2	重视城市历史文化传承，对新建建筑高度、建筑密度作有效控制	Y	N	10	
6.1.3	建筑风格和造型、色彩等方面尊重周围已形成的城市空间、文化特色和景观	Y	N	10	
6.1.4	住区建筑环境氛围营造与城市协调不冲突	Y	N	10	

得分项目 6.2 现代居住人文精神再创造
目的：在城市氛围中营造一个环境宜人、生活便捷、归属感强的全新社区文化生活模式。
检查：6.2.1 住区规划肌理清晰，居住生活方便舒适，现代文化气息浓厚。
6.2.2 住区公共空间有文化主题内容，广场空间景观丰富，绿地树木面积保证，公众参与性强。
6.2.3 街道景观丰富，标志性建筑明显突出，城市广告有序，城市小品雕塑有品位。
6.2.4 公园绿地水系布局合理、均好性强，水系清洁无污染、自然亲和。
6.2.5 公共建筑功能性强，实用、经济、美观，具有大众性、文化性，有较高的文化品位。
6.2.6 居住建筑品质优良、实用、耐看，居住满意度高。
7. 服务——健全服务管理，保证物业增值
（按 100 分评定，体系权重为 8%）
目标：健全服务管理、保证物业增值。
评估内容：从社会化专业化管理、智能化管理、高质量物业服务三个方面来进行。
得分评定：得分项目 7.1 社会化、专业化的管理

现代人文精神再创造（60分） **评分表6.2**

序号	评估检查细目	是否评估		分值	评估得分
6.2.1	住区规划肌理清晰，居住生活方便舒适，现代文化气息浓烈	Y	N	10	
6.2.2	住区公共空间有文化主题内容，广场空间景观丰富，绿地树木面积保证，公众参与性强	Y	N	10	
6.2.3	街道景观丰富，标志性建筑明显突出，城市广告有序，城市小品雕塑有品位	Y	N	10	
6.2.4	公园绿地水系布局合理、均好性强，水系清洁无污染、自然亲和	Y	N	10	
6.2.5	公共建筑功能性强，实用、经济、美观，具有大众性、文化性，有较高的文化品位	Y	N	10	
6.2.6	居住建筑品质优良、实用、耐看，居住满意度高	Y	N	10	

目标：提高物业管理水平，增强社会服务意识，从而提升住区的社会知名度和居住者的自信，导致住房价值的提升。

检查：7.1.1 物业管理贯穿项目策划、设计、建设和使用的全过程。对项目的使用、维修、改造的好坏、方便程度负有责任，全寿命的原则充分体现。

7.1.2 小区有专业化的物业管理团队。在住宅竣工交付使用的过渡期，物业管理团队由开发商委派。在业主委员会成立后，由业主委员会通过招标选聘物业管理公司。

7.1.3 物业管理公司要建立、健全完善的管理制度，并严格执行。

7.1.4 区内保安、保洁、绿化服务工作应充分到位，区内环境整洁优美，物业管理公司员工与居民是“亲人”关系，实行亲情化服务。

措施：尽早成立业主委员会，完善规章制度。

社会化、专业化管理（30分） **评分表7.1**

序号	评估检查细目	是否评估		分值	评估得分
7.1.1	物业管理贯穿项目策划、设计、建设和使用的全过程	Y	N	8	
7.1.2	有专业化的物业管理团队。在交付使用的过渡期，由开发商委派。当业委会成立后，由业委会通过招标选聘物业管理公司	Y	N	8	
7.1.3	有完善的管理制度，并能严格执行	Y	N	7	
7.1.4	区内保安、保洁、绿化服务工作充分到位，环境整洁优美	Y	N	7	

得分项目 7.2 智能化管理

目的：提高智能化的配置水平，实用性、方便性和先进性得到体现。

检查：7.2.1 提供智能消防系统，如火灾自动报警系统、消火栓灭火系统、自动喷水灭火系统、气体灭火系统等。

7.2.2 装配智能安防系统，小区门口以及其他地方设置监控器，住宅楼单元门上设置可视对讲系统。

7.2.3 配备智能物业信息系统，以利于物业管理公司进行监控、管理。

7.2.4 提供智能化通讯设施，如网线等。

措施：7.2（A）应有专业智能化公司配合。

7.2（B）建立中心控制室。

智能化管理（30分） 评分表7.2

序号	评估检查细目	是否评估		分值	评估得分
7.2.1	提供智能消防系统	Y	N	8	
7.2.2	装配智能安防系统	Y	N	8	
7.2.3	配备智能物业信息系统	Y	N	7	
7.2.4	提供智能化通讯设施，如网线等	Y	N	7	

得分项目 7.3 提供高质量的物业服务

目的：通过物业管理改善居住的品质，提高房产增值的可能。

检查：7.3.1 提供门卫值勤、安全巡逻、消防安全管理、车辆管理服务。

7.3.2 维护业主产权利益，协助办理业主入住及产权手续，完善物业管理的备案手续。

7.3.3 负责设备设施系统的接管验收、保养，并负责施工单位的返修管理。

7.3.4 提供专业保洁与园林绿地的养护与管理服务，以及杀虫、灭鼠。

7.3.5 社区居民的归属感和自豪感强烈。居民对开发商、物业管理公司和街道办事处、居民委员会工作的认同率和满意度应达到 80% 以上。

措施：7.3（A）对房屋、构筑物和相关场地应能进行及时的维修和养护。电梯、水泵与水池（箱）、供热、中央空调、燃气、电力、应急照明、智能化系统等公用设备应能按时进行日常维护、检修和强制保养，保证正常运行。

7.3（B）通过物业管理企业或社区的其他机构，为小区内的居民增设各种上门服务的业务，包括有偿的为居民购物送货上门，做室内清洁、做饭或洗涤衣物，以及上门医疗服务等。

7.3（C）根据住宅小区的实际情况，开展一些有利于公益事业、居民交往的公益活动，例如组织居民（特别是离退休的老人）参与公益事业或公共设施管理的评议活动；发动居民捐书成立社区图书馆及爱心超市并担任义务管理员；发动少年儿童分片维护绿地和雕塑。

7.3（D）掌握工程质量状况的完整施工技术资料。

高质量物业服务（40分） 评分表7.3

序号	评估检查细目	是否评估		分值	评估得分
7.3.1	提供门卫值勤、安全巡逻、消防安全管理、车辆管理服务	Y	N	10	
7.3.2	协助办理业主入住及产权手续，完善物业管理备案手续	Y	N	6	
7.3.3	负责设备设施系统的接管验收、保养及返修管理	Y	N	7	
7.3.4	提供专业保洁与园林绿地的养护与管理服务	Y	N	10	
7.3.5	社区居民的归属感和自豪感强烈。居民对物业管理认同率和满意度达到80%以上	Y	N	7	

（二）过程执行评估

（分值 100 分，总权重 30%）

1. 项目执行力（单项总分 10 分）

目标：检查试点项目整体执行水平，对其所达到的等级情况给出总体评估。

必要条件：符合各种强制技术标准规范，无违规现象。

评估内容：项目试点批准文件、试点特色目标建设、技术文件准备及项目完成效果概况。

检查项目的合法性：

1）各级主管部门颁发有效文件齐全；

2）各类住宅层数、电梯配置、日照指标、安全出口等符合规定要求。

得分评定：得分项目 1.1 技术文件齐全

目的：检查科学严谨的态度，认真对待技术问题，有利于项目的安全、卫生、健康的发展。

检查：1.1.1 项目初步设计、施工图设计、隐蔽工程、施工验收等各环节技术文件齐全；

1.1.2 技术变更、材料代用等洽商单完整。

技术文件齐全（5分） **评分表1.1**

序号	评估检查细目	是否评估		分值	评估得分
1.1.1	项目初步设计、施工图设计、隐蔽工程、施工验收等各环节技术文件齐全	Y	N	3	
1.1.2	技术变更、材料代用等洽商单完整	Y	N	2	

得分项目 1.2 金牌试点效果显著

目的：积极按照人居金牌试点的程序要求进行。

检查：1.2.1 总体形象突出，是城市或地域有影响力的项目；

1.2.2 试点特色成绩显著，销售情况良好，无滞销套型；

1.2.3 无重大纠纷发生。

金牌试点效果显著（5分） **评分表1.2**

序号	评估检查细目	是否评估		分值	评估得分
1.2.1	总体形象突出，有影响力	Y	N	2	
1.2.2	试点特色鲜明，销售情况良好，无滞销套型	Y	N	2	
1.2.3	无重大纠纷	Y	N	1	

2. 项目策划与规划（单项总分 50 分）

目标：回顾项目前期策划和规划设计的专家评估成绩；项目执行过程有无不严肃执行项目批准意见的表现；体现项目的评估自始至终地重视规划设计。

必要条件：规划设计按专家审查方案或规划主管批准方案执行。

评估内容：检查规划设计的变动情况；专家评审意见和得分结论；收集市场的销售和业主的评论。

得分评定：得分项目 2.1 规划设计专家审查成绩优秀

目的：检查项目审查建立时对规划设计的评价，回顾专家评价的准确程度。

检查：2.1.1 查对项目规划设计获得的成绩，并计入综合评估验收分值；

2.1.2 项目建设实施按方案如实执行，能表现设计目标意图，品质优秀。

规划设计专家审查成绩优秀（30分） **评分表2.1**

序号	评估检查细目	是否评估		分值	评估得分
2.1.1	项目规划设计获得的成绩，并计入综合评估验收分值	Y	N	25	
2.1.2	项目建设实施按方案如实执行	Y	N	5	

得分项目 2.2 项目定位符合市场销售需要

目的：检查项目定位符合城市发展和供需结构要求，市场反映良好。

检查：2.2.1 市场日销售、周销售和月销售纪录，分析销售形势；

2.2.2 访问主管部门及住户意见。

项目定位符合市场销售需要（10分） **评分表2.2**

序号	评估检查细目	是否评估		分值	评估得分
2.2.1	市场日销售、周销售和月销售纪录，分析销售形势	Y	N	5	
2.2.2	访问主管部门及住户意见	Y	N	5	

得分项目 2.3 项目规划无重大改动

目的：维护审查批准的规划设计有一定的严肃性，保护城市建设的完整和业主的利益。

检查：2.3.1 检查项目规划设计的变动有一定的严肃性，保护城市建设的完整和业主的利益；

2.3.2 访问变动项目的建设情况，判断建设效果；

2.3.3 规划变动无重大反馈意见。

项目规划无重大改动（10分） **评分表2.3**

序号	评估检查细目	是否评估		分值	评估得分
2.3.1	检查项目规划设计的变动有一定的严肃性，保护城市建设的完整和业主的利益	Y	N	4	
2.3.2	访问变动项目的建设情况，判断建设效果	Y	N	3	
2.3.3	规划变动无重大反馈意见	Y	N	3	

3. 专家跟进服务（单项总分 20 分）

目标：发挥专家对项目的指导作用，使项目始终在专家的关注下取得进展。

必要条件：项目开发过程中与专家不间断保持联络。

评估内容：在项目专家组的安排下，专家在项目策划、规划设计、中期技术检查、市场营销等环节不断有专家参与，项目得到了全面的支持和帮助。

得分评定：得分项目 3.1：策划定位是否邀请专家参与

目的：前期策划定位是项目的基础，专家参与是实现目标定位的保证，通过专家的参与保证项目的健康发展。

检查：3.1.1 专家参与项目前期的记录和项目准备的效果；

3.1.2 规划设计是否按专家意见修改完善。

措施：3.1（A）对照专家审查意见，分析各条意见的完成情况；

3.1（B）未按专家意见修改的原因。

策划定位是否邀请专家参与（4分） **评分表3.1**

序号	评估检查细目	是否评估		分值	评估得分
3.1.1	专家参与项目前期的记录和项目准备的效果	Y	N	2	
3.1.2	规划设计是否按专家意见修改完善	Y	N	2	

得分项目 3.2：是否完成中期检查

目的：中期检查是承上启下的重要过程，使项目更好地按照七大目标执行。

检查：3.2.1 中期检查的记录和意见。

是否完成中期检查（6分） **评分表3.2**

序号	评估检查细目	是否评估		分值	评估得分
3.2.1	中期检查的记录和意见	Y	N	6	

得分项目 3.3：人居环境城市论坛和宣传深度

目的：宣传人居理论有利于项目的贯彻和提高全民的人居环境意识。

检查：3.3.1 人居论坛次数、宣传方式及效果。

人居城市论坛和宣传深度（10分） **评分表3.3**

序号	评估检查细目	是否评估		分值	评估得分
3.3.1	人居论坛次数、宣传方式及效果	Y	N	10	

4. 项目影响力（单项总分 20 分）

目标：检查项目与城市的衔接关系，对城市的贡献率。

必要条件：无重大原则事件及纠纷发生。

评估内容：了解社会各阶层对项目的评价，项目对城市有影响力、口碑好、满意度高。

得分评定：得分项目 4.1：口碑好对周边有影响力

目的：项目应当是周边项目最好和较好的项目。

检查：4.1.1 了解周边项目的情况，作横向的比较；

4.1.2 了解周边同类项目的价格情况。

口碑好对周边有影响力（8分） **评分表4.1**

序号	评估检查细目	是否评估		分值	评估得分
4.1.1	了解周边项目的情况，作横向比较	Y	N	4	
4.1.2	了解周边同类项目的价格情况	Y	N	4	

得分项目 4.2：各种纠纷能及时解决

目的：检查项目管理人员的服务意识和能力。

检查：4.2.1 分析处理纠纷的案例。

各种纠纷能及时解决（6分） **评分表4.2**

序号	评估检查细目	是否评估		分值	评估得分
4.2.1	分析处理纠纷的案例	Y	N	6	

得分项目 4.3：居民满意度高

目的：居民满意度是检验项目全面、完整的最好尺子。

检查：4.3.1 直接当面访问住户，居民满意度高。

居民满意度高（6分） **评分表4.3**

序号	评估检查细目	是否评估		分值	评估得分
4.3.1	直接当面访问住户，居民满意度高	Y	N	6	

集萃篇

——"中国人居会客厅"专家观点集萃

“中国人居会客厅”是中国房地产研究会人居环境委员会深度整合政府、学术、企业及信息资源构建的人居环境领域权威对话平台，是人居环境领域研究成果和实践经验交流、推广的一个窗口。目前该平台已经成功举办了近50期专题活动，受到业界的广泛关注和好评。本书选取了其中四期较有代表的专题和内容，以展示人居环境领域研究和关注的新理念、新话题、新成果。

- 转变发展方式 营造绿色新城镇
- 建设科技“绿色转型”
- 关注室内空气环境 打造“会呼吸”的房子

“中国人居会客厅”第41期：关注室内空气环境打造“会呼吸”的房子

一、活动背景

室内空气环境与我们的生活和健康息息相关。人每天约80% ~ 90%的时间是在室内度过的。室内空气的污染，将导致胸闷、疲倦、眼睛干涩、“空调病”频发、工作效率下降等诸多问题，对婴幼儿的危害更大。

在当前大力倡导节能低碳建筑的背景下，为了减少能源的消耗和丧失，建筑的密闭性不断得到增强，然而，这与室内空气环境质量的改善形成了一个突出的矛盾。如何解决这一问题？开窗还是关窗？来自国内外地产、建筑、装饰以及节能等领域的专家和企业代表会聚“人居会客厅”，共同探讨室内空气环境改善的新理念、新技术、新途径，打造“会呼吸”的房子。

二、专家观点

（一）“关窗”挑战国人传统习惯

开彦（中国房地产研究会人居环境委员会副主任委员兼专家组组长）

开窗和关窗问题看似简单，实际代表了两种不同的理念和方法。中国人喜欢空气流通，觉得不舒服了马上就开窗，特别是南方，早晨起来后，觉得空气很闷，再冷也要开一下窗户，这是一种习惯。而西方的建筑节能往往强调密闭、强调关窗。开窗和关窗成为一对矛盾，如果这一对矛盾不能很好地解决，实际上会影响我们的空气质量、建筑的节能和低碳等。空气置换是一个很好的解决思路，虽然在国内目前只有1%的新建建筑运用了空气置换技术，但是我相信运用这类技术解决室内空气质量问题是未来的发展趋势。

（二）"节能"并不排斥"开窗"

袁路（布朗环境技术有限公司总经理）

节能建筑为了防止能量的流失要保持很好的密闭性，从而造成室内空气混浊，有损人体健康。当室内空气污浊时，国内的普遍做法是开窗通风，这样完全违背了节能的初衷，不但没有保留室内的温度，还破坏了墙体门窗保温结构，造成保温材料投入的浪费，不但没有减排，还提高了碳排放。

专业的室内空气置换技术可以实现在密闭的节能建筑中不需要开窗通风，避免了室内能量流失、室外灰尘及噪声污染的同时，室内也能享受到清新的空气，有效地解决了节能建筑的内部供氧问题，保证了室内人体健康。

图"中国人居会客厅"第 41 期

（三）热回收的空气置换已成欧美主流

Chris Jarvi（美国布朗集团有限公司总经理）

30 年前，欧美的建筑师们也把房子建得很密闭，就好像在头上套了一个塑料袋一样。尽管保存了能量，但是带来的室内污染却很严重，且不健康。在发达国家已开始被广泛应用的空气置换技术，很好地解决了这种"开窗"与"关窗"之间的矛盾，在保证室内能量的同时呼吸到室外清新空气，实现了不开窗保存室内冷热能量，同时也能通风的健康、环保、节能的人居生活。在北美和欧洲每 5 ～ 6 年建筑的通风标准就会提升和更改一次，现在欧美的建筑标准已经提高到了用热回收的空气置换的方式，目前已成为主导方式。

（四）合格材料叠加空气污染也超标

张振路（长安责任保险股份公司、室内环境评估专家）

现在很多人误以为只要购买的装修材料都是符合国家标准的，装修完的房间肯定也是符合国家标准的，这是错误的观点。尽管每一样材料都符合国家标准，但各种材料释放的有害气体叠加，将造成房屋空气污染超标。

我们定义建筑室内污染物超标，是单位空间、单位时间一类和多类有害气体释放的总量叠加浓度超过了国家标准。经过调查发现，我国城市建筑污染超标的工程 80% 是因为材料的超标使用引起的，其中有 65% 造成超标的原因是材料使用种类不合理、大量采用单一的材料，另外 20% 是不合理的通风方式造成的。

（五）地域差异，产品推荐以项目定位为前提

马韵玉（中国建筑标准设计研究院顾问总工、厨卫设计标准专家）

产品使用存在地域差异，建筑师的责任是非常大的。我们尽可能地用被动式的节能方式来设计，但是必要的时候也要采用相应的设备，这肯定是当前世界各国的发展方向。我希望在宣传产品的同时，能够提醒建筑师在工程的具体应用中，什么地方用，怎么用能够省钱，这样才能和谐发展。

（六）空气质量的五要素

陶炜（博洛尼旗舰装饰装修工程（北京）有限公司副总经理）

空气质量取决于五个方面的因素：第一就是本身的原材料。第二是施工工艺。很多零售客户都会问要买什么样的 A 级板材，但他从来不会关注大理石是用什么粘上去的，所以涉及工艺问题，比如我们现在是工厂化装修，把房子的装修在工厂做，然后运到现场，这样可以减少现场工艺材料的比例，降低污染的释放量。第三就是房间里面的装载量。怎么样在结构上优化？是不是尽量多的比例通过工厂购买？少用一些有污染的胶质品？把重污染源减成轻污染源。第四就是开窗关窗的空气置换。第五就是局部的空气质量取决于生活方式和生活状态。

“中国人居会客厅”第48期：转变发展方式营造绿色新城镇

一、活动背景

伴随中国城镇化进程的加速，新城镇、新城区建设成为诸多城市推进城镇化、寻求经济社会跨越发展的战略选择。在绿色低碳的时代背景下，能否以先进理念、科学规划将新城镇、新城区建设成为生态宜居的绿色新城镇，努力找到生态、社会、经济效益三者之间的最佳平衡点，不仅决定着城镇自身发展的活力和竞争力，还将影响中国城镇化质量和经济发展全局。近期，中国房地产研究会人居环境委员会组织“绿色生态小城镇建设考察团”赴德、法、英三国开展了为期10天的专题考察和访问，积极探寻欧洲绿色城镇可持续发展的核心和本质。本期“会客厅”再次力邀中、英、德三国专家汇聚北京，在全面总结此次活动丰硕成果的同时，更重要的是以他山之石，攻己之玉，积极探讨转变发展方式与建设中国绿色新城镇的有效途径与方法。

二、专家观点

（一）产业园向新城镇转型是大势所趋

王涌彬（北京中外建建筑设计有限公司总经理、中国房地产研究会人居环境委员会执行主任）

图“中国人居会客厅”第48期

回顾和总结中国产业园近30年的发展历程，可以看到，产业园区的开发和建设是与中国的城镇化和经济发展并行而立的。产业园区的发展与城镇化进程相呼应，保证了中国城镇化的健康和可持续性。但经历了清理整顿之后，产业园区建设仍然存在的最大问题是功能过于单一；或者以产业功能为主体，缺乏相关配套和生活条件，园区缺乏人气与活力；或者以居住功能为主体，缺乏相关产业支撑，最后沦为以单纯房地产开发为主题的睡城。这两种倾向都不利于产业园的可持续发展，中国产业园急需新的进化模式和理论指导。

值得关注的是，当前第四代科技产业园正在进入一个以二次创业和功能转型为重点的新阶段。按照国家“转变发展方式”的要求和指导精神，开发区和各种产业园区向新城镇转型将是大势所趋。目前，由产业功能区转型为新城镇的思想正逐步在科技园改造中得以实现。北京中外建建筑设计有限公司结合中关村自主创新示范区项目，按照新城镇的思想和理论，积极探讨第四代产业园区发展策略。其关键点是：通过区域协调发展和新的总体规划修编，跳出单一产业功能区的模式，实现园区发展模式向新城镇发展模式的转变；实现单一的工业经济发展向产业发展与城市发展并举的方向转变；实现单纯的园区管理向统筹城乡协调发展，经济、社会、文化共同繁荣发展的转变。

（二）高品质的城市设计是新城镇建设的基础——英国米尔顿•凯恩斯新城的成功经验

杨威（英国米尔顿•凯恩斯城市发现中心基金会理事）

如何营造新城特色，为居民提供高品质的生活环境？城市设计是需要重点考量的要素。作为英国最成功的新城，米尔顿•凯恩斯提倡的是一体化的低碳城镇设计理念。首先，应充分挖掘城镇自身的自然和人文要素，运用山水生态元素塑造城镇的有机绿色框架，使多样化的开放空间和生态环境成为城镇的依托，避免千城一面。其次，要关注人居环境和与历史的传承，通过传统生活方式的传承和健康生活方式的培养，创造高品质的城镇低碳生活，为城镇生活提供原动力。再次，结合当地地形地貌，创造人性化的低碳交通网络，使之与城市开放空间有机结合。其中，有两个重要的观点：第一，街道是比广场和公园更重要的开放空间。因为街道是每一个人每天生活的必不可少的一部分。街道为人设计，而道路为车设计，当人车共行时，应当让行人感觉更舒适，空间为人所有。第二，被奉为规划经典的“人车分流”理念并不一定值得提倡。这一交通规划理论实际上把环路完全切断，造成城市中心和周边的隔绝的，直接导致了城市开放空间的死亡。

在中国，城市设计往往与街道设计、景观设计等混为一谈，这是一个误区。城市设计与城市规划是并行的，高品质的城市设计使得城市规划原则有的放矢，更加适合人的居住。中国的城镇化速度非常快，出现的很多问题与英国当时是很相似的。中国应该积极吸取英国城镇化的经验和教训，少走弯路。

（三）多元融合造就有活力的新城镇——“绿色之都”德国弗赖堡市的发展心得

格尔茨•凯姆尼茨（德国弗赖堡市前任规划局副局长）

在弗赖堡的发展过程中，以下几点是非常突出的。

一、多元融合。包括社会性的混合和功能性的混合。弗赖堡提倡城市紧凑发展，尽可能缩短工作的距离和生活的距离。同时通过各种方式把收入偏高和收入偏低的人群整合在一个生活空间。在具体项目中，为了增强小区的多元性以及提高品质，我们不会把这一块地全部交给某一个开发商或者一个建筑公司做，而是分别交给不同的公司，尽量把它分为一个小的单位，创造外立面的多样性，同时更人性化。

二、公众参与。新城镇的开发与建设，归根到底是生活品质营造的问题。只有提供高品质的生活，才能吸引更多的投资者和居住者，城镇最终才能获得良性循环。而高品质的生活离不开高水准和富有远见的规划设计，这需要尽可能倾听不同利益群体的声音，通过不断的沟通和均衡，最终获得长远的品质规划。

三、无车居住。弗赖堡沃邦城区提出了这一构想并得到很好的实施。大部分居民区中的街道不允许停车，只允许汽车因为接收或运送做短暂停留。那些有车但不经常使用的居民不必购买停车位，只需向无车居住协会缴纳一定的手续费，将车停在公共停车房中。这一构想不仅成功减少了车流量，也将居住区中的街道解放出来，成为人们人际交流、邻里活动和儿童活动的重要场所。

（四）多点发力，构建小城镇美好人居

周应清（湖南立中置业集团董事长）

立中集团多年来关注于小城镇基础设施和配套设施的建设。从立中的开发实践与相关研究来看，当前中国小城镇发展和建设存在的问题有：县域规划设计水平低、基础设施相当落后；城镇规模小，难以发挥聚集效应和规模优势；社会化服务水平低；缺乏合理的投资机制；缺乏强有力的扶持措施；财政吃返销粮。

如何推进中国小城镇建设？我提五点建议：第一，实施国策战略，加大政府支持与优惠政策力度。城镇化是影响中国未来 50 年甚至 100 年的大事。我们应借鉴欧洲国家对小城镇建设采取的低税收政策。第二，重视城镇规划设计。要舍得花钱搞小城镇的城市设计和规划设计。第三大力发展县域经济。小城镇光靠农业和服务行业是不够的，必须有支柱产业。可以在培育县域高效农业、商业及服务业的基础上，促进大中城市的一部分产业往县域转移，重点引导劳动密集型的无污染产业往县域转移，有效解决农民进县城后的就业问题。第四，改善居住环境，鼓励和吸引农民在以中心县城为代表的小城镇安居乐业。目前，立中集团正在与中国房地产研究会人居环境委员会开展实施“万家灯火计划”：即从湖南省开始，先后在县级城镇开发上百个同品牌、同规模、高品质的住区项目，为县级市和县城居民提供买得起的品牌楼盘，让百姓享受到高品质的人居环境。第五，中心县城或小城镇人口规模超过 20 ~ 30 万人以后，可考虑县改市，按城市规划和功能进行管理，更有利于城镇化和城市化互动。

三、记者观察

中国的新城镇需要更多的自信

彭春芳（中国房地产研究会人居环境委员会）

新城镇的建设和开发，归根到底是要为居民提供一种高品质的具有吸引力和归属感的社区生活。因此，清晰的城镇定位和鲜明的城镇特色直接决定了城镇能够聚拢的“人气”，决定了城镇的可持续发展的能量与空间。那么，如何才能打造出新城镇独一无二的特色、提升城镇开发的品质呢？专家们的观点是，首先需要对城镇自身的自然山水“资产”和文化“资产”做一个系统的盘点，在这个基础深入挖掘、传承和创新，最终形成属于城镇独特的产业和文化特色。

环顾四周，以“欧洲小镇”、“美式风情”等为宣传噱头的项目比比皆是，同时“千

城一面”的城镇面貌也严重影响了中国城镇化的健康发展。对此，中国的新城镇建设需要有更多的文化自信。中国有上下五千年文明的厚重积淀，有960万平方公里不同气候带和地理特征的壮丽山河，我们的任何一个新城镇完全可以挖掘和营造出自己的特色，做最好的自己。因为巴黎、伦敦只有一个，我们不可能创造出中国的巴黎和伦敦，也没有必要。本土化才是最好的国际化，只有充分了解自我、认识自我、珍视自我，才能了解世界、走向世界。

“中国人居会客厅”第51期：建设科技“绿色转型”

一、活动背景

我国房地产粗放的行业发展模式亟待改变，多年来几乎是在资源、能源极大消耗和环境破坏的基础上快速发展起来的。尤其是我国的建筑材料、建筑设备行业，其绿色减排、能效最大化问题与国际水准相比尚有不少的差距。

发展模式转型、技术模式转型、产品模式转型成为当前建筑业各界关注的头等大事。

2012年4月4日，中国（北京）国际供热通风空调、卫生洁具及城建设备与技术展览会在北京召开。作为亚洲最大的暖通和卫浴国际展览平台，众多新产品、新技术、新思路在此会聚。本期“中国人居会客厅”——建设科技转型专家论坛，作为此次展览的重要开幕活动之一，诚邀业界名流、房地产开发企业、设备设施生产经销企业以及媒体，共同探讨绿色地产发展的新趋势以及建筑设备设施企业在绿色转型过程中的新思路和新模式。

二、专家观点

（一）从城市住区层面推进绿色建筑

开彦（中国房地产研究会人居环境委员会副主任兼专家组组长）

绿色建筑的理念和方法，不光是局限在一项技术，一个设计上，还要贯彻到城市社区和整个绿色城市中，贯彻到我们每个人的行为当中，最终组成一个生态和谐的绿色社会。在城市社区这一更大的区域来实施绿色建筑的理念和方法，更加有利于完善城市机能，提升城市文化品质，最大限度地发挥节地、节能效应，享受城市文明和居住品质的提升。

（二）推进绿色建筑需要观念突破和更新

王涌彬（中国房地产研究会人居环境委员会执行主任）

绿色建筑的成本应从建筑的全寿命周期甚至整个社会体系来计算，这依赖于观念的突破和更新。例如，我国1990年代开发的住宅，大部分都是50～70m^2的小户型，非常适合保障性住房的需求，而且目前这些房子基本上到了需要改造的时候。如果政府在这个阶段适时提出相应政策，促进这些小户型住宅的绿色化，从整个行业和社会的层面来看，将会节省非常多的成本。

（三）绿色建筑发展的核心——降低成本

常春（瑞士凯乐技术有限公司中国区总裁）

绿色建筑发展的一个前提应该是在尊重自然的基础上，提高人的舒适度。今天绿色建

图“中国人居会客厅”第 51 期

筑的道路走得坎坷，关键是成本的问题解决不好。理念误区和市场炒作两方面原因皆有。一些设备和厂家采用比较夸张的技术、概念和材料人为地把绿色建筑的成本推高了，导致市场反应很消极。

（四）控制建安成本，规划设计是龙头

王汉东（北京腾远建筑设计有限公司总工程师）

目前我国的住宅开发基本上是由开发商在决定着整个房子的品质，设计人逐渐变成了一种工具，这是不正常的。设计师应努力提升自身绿色设计的技术水平和综合统筹、管理能力，通过低价简单的建材、巧妙科学的设计来实现建筑的低能耗和高舒适度。

（五）绿色建筑应汲取传统智慧

张光燕（河北航空集团房地产开发有限公司副总经理）

对于舒适度的实现，中国人更倾向于就地取材，因地制宜。西方人的思维方式则更多通过技术手段来达到舒适度的提高。绿色建筑的发展应充分考虑中国现有的自然地理、气候条件、丰富的文化背景以及经济承载力，多从传统建筑中汲取“低碳智慧”。绿色技术发展应以普及、适用、稳定为方向，不应将其贵族化、复杂化。

（六）市场起步的差异直接带来了产品的成本差异

鲁涤非［沃茨（上海）管理有限公司中国区销售副总裁］

我国绿色建筑成本居高不下，存在客观的原因——没有形成良好的产业链，是导致整

个中国的建筑市场成本偏高的重要因素。欧美一些节能产品和设备已发展超过 20 年，市场接受度比较好，产品成系列，有规模，产业链完善，成本不断降低。相反，国内节能市场由于起步较晚，即使是一些先进产品也尚未形成强大的市场需求量和生产规模，成本自然提高了。但我相信，随着我国政府对节能建筑标准要求的不断提高，绿色节能产品市场规模的不断扩大，成本是完全可以控制住的。

三、记者观察

成本不应成为绿色建筑的“拦路虎”

彭春芳（中国房地产研究会人居环境委员会宣传推广部）

谈到当前绿色建筑的发展瓶颈，离不开成本这个话题。绿色建筑就一定是高成本、高价格吗？笔者认为，这是对绿色建筑的一种“误读”。

绿色建筑要求在建筑的全寿命周期中，最大化地节约资源、能源，保护环境和减少污染，为人们提供健康、适用和高效的使用空间。由此可以看出，绿色建筑的实质，是以建筑全寿命周期为衡量和计算，用一种更经济、更环保和有效的方式来提供健康舒适的建筑产品。据世界 40 多个政府机构的可持续性建筑特别工作小组发表的《绿色环保建筑的成本与经济消息》报告指出，一个具备绿色环保特性的建筑物的成本比一般的建筑物平均高出 2%，但是在 20 年的使用期内，具备环保特性的建筑所带来的收益回馈将比一般的建筑物高 10 倍以上。因此，从整个社会体系来计算，绿色建筑一定是节省和经济的。

目前的症结在于，绿色建筑的投资的主体（开发企业）与效益享有主体（买房人）不一致，而且在当前房价和地段占市场主导的情况下，大部分买房人并未把绿色建筑指标作为买房的必需的硬指标，由此必然导致了绿色建筑的叫好不叫座。

笔者以为要解决这一问题，应从三个方面着力：首先，政府要加大扶持力度，对绿色建筑和住宅采取补贴或减税的方法，鼓励和刺激开发企业进行绿色开发。其次，规划设计单位应明确绿色建筑绝不是技术和产品的简单叠加，更不是绿色产品和技术应用得越多越好，而是要根据项目的具体情况，综合考量能源提供和使用情况，向“老祖宗”学习，通过巧妙的被动节能设计方法，因地制宜地营造出更加舒适的建筑空间。再次，媒体应加大宣传力度，明确绿色建筑的定义、价值，使更多消费者认识到，绿色建筑一定是给我们的生活带来实惠的，而不是一个昂贵无用的标签。通过消费者意识和需求的不断提升，最终敦促企业和市场自觉转型。

成本不应成为绿色建筑的“拦路虎”。

论文篇

——中国人居环境研究论丛

中国人居环境建设60年发展历程与成就

开　彦

一、概述

住宅房地产发展受制于国家经济、社会和科技发展的水准，住房直接涉及每个居民的切身利益。国际上公认居住者享有居住权，提供住宅既是政府的责任又具有商品的属性。中国住宅房地产的60年发展记录了住宅房地产从基本生存型—温饱型—舒适型—享受型的发展阶段，建设的理念和开发模式也跟随住房体制变革按简单模仿型—探索型—理智型—精明型的规律不断发展。

新中国成立之初，百废待兴，城镇居民的住房短缺十分严重，尤其是新兴工矿区的住房建设的紧迫性更加突出。由于受到“先生产、后生活”政策的干扰，1949 ~ 1978年的城镇住宅建设总量只有近5亿平方米，人均居住面积平均只有3.6平方米，人民居住水平与新中国成立前相比并未得到显著提高。1979年改革开放以来，中国住房建设取得了很大成绩，城镇住宅建设1979 ~ 1998年的20年间共建约35亿平方米，为新中国成立初期的前30年间建设量的7倍。人均住房建筑面积从1978年的6.7平方米上升到2007年的27.06平方米，据2008年统计已达到平均每人28平方米，比1978年又增长了4倍多，城镇居民住房自有率达到83%。

1998年实施城镇住宅供应体制改革，住房制度由福利型分配转为市场化供应的模式。房地产开发建设发生了根本的变化。不仅在居住面积水准上有了小康居住水准的提升，而且住房建设已经成为拉动国民经济GDP的支撑产业，拉动约10多个行业30个产业的发展。住宅已经成为全民、全社会关心的切身大事。1998年以来十几年市场化房地产开发已经使中国的住房建设由“数量型”进入“质量型”的崭新的发展阶段。在居住区规划与住宅设计中，积极推进“以人为核心”的设计观念和“可持续发展”方针，大力推进“节能减排、绿色建筑”技术发展。通过规划设计的创新活动，为中国快速城市化发展创造出大批的功能齐全、颇具时代特色、设备完善的居住小区，初步达到21世纪初叶具有现代居住品质的人居环境要求。中国住宅建筑技术获得整体进步，我国住宅产业现代化也将步入新的发展时期。

二、住区规划布局

（一）邻里单元

新中国成立初期，居住区规划借鉴西方邻里单位的规划手法采用“邻里单位”的规划理论。居住区设有小学和日常商业点，其基本理论是使儿童活动和居民日常生活能在本区内解决，住宅多为二、三层。类似庭院式建筑成组布置，比较灵活自由。如北京的“复外邻里”和“上海曹杨新村”（图1、图2）。

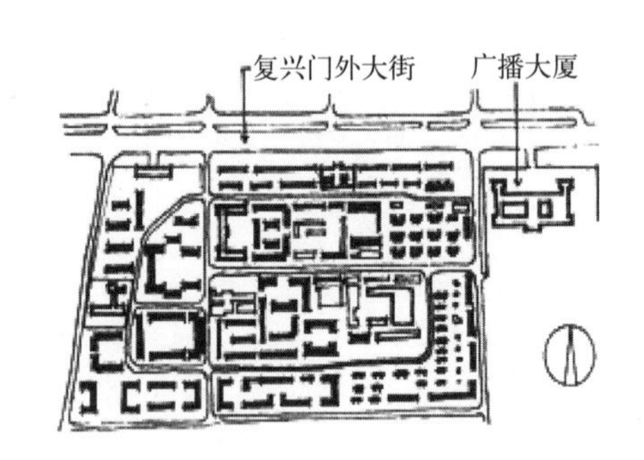

图1 “复外邻里”

1950年代中期采用居住区——街坊的规划方式，每个街坊面积一般为五、六公顷，街坊内以住宅为主，采用封闭的周边式布置，有的配置少量公共建筑，儿童上学和居民购物一般需穿越街坊道路。这种组合形式的院落能为居民提供一个安静的居住环境，但由于过分强调对称或周边式布局，造成了许多死角，不利通风和采光，居住条件较差。

图2 上海曹杨新村

（二）扩大街坊

在“邻里单位”被广泛采用的同时，苏联提出了扩大街坊的规划原则，即一个扩大街坊中包括多个居住街坊，扩大街坊的周边是城市交通，在住宅的布局上明显强调周边式布置。

1953年全国掀起了向苏联学习的高潮，随着援华工业项目的引进，也带来了以“街坊”为主体的工人生活区。1950年代初建设的北京百万庄小区（图3）属于非常典型的案例。但由于存在不利于采光通风、过于形式化、不善于利用地形等问题，在此后的居住区规划中已经较少采用。

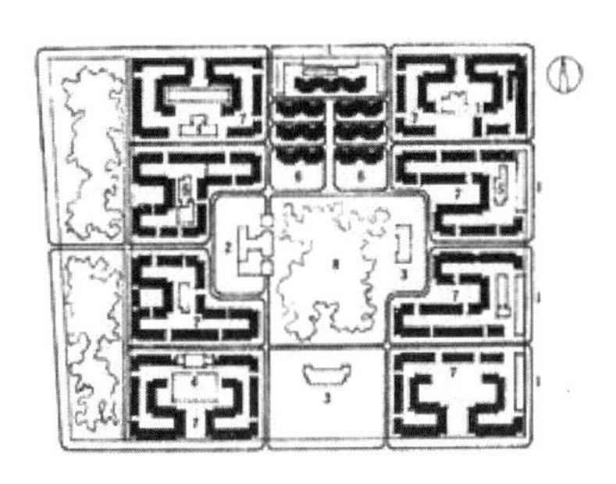

图3 北京百万庄小区

（三）小区规划理论

1950年代后期出现了居住小区规划理论。小区的规模比街坊大，用地一般约为10公顷，以小学生不穿越城市道路、小区内有日常生活服务设施为基本原理。由于相应扩大城市道路的间距，因此更适合快捷城市交通的要求。小区内采用居住小区和住宅组团两级结构，住宅组团的规模与内容也不断演变，由最初的只设托幼机构到后期与居委会管理范围相吻合。

1960年代在总体布局中运用“先成街、后成坊”的原则，新村中心常采用一条街的形式，沿街两旁设置各种商店、餐馆、旅馆、剧场等商业文化配套设施，形成热闹繁华的商业中心，既方便了居民的生活，又体现了新的城市风貌。如当时上海的闵行一条街、天山一条街等对全国产生很大的影响。由于“先成街”的片面性，有的城市的小区只成了街，而未成坊，形成了“一张皮”局面，未能达到最初规划意图。

（四）成片建设

1970年代后期为适应建设规模迅速扩大的需求，住宅建设由老城分片插建，改为成片集中统一规划、统一设计、统一建设、统一管理的建设模式。建设规模扩充到城区居住区一级，在规划理论上逐渐形成居住区—居住小区—住宅组团的规划结构。居住区级用地一般有数十公顷，有较完善的百货商店、综合商场、影剧院、医院等公建配套。居住区对城市有相对的独立性、完整性，居民的日常生活需求均能在居住区内解决。

进入1980年代，居住区规划普遍注意了以下几个方面：一是根据居住区的规模和所处的地段，合理配置公共建筑，以满足居民生活需要；二是开始注意组群形态的多样化，组织多种空间；三是较注重居住环境的建设，组团空间绿地和集中绿地的做法，受到普遍的欢迎。一些城市还推行了综合区的规划，如形成工厂—生活综合居住区、行政办公—生活综合居住区、商业—生活综合居住区。综合居住区规划具有多数居民可以就近上班、有利工作和方便生活的特征。

长期来我国实行完全福利化的住房政策，一直延续到1978年改革开放之前，绝大多数住房建设资金来源于国家及地方政府基本建设资金，住房作为福利由国家统一供应，以实物形式分配给职工。单一的住房行政供给制越来越难以满足群众日益增长的住房需求，居住条件改善进展缓慢，住房短缺现象日益严重，社会矛盾凸显。计划经济时期的1949～1978年，居住区按照街坊、小区等模式实行统一规划、统一建设，虽然建设量并不大，但在全国各地建成了大量的居住小区。经过不断的努力，基本形成居住小区和住宅组团两级结构的模式，而且不少小区在节约用地、提高住区环境质量、保持地方特色等方面作了有益的探索，居住小区初具中国建设特色。当时北京夕照寺小区、和平里小区、上海番瓜弄、广州滨江新村等小区均有代表性。

（五）小区试点

从1980年代中期开始，在全国开展以济南、天津、无锡三个城市为主的"全国住宅建设试点小区工程"使我国住宅建设取得了前所未有的成绩，从规划设计理论、施工质量、"四新技术"的应用等方面，推动我国住宅建设整体水平的提高，带动了建筑技术、建筑材料的应用和发展，使建设领域呈现了欣欣向荣的气氛。这个阶段居住区规划普遍注意了以下几个方面：一是根据居住区的规模和所处的地段，合理配置公共建筑，要求与住宅建设同期进行，以及时满足居民居住生活需要；二是开始注意组群空间组合形态的多样化，组织多种居民空间；三是注重居住环境的建设；创立以公共空间—半公共空间—半私密空间—私密空间序列的理论，使绿地和集中绿地的做法受到普遍的欢迎（图4）。

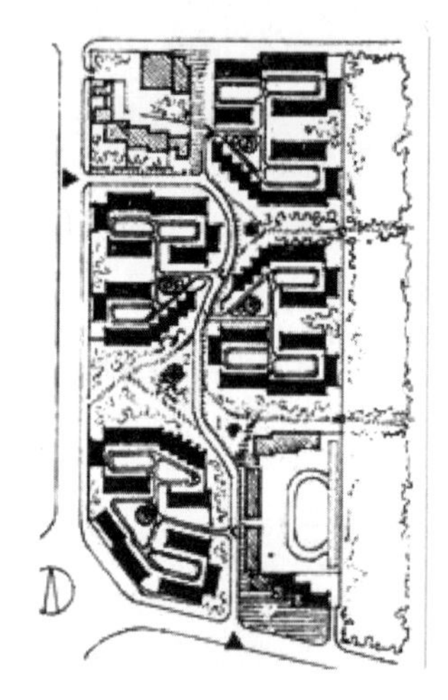

图4　北京恩济里试点小区

（六）小康住宅示范小区

1990年代开始的"中国城市小康住宅研究"和1995年推出的"2000年小康住宅科技产业工程"，历经10年，对我国住宅建设和规划设计水平跨入现代住宅发展阶段起到了重要的作用。小康住宅强调以人的居住生活行为规律作为住宅小区规划设计的指导原则，突出"以人为核心"，把居民对居住环境的需求、居住类型和物业管理三方面的需求作为重点，贯彻到小区规划设计整个过程中。编制了《城市小康住宅居住小区规划设计导则》，将其作为指导小康示范建设的重要指导文件。对全国80多个小康示范项目进行了技术咨询、监督检查，通过项目示范，带动了全国居住区规划理念和方法的发展（如图5、图6）。

小康住宅在示范小区的基础上，表现出了新的特点：

1. 打破小区固式化的规划理念。随着管理模式和现代居住行为的变化，强调小区规划结构应向多元化发展，鼓励规划设计的创新，而不再强调小区—组团—院落的序列模式和中心绿地（所谓"四菜一汤"）的做法，淡化或取消组团的空间结构层次，以利于生活空间和功能结构的更新创造。

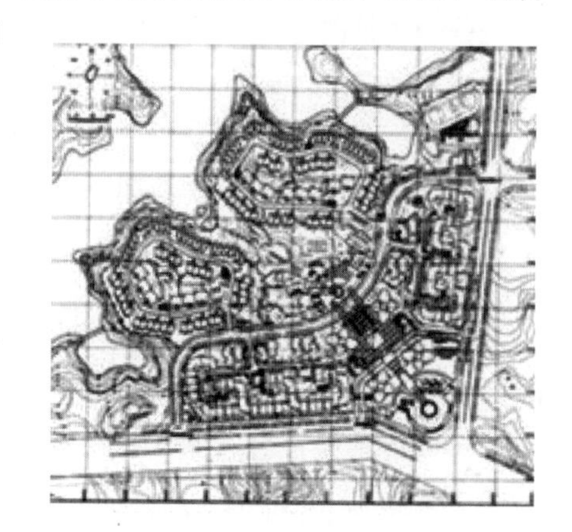

图5　小康住宅试点重庆龙湖花园

2. 突出"以人为核心"，强调以人的居住生活行

图 6　小康住宅试点上海浦东锦华小区

为规律作为住宅小区规划设计的指导原则，把居民对居住环境的需求、居住类型和物业管理三方面的需求作为重点，贯彻到小区规划设计整个过程中。

3. 坚持可持续发展的原则。在小区建设中留有发展余地，坚持灵活性和可改性的技术处置，更加强调建设标准的适度超前，例如提出小康居住标准为人均建筑面积 35 平方米、绿地率提高到 35%，特别对汽车停放作了前瞻性的策略布置，首次提出提高私人小汽车停车位标准等。

4. 突出以"社区"建设作为小区规划的深层次发展，配套设施更加结合市场规律。强调发展社区文明和人际交往关系，把人们活动的各方面有序地结合起来，建设可以体现现代生活水准的高尚小区。

1994 年提出的"小康住宅 10 条标准"突出表现了规划居住的品质。同现有的普通住宅相比，要求使用面积稍有增加，居住功能完备合理，设备设施配置齐全，住区环境明显改善，可达到国际上常用的"文明居住"标准。

小康住宅被认为是未来发展的方向，对引导住宅建设发展有重要的意义。

（七）住区规划新理念

1998 ～ 2008 年的 10 年来，随着房地产市场的不断拓展，人们对住区规划设计新理念和新手法的探索一刻也没有停止过。开发项目的住区选址、楼盘规模、规划结构、空间形态、交通组织、景观绿化、公建配套等均发生了许多新的变化。主要特点是：

1．城市化加快核心城市中心土地紧缺，住区选址向城郊扩展

这种趋势随着道路的延展而得到加快，郊区的楼盘因为自然环境、交通方便和楼盘品质受到大众的欢迎。使千百万城市工薪家庭获得了价格相对低廉的住房。但是，由于增加交通的生活成本，生活设施一时得不到完善，造成使用的不方便。

2．楼盘规模趋向于大型化

楼盘规模的大型化，有利于集中资金、完善配套设施和物业管理。但是常因为缺乏整体的规划和管理，造成楼盘分割，公共设施得不到充分的利用，城市功能不健全，使住户使用不方便、不完整。大盘开发的问题逐渐显露。

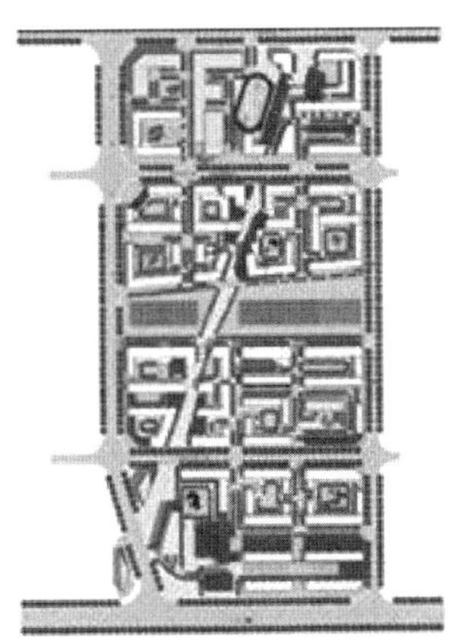

图 7　街坊式开放社区

3．公共空间从封闭式管理到对外开放

1990 年代初小区物业管理从无到有并以法律的形式确立下来。物业管理为人们提供了安全、舒适、整洁、优雅的社区环境，居住生活质量得到保障。小区封闭式物业管理常常因为规模过大造成了极大的不便，城市功能不能得到发挥。人们开始意识到采用以街坊、组团，甚至单栋楼宇作为较小封闭单元，直接与城市沟通形成开放模式，以此更加有利于生活品质的提升，有利于增强城市的活力和营造多姿多彩的公共生活空间（图 7）。深圳的万科四季花城、沿海集团近期在北京建设的赛洛城（图 8）、上海的金地格林世界都是比较成功的案例。

图 8　北京赛洛城

4．向中高层和高层发展

10 年来土地价格的攀升和高层建造技术的成熟，使高层住宅得到了长足的发展。在北京和上海，每年大约有 3/4 的新建住宅为中高层或高层。优秀的中高层住宅并不意味着低标准，很多开发项目如深圳百仕达花园、广州的星河湾等都取得了大众的认可，是高品质的代表。

图 9　住区半地下停车方式

5．汽车成为住区规划的重点

10 年来，私人小汽车从无到有，已经开始大量进入寻常百姓家庭。妥善解决小汽车的行驶路线和停放从而减少对居民干扰成为住区规划设计的重点问题。北京市政府规定城市核心区三环路以内新建小区的机动车位，不得低于户数的 50%。全国其他的城市，也都制定了相应标准。

6. 高度重视居住环境质量规划

住房制度改革使个人需求价值取向改变规划设计的价值取向，居民对居住环境的高要求成为规划设计的目标，表现出以下做法：

图 10　住区内露天茶座

1）环境均好性。当代的住区规划突破中心绿地加组团绿地的环境模式，而更加强调每户的外部环境品质，将环境塑造的重点转向住家的感觉，强调环境资源的均享性。要求每套住宅能获得良好的朝向、采光、通风、视觉景观等条件。

2）弱化组团，强调整体环境。要求对环境资源可以有更好的整合，扩大中心绿地空间和增加公共设施，使休闲功能、健身功能和视觉欣赏等方面更加丰富；强调院落空间，增强邻里交往和亲近关系，塑造领域感和归属感。

3）精心处理空间尺度与景观细节。环境景观已经成为居住区的关键要素，景观设计成为居住区规划不可缺少的一环。在住区规划中强调人性化考虑和精细化处理，在空间尺度、环境设施、无障碍设计、材料运用等方面充分满足现代居住的需要，为居住带来新的价值。

三、住宅建筑设计

（一）新中国成立初期住宅

住宅设计是随着国家经济社会发展而相应发生变化的。经过 1950 年代“先生产、后生活”的简易住宅、“合理设计、不合理使用”的大面积住宅、低标准住宅以及大进深小面宽住宅、小天井住宅等曲折的变化，直至 1980 年代小区试点注意倡导合理使用功能、套型多样化、充分利用空间、厨房卫生间系列化等要求后，住宅设计才有了较大的进步。

新中国成立初期的住宅设计大体仍沿袭欧美的生活方式进行平面布局：以起居室为中心组合其他空间，多为低层砖木结构，少量为钢筋混凝土结构。1950 年代中期引入了前苏联单元式住宅设计手法，取消了以起居室为中心的居住模式，改为内走廊式布置方式，增加了独立房间，改善了厨房卫生间条件，以适应多个家庭合用一套住宅的需要。当时十分强调改善进深、减小开间尺寸以节约用地和降低造价。但是由于套型面积较大，成为合理设计和不合理居住的缘由，造成居住不便，容易引发邻里纠纷，中方专家普遍不认可这种做法，到前苏联停止援建后也就停止了。

（二）简易住宅

1960年代初国家遭遇“大跃进”的冲击，又面临三年自然灾害，住宅发展到了极低点。在大庆“干打垒”精神的指导下，全国各地出现了一批简易住宅，减小了住宅的开间与进深，厨房及厕所的尺寸也极小，出现了厨房住房分离和公用厕所的“两把锁”住宅。并不分地区条件地广泛采用“浅基、薄墙”，有的甚至采取连室内粉刷都没有的节约措施。住宅的简易程度已不能满足人的基本生活需求与房屋的基本要求，形式也相当简单，造成事实上的极大浪费。具有讽刺意味的是百万庄“万年红”简易楼至今仍矗立在住房和城乡建设部的隔路东侧。

（三）复苏住宅及体系化技术

1970年代文化桎梏以后，经济复苏住宅需求紧迫。为解决土地缺乏的矛盾，以北京前三门大街高层住宅的兴建为代表、上海、广州等大城市相继兴建了少量的高层住宅。1971～1973年由中国建筑情报所发布的“科技情报100项体系技术”研究成果，促成了高层建筑多种体系技术探索和发展，并不断推陈出新，高层技术由内浇外砌、内浇外挂、框架轻板直到探索全现浇、全大板、全升板、飞模、滑模建筑等技术，可以说世界上当时有的技术中国都在实验，对我国的施工技术提高有很大的促进作用，高层建筑施工技术逐步成熟并有快速的提高。但是，由于建筑标准的严格控制和配套设备水平过低的原因，设施简陋、居住满意度低，大多居住条件差，因此这一时期建造的高层住宅很快成为更新改造的对象。

（四）住宅设计竞赛

从1979年开始建设部举办了多次全国性的城市住宅方案竞赛，目的在于冲破多年来的设计思想禁锢和适应大批量建设高潮的到来。通过设计竞赛方式拓展创作思想，探索了住宅多样化设计，在各种创新理念和学术活动的调动下，新的创作气氛表现比较浓厚，并较注意关注国外新动态、学习新技术，在创新基础上融入新技术、新观念；并在有限的小面积、小空间条件下积极探索可变的多功能、多样化方案，这些做法到现在仍然是值得肯定的经验，推出了很多优秀的作品和培养了许多优秀的人才。参赛作品中出现了很多的标准化的设计和灵活住宅的设计，引领了住宅向面大精深的深层次发展。

1979年的“全国城市住宅设计方案竞赛”首次提出了“住得下”、“分得开”与“住得稳”的要求；一梯两户型紧凑平面开始出现；在平面布局上出现了由窄过道演变而成的小方厅型住宅；以后发展为小明厅住宅。竞赛方案还对设计标准化、定型化与多样化的问题作出了积极的探索；为提高工业化的程度提出了多种不同结构模式的住宅体系；特别强调3m模数参数的应用，提倡在开间、进深小的前提下形成系列化成套设计；以定型基本单元组成不同体型的组合体，再次提出经济合理性要素。在节约用地方面开始运用加大进深缩小面宽的方法达到节约用地的目的。

由于唐山大地震的影响，方案特别强化住宅结构的抗震性能和平面结构整齐划一性，对刚刚有起色的住宅平面布局造成了较大的影响，使住宅设计灵活性和大开间住宅的发展带来相当限制。1987年举办了“中国‘七五’城镇住宅设计方案竞赛”，这次方案竞赛与前两次相比，更多地考虑了现代生活居住行为模式的影响，起居厅的概念得到了注意，“大厅小卧”式住宅设计得到普遍欢迎和应用。典范的设计还重视了室内使用功能，利用有限的面积创造出多种类型的空间，特别是厨房卫生间功能的完善得到了更多的重视。但是也存在一些概念问题：如把大厅只是看做小厅面积简单放大，尚构不成家庭的中心；为了节地又片面加大进深，使室内使用功能和采光通风效果下降；以小开间结构机械地加大开间参数勉强换取空间灵活；高层住宅设计成了多层住宅的简单叠加，忽略了高层建筑结构选型专用性、平面特点和消防疏散等高层问题。

1989年紧跟住房体制改革，开展了"全国首届城镇商品住宅设计竞赛"。竞赛主题定为"我心目中的家"，鼓励设计者设身处地发挥想象力，创造一个宜人的居住环境。这次竞赛要求在设计手法上有所创新，探讨商品住宅的模式和特征，更新设计观念推进住宅商品化的发展。方案着重对中、小套型的商品住宅设计的探索，发掘每一平方米的空间利用的可能性，以满足住户在小面积的标准下最大化地追逐住户选择心理和适应商品市场的特征。

1991年第二次"全国'八五'新住宅设计方案竞赛"开始。设计竞赛重点放在住宅功能改善，引导从"追求数量转为讲究质"，由"粗放型向精品型转换"，强调住宅空间利用、厨卫功能、节地节能以及地方风貌等，方案出现了空间利用的多种手法：诸如错层住宅、复合住宅、跃层住宅、坡屋面利用，甚至利用时空概念的四维空间设计等。住宅的创作热情高涨，冲破了长久的思想禁锢，创新精神达到从未有的高度。新结构、新材料、新技术、新工艺的"四新技术"应用等也被提升到从未有的高度。

1998年以"迈向21世纪的中国住宅"为主题的第三次"九五"住宅设计方案竞赛活动开展，组织者从更高层面激发设计人员创作热情。配合住宅产业现代化的讨论在行业中广泛进行，设计竞赛要求利用产业化理念的成熟和"四新技术"的提高等条件，创造以产业化技术为条件的现代居住要求的住宅套型；要求住宅设计考虑可持续发展的可能；要有适度的超前意识引导我国住宅建设在21世纪前期的发展方向。

住宅设计竞赛对解决住宅设计中长期存在的一些问题进行了积极有益的探索和尝试，提供了针对地方的特点和工业化住宅体系的解决方案，特别是产业化多层住宅的平面布置，无论是在使用功能、室内环境、节约用地等方面都达到了较高的水平。

（五）砖混住宅体系化

1984年开展了"全国砖混住宅新设想方案竞赛"，旨在征集砖混住宅体系化的建议方案。首次要求以提高砖混住宅的工业化水平为目标，以3m为基本参数系列，双轴线定位制的应用以保证住宅内部的装饰装修制品、厨卫设备、隔墙、组合家具等建筑配件走上定型化和系列化的道路。方案设计引入了"套型"的概念，以使此后住宅统计更符合科学的计量要求。这次方案反映了住宅单体设计的平面布置合理性、功能实用性与外部环境优美性，出现了以基本间定型的套型系列与单元系列平面和整体建筑的花园退台型、庭院型、街坊型等多种类型的低层高密度建筑，体现了标准化与多样化的统一。大厅小卧的平面模式开始得到发扬，逐渐向现代起居生活迈进。

同期开展的"中国城市砖混住宅体系化研究"项目吸收了设计竞赛的成果，将传统的砖混住宅的建造方式改造成符合工业化体系原则的体系化、标准化、机械化的传统生产模式，为实现摆脱纯手工的湿作业迈上了一大步。

（六）小康住宅

1990～2000年，10年小康住宅的研究把我国的住宅发展推上了产业现代化、体系化发展之路。1989～2003年的中国城市小康住宅研究项目（中日合作JICA项目），创新性地提出一系列关于中国住宅设计和建设的重要理念，开拓性研究得以全方位的展开。1990年代以来流行着一句话，叫"小康不小康，关键看住房"。1994年发布小康住宅的10条标准，至今仍然影响着当前房地产开发的理念。

小康住宅的功能性研究强调居住的私密性，住户的隐私受到保护，确立的设计原则是动静分离、公私分离、干湿分离，实际上是在强调居住的品质和居住生活行为对住宅套型平面的要求。扩大厨房功能使用上的概念，使它符合商品时代特征，安排洗切烧储操作顺序。小康住宅对起居厅的作用被强调到最大，直接影响了新的居住行为的产生。

小康住宅还重点从体系设计、优良部品制度、厨房卫生间的整体系列集成、设备管道合理化等提出现实可行的技术措施。小康精神提倡的是适用、方便、健康、合理。石家庄小康实验住宅打破了常规做法，把底层、顶层和山墙部位的套型设计功能发挥到最大，第一个把坡屋顶引进并充分利用屋顶空间，上下功能分区，挑空起居室，被誉为“空中别墅”。2000年科技产业工程小康住宅示范小区在全国开展80余个，极大地推动了1998年开始的住宅商品化市场开发，为今天中国房地产的成就奠定了厚实的基础。

小康项目几乎把整个住宅研究从头到尾都做完了一遍，小康住宅的思路、方法、研究成果是开创性的。可惜，到2000年时被人为地边缘化了，作为中国的住宅品牌没有很好地传承下来。

（七）康居工程

2000年开始由建设部牵头建立的康居工程，原意是扩大和加强1998年7月国务院八部委提出的“关于推进中国住宅产业现代化的若干意见”的实施。但是，很快发现把一个巨大的产业链的系统工程缩小到一个只是房地产开发的“工程”项目上去，用小车拉火车，是犯了住宅产业与房地产业的概念错误，是把生产方式和生产产品不同内容混淆的错误。以至至今无相关行政有力管理和科研部门来掌管策划和政策管理，住宅产品市场产业链未能如愿生成。

（八）健康住宅

2001年国家住宅工程中心编制的健康住宅建设技术要点发布。并启动了以小区为载体的试点工程，健康住宅被定义为心理健康、生理健康和社会健康的研究内容；研究人们居住环境和人类健康相关的问题。设立了人居环境的健康性、自然环境的亲和性、居住环境的保护、健康环境的保障四个章节。2003年恰好遇到了“非典”疫情，健康住宅理念显示了其在住宅建设中的重要地位，暴露了住宅设计中的缺点，引发了严重问题。健康住宅的标准前后修编了三次，条文的定性定量指标方面具备了科学性、人文性和大众性，受到了众多的房地产企业和住户的欢迎。

（九）商品化住宅

自1998～2008年，10年发展使中国房地产市场逐渐完善与成熟，万科、金地等一批龙头企业开始思考与世界同步。10年时间我们的世界发生了巨大的变化，我们的生活也随之日新月异。而这些变化往往可以从我们身边的一些细微之处得到充分的体现，无不感到居住条件的改善。

令人遗憾的是，住宅商品市场化后，中国住宅产业化发展被人为地耽搁了10年，根本原因在于严重混淆了住宅产业和房地产业的概念。很多人把做好房地产业视同做好住宅产业，这样理解的结果导致了无视住宅产业的存在。10年时光的流逝、住宅产业10年的停滞为我们住宅发展付出惨重的代价。至今我们没有一个人可以说中国住宅摆脱了“粗放式”的生产模式，这就是例证。

自1998年住房体制改革实施以来，10年间房地产发展呈现突飞猛进、欣欣向荣的发展态势，全国土地、资金的投入达到了历史上的最大化，建设量平均每年达到20亿平方米，居民购房热潮遍及大江南北。但是不可避免地出现了市场两极化的表象：一方面是购房热情引带房价的飞涨，一方面大批居民望房兴叹。普通居住者用普通工薪已无法购得新房，社会矛盾凸显。2007年国家为此采取了几轮房地产房价的限制政策，包括90m^{2}以下的住宅要占开发面积的70%以上，房地产发展受到强烈的波动，2008年8月至2009年4月全国出现销售市场的“低迷”状态。引发众多不同意见的强烈反响，认为人为的抑制政策违背了市场的规律。但是更多的人则认为住宅房地产的属性决定房地产应分属市场和保障两类管理和建设。市场按市场规律走，保障房理应由政府负担，保障的范围应包括普通的工薪阶层在内。中小套型原则适合普通住宅应当提倡，应当逐渐完善住房供应保障机制，解决不同群体、不同层次的住房需求。

四、人居环境发展新动向

自新中国成立以来中国住宅的设计者们就没有停止对未来建筑的探索，1950～1960年代住房严重缺乏时就已经开始了对未来居住模式的探讨，并着手建立模数数列的研究，实施标准化预制和传统建筑技术的革新运动，1970～1990年代对小康社会居住目标提出预测，并就小康住宅的技术路线和设计原则进行探索，建立了相关技术规范和行业标准，推动了住宅小区示范建设的蓬勃开展。进入21世纪以来世界各国对人居环境建设、绿色节能建筑的探讨推动了我国对未来建筑的探索，现今正是我国住宅房地产建筑走向世界的重要阶段。

（一）绿色建筑

2001年我国开始起步“绿色建筑”研究，陆续从研究的角度取得了包括中国绿色生态小区建设要点、绿色奥运建筑评估软件在内的研究成果，开动了绿色建筑运动的先河。2004年起建设部每年在全国召开一次绿色建筑和智能化国际研讨会，直到2008年已经完成了五次会议，标明了政府的决心和行动。会议对绿色建筑的定义作出了明确的规定，使全国的绿色建筑走上了规范的发展道路。2008年第一个以住房和城乡建设部名义发表的“绿色建筑评价标准”填补了我国绿色建筑发展的空白。

但是绿色建筑的发展仍然存在许多制约因素。主要是：

1.缺乏对绿色建筑的准确认识，往往把绿色建筑技术看成割离的技术，缺乏整体整合和注重过程行为的落地等更深层次的意识。在行业中尚未形成制度和成为自觉行动；难以保证绿色建筑的技术落实到建设过程中的各个环节中去，绿色建筑的影响力未能发挥出来。

2.缺乏强有力的激励政策和法律法规。绿色建筑当前“叫好不叫座”，开发商绿色建筑投入和产出效益主体分离，开发商看不到好处，作为一个部门规章和奖励政策力度不够，就不能提高推广绿色节能建筑的积极性。当前绿色建筑主管各部门尚未能协同工作和提出影响国家经济社会长远发展的有效的公共政策。

3.缺乏有效的推广交流平台。绿色建筑在世界各国已经受到不同程度的关注，有的已经取得经济发展、环境改善和能耗持续下降的突出成就。尽管每年绿色建筑大会如期召开，仍没有及时、系统、广泛地与国际同行建立合作交流的平台，引进他们的成功经验和技术。推出的绿色建筑评价标准也未能表达绿色建筑注重社会性和突出过程行为实施性的本质特征。

我国的绿色建筑是在城镇化高速发展的起步阶段开始的，及时普及推广绿色建筑，无疑是对我国财富积累、经济社会健康发展有着深重的意义。因此必须加强政府导向和管理，及时提出切实可行的推广绿色建筑的工作目标、工作思路和措施，加大力度推广绿色建筑。

推广绿色建筑的工作思路是：首先，全方位推进，绿色建筑涉及社会经济各个方面，必须动员各行各业的投入，而且主要依靠社会通过行为意识来得到贯彻，这就要建立相当的行为准则和行政政策，变成全国全民的大事抓，方能及早实现绿色建筑的理想。其次，全过程展开，要建立全寿命过程目标观点，包括立项、设计，施工、使用、拆除等环节在内的全程实施绿色建筑原则。防止只管眼前不顾长远的短期行为，只有全寿命原则才能保证绿色建筑的目标实现。再次，全领域监管，要建立资源全面整合协同的技术策略，防止片面分割绿色技术作用，错误地累加绿色技术和建筑部品而误导绿色成果目标。要建立全程绿色监控和监测机制，保证在实施绿色行为过程中的实际效果。

（二）人居环境建设

世界各国都在关注人居环境状况的发展，中国对人居环境建设的重视应当始于改革开放的年代，快速城市化催生了人居环境从理论到实践的发展。人居环境是门综合性很强的学科，包含社会、经济、科技、文化多方面的内容，人居环境又是直接关系生活质量、生命幸福度的大事。

中国城市化发展的一个重要指标就是人居环境水准的宜居程度。城市化发展从 1993 年在整体上进入加速阶段，到 2008 年中国城市化已经达到 45.3%。快速城市化发展不可避免潜藏着众多的问题，从“城市人居环境”到“住区人居环境”一直是中国人居环境建设研究的重点。

1993 年中国人居环境的基本理论与典型范例研究为人居环境建设建立了理论基础。吴良镛等教授提出人居环境科学基本理论框架，从人居环境中的人与环境的关系、人居环境的规模层次、人居环境的建设原则以及人居环境的研究方法展开。理论框架按照自然系统、人类系统、社会系统、居住系统和支撑系统的五大系统和划分为全球、国家、城市、社区和建筑五大层次分类研究；框架理论的建立使“人居环境科学”在研究哲学上具有中国特色，在解决人居环境实际问题的方法上具有广泛的世界意义。

2003 年中国房地产研究会人居环境委员会（以下简称人居委）针对中国快速城市化进程中的城市建设和房地产产业发展的实际问题，以《中国人居环境与新城镇发展推进工程》为核心，全方位进行人居环境科学理论和实践研究。人居委从城市、住区和建筑三个层面推进人居建设事业的发展。

2004 ~ 2008 年人居委已经在全国 43 个城市 80 个小区开展建立规模住区金牌试点工作。通过试点实践不断总结分析提升，形成了《城镇规模住区人居环境评估指标体系研究》，从人居软件环境和硬件环境建设两个方面提出生态、环境、配套、科技、亲情、人文和服务七条特色目标。指标体系来自于房地产项目实践，上升为行业标准后，又成为指导人居住区建设的手册，人居委的研究路线开创了理论实践的先河。

2009 年人居委在内蒙古乌审旗建立了第一个以人居环境为目标的示范城镇，进行了以“人居环境规划”为手段，帮助城镇政府实践科学发展观和城乡统筹一体化的探索，全面改善小城镇的人居环境质量水平。形成的《城镇规模住区人居环境评估指标体系研究》的九条标准为小城镇人居环境建设提供了有实效、可执行的工具。

在建筑层面的人居环境研究方面，2006 年以来人居委设立“中美绿色建筑评估标准比较研究”课题，力图在国际化绿色建筑水准上开展本土化编制研究工作。将以《绿色人居·可持续住区建设技术导则》为工具，力图在不断实践中完善技术实施手册和技术验评标准等文件，作为研究会的社团标准服务于房地产业的发展需求。

“人居环境生态美学”刍议

张元端

笔者以为，应当加紧研究和建立“人居环境生态美学”。兹刍议如下。

一、研究和建立“人居环境生态美学”是住宅建设发展的迫切需要

进入新世纪以后，住宅建设发展的一个耀眼亮点，就是“生态住宅”、“绿色住宅”、“健康住宅”理念的兴起。市场如何供给一个健康、舒适、美丽的生态家园？成为开发商家和消费者共同的热门话题。

“天人合一”这个中国古代哲学中关于天、人关系的命题，又重新被着重提出来了。目的是要人们认识“天”与“人”是紧密相连、不可分割的。这里所谓的“天”，无疑是指“大自然”、“自然界”，“自然”与“人为”是相通和统一的。住宅建设中的“天人合一”，就是要求达到人文环境与自然环境的和谐、融合。

“以人为本”的问题被着重提出来了。目的是要人们认识小区建设必须围绕“人”这个主体，一切实施举措都要为人的健康、舒适着想，为丰富人们的物质生活和精神生活着想。

特别是，居住环境也空前地成了“明星”般的审美对象。人们已不再单纯地把居住环境作为一种生存资料，同时也要求其成为一种赏心悦目、怡情养性、益寿延年的享受资料，其中就包括了提供美的享受。这样，解决好住区环境的美学问题，就历史性地摆到了我们的议事日程。

笔者以为，之所以要研究和建立“人居环境生态美学”，主要有这样几层考虑：

一是人居环境最根本的要求是生态结构健全，适宜于人类的生存和可持续发展。

二是生态结构健全的人居环境，都会给人以一种生机蓬勃的外在美感，即“生态美”。这是一个客观规律。小区生态结构健全了，环境自然就美了。

三是美化人居环境可以有各种不同的美学手段和审美取向，但应将“生态美”作为其最高境界，作为首要的美学取向。

四是“人居环境生态美学”不是个单纯的美学问题，而是关系到住宅小区建设方向的重要问题。“人居环境生态美学”原本就是住宅建设发展创新的题中应有之义。

总之，随着小区环境的“审美”问题日益受到各方面的关注，应该把“生态美”这个美学现象作为一种科学，进行深入的研究。

二、“人居环境生态美学”的内涵

（一）生态学

“生态”一词源于希腊文，原意是“人和住所”。19 世纪中叶，生物学家借用它来表示“生物与环境的关系”。后来，日本学者译为“生态”，即“生存状态”的意思。研究生物与其生存环境之间的关系的科学被称为“生态学”。20 世纪 20 年代，一些学者主张还其本意，解释为“人类与其生存环境的关系”。为了区别，改称为“人类生态学”。（这个名称对我们研究人居环境来说倒是非常贴切的，但为了行文简洁，仍叫“生态学”。）

人类是生命（生物）长期进化的产物，而生命（生物）又是周围的非生物无机环境长期发展的产物。组成生命（生物）有机体的 40 多种化学元素，都是来自无机环境。生命过程中所需要的一切能量，都是来自太阳能。各种物理、化学因素，特别是空气、温度、水分、湿度、声音、土壤、建筑物等环境因素，都对生命起着重大作用。对人类这个“万物之灵”而言，其生存环境既包括周围的无机环境，又包括除人以外的一切有机环境（植物、动物、微生物等）。

住宅小区生态系统的主体是人。小区内的非生物因素和除人以外的生物因素的总和构成“居住生态环境”。营造“生态住宅”、“绿色住宅”、“健康住宅”，就是以尊重生态为原则，运用生态科学技术进行规划设计，保持住宅小区生态系统的平衡状态，而不破坏其能量、物质循环和生物多样性。

（二）美学

“美”是人类对客观存在的感知。所谓“美感”，是指人对美的事物的感受和体会。

“美学”是专门研究人对现实的审美关系的科学，是对人的审美、创造美的实践经验的理论概括。同时，又反过来指导人们审美和创造美的实践。

“美学”研究的主要对象是艺术。但它又不是去研究艺术中的具体表现问题，而是研究艺术中的哲学问题，故被称为“美的艺术的哲学”。因此，美学的基本问题是“美的本质”、“审美意识同审美对象的关系”等哲学问题。

人居环境不仅要满足人类对遮风挡雨、生活起居的物质需求，而且还要满足人类对心理、伦理、审美等方面的精神需求。人居环境表现了一个时代文化艺术的风貌和水准，凝聚了一个时代的人类文明。无论是建造住宅还是与其融为一体的园林景观，都既是一种生产活动，又是一种文化艺术活动。因而也是美学研究的对象人居环境为人所造，又反过来通过它的“美育”作用，来陶冶人的心灵和性情，来“造人”。一个好的人居环境，它的美学价值也如同一幅名画、一首名曲一样，历久而弥彰。不仅美育当代，而且惠及千秋。如江南、徽州、丽江等地的古民居，其魅力吸引了多少中外游客？其美感所及，已超越了国界，外国人也很喜欢中国的人居环境。

美和丑是引导人们行为的重要原则分界。“美育”是精神文明教育的一个重要方面。而人居环境对人的“美育”作用至关重要。因为人们与居住环境朝夕相对，耳濡目染，潜移默化。在优美的环境中，人们会变得高雅文明。在感性世界的“自然美”中，可以得到精神寄托或精神力量，达到精神的高度超越。

（三）“生态美学”是生态学和美学相结合的边缘学科

“人居环境生态美学”，就是运用生态学和美学的基本原理，研究“生态美”的本质，生态和美的关系，内容美和形式美的关系等美学问题。

1. 生态美的本质是“生态平衡”

“生态美”就是一个区域由于生态结构健全所被人感知的美。

美国女生物学家雷切尔•卡逊在 1962 年发表的《寂静的春天》中有一段经典性的描述：“原来百鸟歌唱，春光明媚的春天，如今阴影笼罩，已听不到鸟鸣的音浪；以前清澈的河水，清澈的小溪游洄看鱼虾贝类，绿荫碧波的池塘栖息着异类的水生生物，现在捕不到鱼虾，也听不到动物的声息——像失去了任何生命似的一片寂静；曾经一度多么引人入胜的林荫道路和怡神悦目的百草鲜花，现在只见像火灾浩劫过后的焦黄的、枯萎的植物；小鸡、牛羊成批的病倒或死亡……。是什么东西使得美国无以数计的城镇的春天之音令人奇怪地沉寂下来了呢？ 20 世纪 60 年代后期，爱尔兰海上空又有成千上万的海鸟莫名其妙地死去。”

这段对比性的描述，揭示了万物生长时的美和生物灭绝后的丑。这些都是外在的表现。

那么，“是什么东西”造成这种变化的呢？就是生态系统受到人为的污染，生态平衡遭到人为的破坏。这是事物的本质。

生态系统是生命系统和环境系统在特定空间（如一滴水、一个住宅小区，以至整个生物圈）的组合。在各类大小不同、相对独立的生态系统内部，生物种与非生物因素及条件通过相互制约、转化、补偿、交换等作用，实现能量循环和物质循环，达到生态平衡。而如果由于污染物侵入、不合理开发、自然灾害等外部原因，损害了这种良性循环，并超过了系统的自动调节能力的限度，使生态系统的结构和功能受到较大干扰或破坏，且短期内难以恢复，就称为生态失调或环境破坏。生态学的基本原理，就是要保持生态系统内相对稳定的平衡状态——生态平衡。

为什么说生态美的本质是“生态平衡”呢？美学家李泽厚先生曾经对美的本质问题作过如下论述：“美的本质是人的实践活动和客观自然的规律性的统一，叫做自然的人化，以此来概括美的本质。”（见《天津社会科学》1987年第四期）。

而“人的实践活动和客观自然的规律性相统一”在人居环境中的具体表现，就是“生态平衡”得以保持。“生态平衡”产生了“生机”（生存的机会，生命力）。生机盎然的环境，产生了“美感”。由此推断，“生态美”的本质是“生态平衡”。

美学理论昭示我们：美，必须是真实的、真诚的，可以被感知的。虚假、虚伪、不为人知的东西不美。但是，真实的东西，也只有当它是合理的、有生命力、有生气的、合乎广义的善的，即于人有用、有益、无害的东西才是美的。违背规律、死气沉沉、腐朽没落、于人有害的东西是不美的。因此，生态失调的环境，都是生机窒息的环境，都是不美的环境。

荒芜不毛之地如果说也有其审美价值的话，那只能是一种“病态美”。这种美只能引起人们的伤感叹息，使人心情抑郁，有碍健康，因此也可以说是不美的。而“生态美”是一种“健康美”，它使人振奋向上，心旷神怡，益寿延年。这才是我们的审美取向。

2. 生态美的美学特征是“秀外慧中”

住区生态系统是生态结构与系统功能的统一。结构是内在的，功能是外在的。“生态美”是由人居生态系统的生态结构所决定的一种外在表现。

因此，生态美的美学特征可以用四个字来概括，那就是“慧中秀外”。“慧中”就是生态结构健全；“秀外”就是生态美感。“生态”是美的内在根源，“美”是生态健全的外在表现。没有“慧中”，就不可能有“秀外”。而那种“金玉其外、败絮其中”，无论是传统的审美观点、还是现代的审美观点，都认为这是不美的，或不是真美的。

3. 生态美的美学基础是“形式美”和“内容美”的统一

对居住环境（包括住宅建筑和小区景观）的审美，可从两个方面着眼：一是对它的形式，即形象、空间组合、装饰、质地、色彩等；二是对它的内容，如生态性、功能性、实用性、舒适性、经济性等。前者是由建造法则所创造出的美，称为“形式美”，它能通过视觉直接感知。后者是一种内在蕴涵的美，称为“内容美”，必须经由概念、理念，尔后向审美升华。也就是说：美，既表现于形式，又表现于内容。

我们既要承认“形式美”和“内容美”各有其相对独立性，又必须做到二者的统一。居住环境的生态美，就是从内容与形式的统一中产生的。因此，内容美和形式美的统一是生态美的美学基础。

1）住宅建筑的内容美和形式美

目前大体有三种住宅建筑形式：一是传承本土文化的“中国古典复兴风格”，主要体现在屋顶、装饰符号、色彩和空间处理以及浓郁的地方色彩上。二是再现欧陆风情的“西洋古典复兴风格”（包括罗马式、希腊式、哥特式、巴洛克式、西班牙式等），除豪华别墅多照搬复古以外，其他类型住宅往往是在门窗入口或建筑顶部作些处理。三是中西合璧式，兼采中外不同风格，进行自由组合。尽管这三种风格有其各自的形式美，但都必须与内容美统一起来。

例如，1990年代以来提出住宅的平面设计“三大一小”，即大客厅、大厨房、大卫生间、小卧室的原则。这本来是对住宅内部功能空间的一种合理调整。所谓合理，就是符合生态性、功能性、实用性、舒适性、经济性的要求。而如果片面地去追求客厅的“形式美”，把它设计得大而无当，而卧室却由于户型面积的限制，设计得小而难用，住起来就很不实用，很不舒适。这样的住宅，显然谈不上“内容美”。相反，一些小区采用起居室和餐厅不加隔断或灵活隔断，空间尺度合宜，又给卧室省出了符合生态要求的宜人面积，这就比较合理了。特别是大户型，往往是空间分割大而无当，功能混杂。现在有些设计对功能进行了细分，增加了很多的功能空间，如家务室、工作间等，从而做到了内容美和形式美的统一。还有的住宅设计为了追求外立面造型的新意变化，致使房间平面很不规则，家具难以摆放，有的甚至出现不见天日的“黑屋”。这也是内容美和形式美不统一的表现。

2）小区景观的内容美和形式美

中外造园各有自己的形式美。中国园林是由建筑、山水、花木、屏联、题刻、雕塑等有机组合而成的自然型园林。它特别强调人与自然的亲融协调。既讲究自然意境，认真师法造化；又重视人文意境，充溢诗情画意。让人们在享受都市文明的同时，融合于充满自然气息的氛围之中。它追求的是一种“虽由人作、宛自天开”、人与自然浑然一体的审美效果。而西方园林，是由“人”去加工自然，像法国凡尔赛宫等一些著名的欧洲皇家园林那样，把树木修剪成规规矩矩的各种造型，把花草排列成整整齐齐的各种图案，配以精美的雕塑作品，表现了一种“人”与自然相对、“人”静观自然的风格。

中外园林景观虽因建筑法则不同，有各自不同的“形式美”，但共同之处则是要与“内容美”相统一，不能搞成“两张皮”。

例如，有的小区喜欢搞大广场，意在创造形式美。但从国外一些学者从“舒适”和“亲切感”的角度，对庭院空间进行“宜人尺度”量化研究的结果来看：室外空间尺度过大，会形成缺乏“人性”的、旷散的消极空间。这就失去了“内容美”。

有的小区喜欢搞大草坪，芳草如茵，似乎也有了“形式美”。但是，且不说草坪的建造和养护费用都很高，就说生态效应，也是乔木的造氧、遮阴、美化功能都比草皮来得好，有更好的生态效益。而且高大乔木所形成的林荫大道、林荫广场，亦更宜于居民室外休憩和观赏；而且可以在小区周边形成绿色遮挡，与喧嚣的街市隔绝，闹中取静。所以，小区绿化提倡“乔木、灌木、草坪立体绿化，以生态效应好的乔木为主”的方针，也是追求内容美与形式美相统一。

有的北方地区的小区从数千里之外购运热带奇花异草来栽种。南方花草在当地是相统一的。但搬到北方以后，因气候差异难以存活。结果是“形式美”与“内容美”都没有了。而如北京的皇家园林遍植松柏，苏州的私家花园或栽枫杨、或种箬竹，树种虽无奇特之处，但因地制宜，体现了“形式美”和“内容美”的统一。

有的小区喜欢把基地推得平而又平，见山削山，遇水填水，使原有的自然风貌和生态环境遭到不同程度的破坏。现在，不少小区都尽量融入自然环境，保存和合理利用原有的地形地貌，依水就势，依山就势，或造亲水住宅，或造“台地小区”。特别是注意保存原有植被、古树名木。这样，既不破坏原有的自然环境，又创造了更加靓丽的生态美。

三、生态美的审美观点要与时俱进

（一）“内容美”的与时俱进

我国传统民居历来注重居住环境，人们总是尽量选择依山傍水、自然环境优越的地方建造住宅。即使地处寸土寸金闹市的民居，也设计了可以种花植草、气息清新的庭院和天井，或者是叠石为山、积水为湖、绿树掩映的私家园林。并通过建筑结构的变化来改善日照、通风、温度，防止噪声侵扰和灾害侵入（如高院墙、风火墙）。总之是千方百计营造良好的小生态环境，创造靓丽的“内容美”。

现代住宅，依托于发达的科学技术，更是把这种生态理念和造美实践不断推向新的高度。在过去的20多年里，先是“节资、节能”理念的建立，从而引发了“绿色建筑挑战”的实践创新行动。后来，又向深度和广度挖掘拓展，形成了生态理念，并建设了一批“生态”、“绿色”、“健康”住宅小区，使居住环境“内容美”的整体性、系统性、科学性、根本性达到了一个新的高度和深度。而由于发现一些住宅小区简单地把“绿色”等同于“绿化”，“美观”等同于“景观”，而尚未涉及“生态”、“绿色”、“健康”的深层次、多角度的科学内涵。于是，当前又产生了“量化”理念，着手研究制订小区环境的量化指标和其评价体系。总之，“内容美”的审美原则正在不断地向生态性、功能性、实用性、舒适性、经济性等多样化的趋势发展。我们的造美、审美观点要跟上时代前进的步伐。

（二）“形式美”的与时俱进

“形式美”同“内容美”一样，与一个时代的生产力水平，特别是科技进步，以及社会生活的韵律节奏等密切相关。例如，我国古典建筑往往表规为慢节奏、尊卑有别、形式对称等；而现代建筑则体现了快节奏、平等亲切、简洁明快的风格。

因此，我们一方面要强调民族特色、地方特色和优秀传统的继承发扬，另一方面又要跟着时代前进步伐与时俱进。例如，低层古民居的文化建筑风格非常美，但应用在现代高层建筑上就很困难。这就需要与时俱进地处理好继承和创新的关系、古典和现代的关系。欧陆风住宅的受欢迎，或曰“市场接受”，必有它存在的合理性，即审美的倾向性。为此，我们要对“西式”民居和“中式”民居进行认真细致的比较研究，在取长补短、融会贯通的基础上，进行“形式美”的创新。

四、摒弃唯美化的美学指向

我们既要通过“人的实践活动和客观自然的规律性相统一”去创造美，又要防止“唯美主义”的美学指向。

首先，“形式美”不仅要与“内容美”相统一，而且要服从“内容美”。因为，如果脱离了生态、功能、实用、舒适、经济等“内容美”，只是在住宅建筑和景观的美化上做文章，却没有切实地在营造住宅内、外部生态结构上下工夫，外表看看很漂亮，但住房内部环境却不尽如人意，甚至很差，结构布局、日照、通风等方面的设计不符合生态要求，渗、漏、裂等建筑质量通病严重，那么，就会走入“唯美主义”的误区。没有了“内容美”，也就失去了“形式美”的审美价值。

其次，营造一个小区，应把着力点放在营造住宅本身的生态环境上。而出于经济性方面的考虑，小区景观应以满足生态要求为限度。生态要求既已满足，就不要去“节外生枝”、“画蛇添足”，不要去搞“小区景观公园化”，不要侈用名贵建材、名贵花木。国外住宅小区的景观都很朴素，很少有形式上的大事铺张。非不能为，是不必为、不可为也。

综上所述，鉴于人们愈来愈重视小区环境的美观性问题，现在有必要加强对生态美的研究，在理念超越和实践创新的互动过程中，形成和发展“人居环境生态美学”，用以引导小区建设的健康发展。

浅议城镇规划中的生态文明建设

秦　铮

一、问题的提出

生态文明是党的十七大首次提出的一个新的理念。建设生态文明已明确为我国的一项重要发展战略，是坚持可持续发展道路的进一步深化和具体化。

在过去的一代人的时间里，生态不文明，气候变暖，所带来的危险清晰可见，它肆虐我们的星球，威胁着我们这个人类共同家园的繁荣和安全。在我国，近30年的快速工业化、城市化发展所带来的生态恶化、环境恶化等问题亦十分明显。2009年生态环境问题引起了全世界前所未有的关注，哥本哈根大会的召开，有称是二战以来最重要的一次国际会议，全球192个国家，超过100位的国家领导人齐聚哥本哈根，这样的会议规模、规格都是历史罕见的，会议激烈争辩并延长了一天会期，最终就全球长期目标、资金和技术支持、透明度等焦点问题达成共识，会议终究未能在具体到各国应承担的责任和义务上达成具有法律约束力的协议，会议结果不尽如人意，但就环境问题的严重性、紧迫性，认识高度统一，毕竟人类只有一个赖以生存的地球。

这次会上，中国政府表现强硬、积极，敢于批评有悖联合国通行原则的国家捍卫我们的主权利益，也敢于率先亮出自己的目标。虽然我们还是发展中国家，人均GDP不高，正处在工业化中期,但考虑到人类发展长远利益,结合我国国情实际,明确承诺40%～45%（至2020年相对于2005年单位GDP二氧化碳排放）的减排目标，我们不管国际社会是否有强制协议，中国的低碳革命一定启动。

实现国家的减排目标，需要全国人民的共同努力，其中最关键的是需要在城市社会实现真正的向低碳转型。

城市既是人类最终的归宿，又可能成为摧毁人类的最主要的因素，因为它是能耗和排放最主要的来源，在我国快速工业化、城市化的进程中，如何有效控制城市建造过程，建设生态城市，规划责任重大。

城市规划是主宰城市命运的。规划要研究经济、社会、历史和自然，针对建设中的错综复杂的问题（当然包含有资源、环境问题），规划确定应对措施。比如确定城市的性质、规模、发展方向，就要研究并处理好经济、人口、资源的关系，禁止对自然掠夺性开发，摒弃先建设后治理，或者边治理边破坏的做法。再比如规划城市空间布局时，既要使各项建设具备可靠的工程技术基础，又要创造一个健康卫生的生态环境，就必须研究地理、气候、资源、环境等各方面的情况，整合有利因素，扬长避短，合理布局。研究生态是城镇规划中应有之意。促进生态文明建设是规划师义不容辞的职责。

二、生态文明内涵理解

生态就是指地球上的物种相生相克、共融共存的一种态势。生态又分自然生态和人文生态两种。自然生态是讲自然界的动植物，在它们的生存发展过程中，通过与地理环境的相互适应，以及动植物之间各种对立因素的相互制约、转化、交换、补偿等作用，达到相对稳定、平衡的状态。开展对自然生态系统的研究，关系到人对自然的合理开发、合理利用自然资源以及对自然环境的维护与保护。人文生态，是讲人与人之间的关系是否也能像自然界的其他生物一样，能取得一种和谐的关系，人与人之间相互包容、和善友好、共融共生、共同发展，它关系到社会物质与精神两个层面的建设，关系到两型社会（环境友好型和资源节约型）的建立与发展。生态文明建设，既要注重自然生态，又要注重人文生态，使人们在享有物质文明成果的同时，也能享有良好的生态文明成果。

作为城市规划师，一定要充分认识建设生态文明的作用和意义，规划设计工作中尊重自然，敬畏自然，以自然规律为准则，以资源承载力为基础，科学规划，为城市生态文明绘制蓝图。

三、生态文明建设的几点思考

（一）关于城镇发展模式问题

城镇发展模式，一种是开发区模式。近年来，我国建了不少开发区，有的规模还很大，开发区的建设对城市经济发展贡献不小，但带来的问题亦多，问题主要分二方面：一是用了国家大量的土地；二是一些开发区建设功能单一，没有相应的生活服务和居住功能配套，使得在开发区工作的人群每天在开发区与老城之间奔波，耗能多，排放高，降低了工作效率。比如原来的北京亦庄开发区。现在亦庄正规划建设亦庄新城，占地面积达 212km^2，达到 70 万的人口规模。还有一些城市建设的大规模的居住区，也一样的功能单一，有的成了“睡城”。比如北京的天通苑小区，几十万的人口规模，配套设施欠缺，居住和工作严重不匹配，劳民伤财，给人的生活带来极大的不便。天通苑小区现也正抓紧各项配套设施建设，方便人们生活。单一功能的大规模的开发区、居住区不符合人文生态要求，有悖于生态文明原则。

还有一种是建新城模式。城镇就是一个小城市。城市一词的来历就是“城墙”加“市场”，很直观。这表明有城无市不行，有市无城也不叫城市。城市的功能要满足聚居的人群各方面的需求，功能是全面的、丰富的。城市是人性的产物。

城镇要发展，是走“开发区”的路，还是走“城市”的路？答案应该是很明确的。城镇规划必须全面考虑各项功能，综合平衡布局，科学配置资源，体现节能减排，坚持以人为本，这样的规划和建设才能经得起时间和历史的检验，经得起当代人和后代人的评说。

（二）紧凑型城镇建设布局

前些年，“跑马圈地”，圈来后象征地开发，建一栋楼，多数土地闲置，这种现象迄今还存在。另外“大广场、宽马路”的建设，经过一段时间的讨论，有关部门一致得出否定意见，所以这种建设模式现在有所改变。但城镇建设稀疏松散、粗放发展模式带来的土地资源的浪费现象仍然较突出。据调查，2005 年全国建制镇镇区面积比 2000 年增长了 30%，2000 ～ 2005 年人均用地扩大速度是 1990 年代的 1.5 倍。我们地少人多，用地紧缺程度甚至超过了日本，但我们的城市建设远不及日本的城市紧凑。

我们的城镇多数也是编制了总体规划的，规划盲目追求空间规模扩张，多占土地，是城镇建设松散的根源。究其深层原因，一方面是想满足建设用地的确认程序，方便项目建设，方便土地出让，对地方财政有利；另一方面，我们的规划师要提高职业操作水平和技术水平，能提出好方案。紧凑型城镇节约用地、降低市政建设投资、缓解交通拥堵、提高效能、减少排放，紧凑型城镇能创造出更多的人气和活力，有利于市场繁荣和经济发展。紧凑型城市还有利于形成多样化的空间形态，彰显地方特色。

为实现紧凑的城市布局，规划必须做好城市空间整合工作，首先做好功能与要素的整合，包括规划与交通的统筹、产业分布与市场建设、服务业与环境的整治等，紧凑地安排各项建设用地，倡导高密度。

（三）城镇公共空间与环境绿化

我们反对“大广场”，但不等于不要广场，相反，规划更应该重视城市公共空间。公共空间是人们享受城市生活、领略城市魅力的主要场所，是人的交流、认同、情感释放的需要，是城镇生态文明的核心。

规划首先要看到它功能性的一面，根据功能确定组成内容，定位置、定规模，坚决摒弃贪大求洋、形式主义、英雄主义的做法，城市规划应根据方便生活、就近实用的原则，对城镇公共中心实行分级系统设计，可分市级中心、区域中心、居住区中心等，公共中心系统是由内容、布局、规模各不相同而又互相联系的空间组成，它们在城市结构中都占有重要位置，所以规划还要研究公共中心的视觉景观、影响范围，建立起建筑群之间视觉上的联系，以使公共中心在城市空间中更有艺术性和表现力。

绿化美化环境是人类的共同追求。绿地、森林、水、空气、土地、气候以及各种动植物构成的自然生态系统是人类赖以生存的基础，就像一条永远割不断的脐带。环境绿化，从规划层面分析，首先必须坚持生态优先原则。分析城市所处的地理位置、地形条件、气候条件、自然环境，认识这些自然要素，优先考虑做好保护、利用工作，切实保护山、水、林等自然要素，再是挖掘和开发建设，重视发掘个性，建设特色城镇。绿化规划，也应该是点、线、面结合系统地设计，要注意景观的连续和渗透，以及空间的通透性。在绿化树种选择上，要做到重视绿化的多样性，满足生物学特征。我们在掌握植物生态习性的基础上，应尽量选择当地土生土长的树、草、花。单一树种或单一草种肯定长不好，只有多样性，植物形成群落，多因子组合才能形成相对稳定的平衡生态，平衡能力是一种生产力，关系生物产量以及对环境冲击的自我调节控制。平衡的生态还能引来鸟类和昆虫的栖息，动植物之间以食物链流动能量，从而构筑起更完整的生态平衡系统。我们不赞同用大价钱移植名贵树木来美化城市。你挖走了别人的，影响了人家的生态，移到自家地种上，还容易出现“水土不服”，再精心呵护多年，仍旧长势不好，实乃憾事！

（四）关于风环境

风环境是生态环境体系的重要组成内容。风环境优越与否密切关系到人的舒适、健康，也影响了建筑能耗。目前，我们对风环境的研究，相对于日照、采光、空气质量的研究而言，显得落后、乏力。当今，我们正着力减排、建设生态文明，风环境问题应该提上议事日程。

不同城镇气候条件不一样，风况也是不完全相同的，城镇应有自己的空气流通评估，并逐步建立起风环境的详细资料，以帮助规划设计。城镇规划要善用自然资源创造出更多的用地上有良好的自然采光和舒适的通风环境。在规划设计中对城市道路的排列方向、地段的大小和布局、建筑物的高度和密度控制、通风廊的位置保留等，都要在做了风况研究后才作决定，在做详细规划设计时，甚至对单幢建筑立面的长度、高度和背风区的长度之间的比值关系都应该经过计算优化再确定。风环境问题设计的面还较广，内容较深，有待各方面的共同努力。

（五）混合居住和开放社区

从这些年我们建造大量的城镇住宅看，人文生态文明程度还是有待提高的。其一，集合住宅疏远了人与人的关系，邻里间的友情、关爱、帮助，不如老的四合院。当然，建集合住宅是迫于地少人多的无奈，这有望通过细致的环境建设加以改善；其二，就是一些单一居住对象的住区，比如专为有钱人建的大片的别墅区，为困难群体建的廉租房或经济适用房小区，专为老年人建的老年公寓等。这种单一人群独居的城市住区实际是有不少问题的，比如有钱人住别墅区，害怕别人仇富，可又离不开人家，家里雇保姆，住区要有保安、保洁员、园林工人、服务生等，这些人的生活居住怎么办？再比如老年公寓小区，白发人朝夕在一起，守候的是什么？能产生活力和热情吗？

人是离不开社会和群体的。不同社会阶层、不同经济水平，不同年龄的人生活居住在一起，功能互补，生活会更丰富，社会才能更和谐。我们主张混合居住，希望这能成为规划设计住区的一条生态原则。

开放社区问题，是指社区的公共空间适度开放，特别是一些规模较大的居住区开放公共空间，引进城市交通、环境景观通透、居民出行自由，对城市和自身都有利。开放不等于没有管理，随着科技的进步，智能化的管理方式已经可以很好地解决小区安全防范问题，哪还需要再围墙加铁栅栏的方法来封闭自己？ 30 多年前我们的国门都打开了，国家都改革开放了，城市住区的开放还能有什么疑虑和担心呢？

以人居环境建设引领城市发展转型

王涌彬

城市转型发展是“十二五”规划的核心命题，也是当前各级政府高度关注的话题。这一命题之所以如此的重要和紧迫，很重要的原因是，长期以来，我国“重数量轻质量、重规模轻内涵、重大轻小、重经济轻社会”的粗放型城镇发展模式已经被证明不可持续。尽管我国的城镇化发展一直保持着较快的速度，但是这种高速度并未有效转化为人们在城市中生活和工作的幸福感。相反，城乡二元结构分异和大城市病带来的诸多困扰使人们对“城市让生活更美好”这一宗旨心生疑虑。从全球化的国际环境来看，当今的城市发展已经不能局限于一隅来谋篇布局，必须具备国际视野和宏大格局。国际竞争日益加剧、资源环境压力不断加大，世界经济整体处于调整和变革阶段——这些因素既为我国城市的调整和发展转型提供了重要的战略机遇，同时也进一步要求我们必须加快转型，积极探索城市可持续发展道路。

既然转型已是势在必行，但是如何转、转向何处，其科学路径、体系配套和标准衡量亟待深入研究和探讨。这是本书着重探讨的问题。目前我国的城镇化水平已经历史性地突破50%。这标志着，我国城镇化发展已经真正进入一个以“质”取胜的阶段。尽管有些地方的城镇化还处于较为初级的阶段，但是整体而言，“全国一盘棋”，无论是中西部地区还是东部地区，城镇化“品质”时代已经来临！那么，城镇化的质量如何体现呢？我认为，其最直接的体现为一个城镇的人居环境建设水平。从人居环境视角来研究城市转型和发展的问题是本书的一个鲜明特色。本书收录的《中国人居环境示范城镇建设导则》、《规模住区人居环境评估指标体系》、《城镇居民人居环境满意度调查》均是中国房地产研究会人居环境委员会在实践工作中取得的一手资料和重要成果。这些内容相互补充，成为一个较为完善的体系，其目标均是指导城镇按照人居环境建设的要求，转变发展思路，向可持续发展的方向不断迈进。

本书希望通过大量的基础调研、项目实践、理论研究的编撰和汇集，清晰地表明和强调，在城市发展转型的过程中应着力把握人居环境这一重要准绳，积极推动城市从资源依赖型、粗放型和外延式的传统发展模式转变为一种以科学发展观为指导、以体制机制和科技创新为驱动的科学发展模式。

以人居环境建设来引导城市的发展转型，应重点关注三个问题：

一、完善城市功能，促进城镇化与产业化的均衡发展

城镇化与产业化是城市发展的双行线。健康的城镇化与产业化是相互匹配、均衡发展的过程。城市要获得可持续发展，首先要保持城镇化与产业化的均衡发展。

如果城镇化发展落后于产业化发展，就会导致很多城市经济发展水平较高，但城市形象、面貌、环境质量较差，我国多数城市，特别是部分中小城市均属这种情况。而一旦产业化发展落后于城镇化发展，则表现为一些城市经济发展水平、人口数量没有到位，但是房地产业发展迅速，人气不足，房屋空置，也就是通常所说的“超前开发”，带来房地产“泡沫”。

很多城市的新城区，特别是沿海部分发达地区的大中城市存在这种情况。

在我国城市的发展过程中，这两种倾向均具有代表性，后一种更为突出。这在很大程度上是因为城市发展理念重视经济指标，急功近利，而对人居环境的认识不到位，将人居环境理解为一个单纯的物质空间甚至是作为炒作的概念，而没有考虑生活居住在城市中的居民的各种需求。这一点，在本书收录的《新市民对城镇人居环境适应性调研报告》中得到了充分的印证。在接受调研的居民中，有26.2％的居民反映不能很好地适应新的城镇生活。这说明了城镇化的快速发展、GDP的高增量，还没有给失去土地的新市民带来他们满意的生活环境。

城镇化的核心应该是社会和谐，是人的城镇化而非物的城镇化。这既需要实体空间层面的调整，又需要相适应的社会结构支撑。其深层次的问题则是经济、社会、环境、文化以及城乡统筹协调发展。因此，谈城市发展转型，首先就要强调转变传统物质规划的理念和思路，而应该按照人居环境建设的要求，从社会、生态、文化等多个层面来综合思考和分析城市发展问题。城市转型除了城市经济和空间的转型外，更重要的是城镇化与产业化发展的均衡协调以及由此而形成的城市特色。

通过调研，我们发现，百姓视角的人居环境与政府视角的人居环境并不完全一致。在政府的宏大叙事中，往往更强调高楼林立的景观大道、尺度巨大的城市广场、造型独特的标志性建筑等城市外在形象，而对于居民而言，除了这些“看上去很美”的城市形象外，需要的是充足的就业岗位、适当的生活成本、便利的生活环境等使人们产生归属感和自豪感的城市生活。城市的本质是什么，这是值得所有城市建设和城市管理者深思而又往往被忽视的课题。

二、关注中小城镇与农村，城乡统筹是人居环境建设的根本

在我国的城镇化推进过程中，一直是主张大、中、小城市协同发展的，但在近几年的快速城镇化进程中，建设巨型城市，发展大都市圈等思想占据了主导，而中小城市与特大城市的综合差距越拉越大。从实际结果来看，并不利于城镇化的健康发展。这是当前我国城市发展转型应该及时予以调整的。

当然，从经济学的角度看，大城市具有集聚效应，更利于经济发展和社会财富的创造。但是从社会学的角度看，过大尺度的城市格局并不利于人们舒适和便捷地生活，取而代之的是时间成本和生活成本大幅增长，居民对城市的陌生，城市发展缺乏活力。特别是与广大农村相辅相成的小城镇的发展，未能获得应有的重视，大量完全没有城市生活经历的农民直接进入大城市，很难在短期内适应城市生活，加剧了大城市的矛盾和压力。因此，为了城镇可持续发展，不应该只是片面强调发展大城市，还应积极发展中小城市，发挥其在城乡统筹和缩小城乡差距方面的优势，随着中国大量建设的高铁、高速公路等基础设施逐步完善，众多中小城市的发展条件、区位优势已显现出来，规划体系要善于发现这些变化，做出妥善安排。

中国的城镇化进程有自己的特殊性，除了伴随着经济全球化的背景因素外，还因其巨大的规模和处于信息化时代而面临严峻挑战。因此，当前的城市发展与转型应该将更多的机会留给中小城镇和农村。如果农村城镇化的问题得不到妥善的解决，中国的城镇化不可能获得真正的成功。

因此，本书在选择调研案例和项目案例时将更多的视角投向了中小城镇，希望通过本书的研究较全面的展示出正在发展中的中国中小城镇的发展现状、面临的困难和挑战，并对其未来的发展提出相应的建议意见和可行路径。对于众多中小城市的城镇规划和发展而

言，本书提出的城镇人居环境建设指标体系，可以作为地方政府对城镇人居环境发展状况的全面检查和评估的标尺，并作为编制城镇人居环境规划的基础依据。

三、提升综合竞争力，从特色营造中寻找突破和转变

中国大部分的城市都有悠久的历史、灿烂的文化，但在房地产开发为主导的城市发展模式下，在以追求经济增长为目标以及城市管理者显而易见的短期行为的影响下，大部分城市失去了特色。转变发展方式，要从城市特色营造中寻找突破口。

对于大部分资源型城市而言，“变资源优势为经济优势”是其选择的发展路径，但大多走的是以禀赋资源的开发及以初级原材料加工输出为主导的路子，没有围绕资源的深层次系列开发形成独具特色的产业结构系统，极大地制约了区域优势的发挥。城市转型要从过去粗放的发展模式转向精耕细作的发展模式，一旦找准了方向，确定了定位，就要把“资源”这个文章做深做透做充分，延展产业链，拓宽产品线，走出一条有特色的城市经济发展道路。

随着人们物质生活水平的大幅提高，精神和文化需求也相应提高，不同的城市，不同的环境和资源禀赋，不同的气候特征，不同的生活方式和习惯，必然会产生不同的城市特色魅力和风格。由于当前我们的城市几乎都是在近年来房地产快速开发的进程中建设起来的，缺乏对城市的理解，一味大拆大建，项目一哄而上，热衷概念操作，缺乏特色，没有差异，千城一面。要寻找和凸显城市特色，还应该认真从人居环境的软环境方面下工夫，真正关心人的需求，真正做到以人为本。例如积极发展现代服务业，以金融保险、商贸物流、信息咨询、会展中介等为主的生产性服务业的发展促进城市功能的升级；以文化娱乐、旅游、创意和体验为主的现代生活型服务业，吸纳城市劳动力，提高居民收入。

这方面国内外均有很多成功的案例：美国洛杉矶为应对“石油危机”产生的不利影响，充分利用自身优势产业，着力发展高科技产业和现代服务业，使洛杉矶成为第三次科技革命的发源地之一；我国的深圳明确提出将创新驱动作为推动城市发展的主导战略，实行城市更新，来完善城市功能，优化产业结构，改善人居环境，推进土地、能源、资源的节约集约利用。

城市不是一天建成的，需要慢慢积累和不断沉淀。城市转型也需要假以时日，不可能一蹴而就，但是今天的选择和决策将为城市未来的健康发展奠定坚实的基础。这需要每一个城市规划、建设和管理者拿出审慎负责的态度和创新的勇气和智慧。

可持续发展的中国人居环境实践研究

陈秉钊

“可持续”（Sustainable），原意是“能支撑住的”、“可忍受的”，可持续发展主要是指人类的各种活动都应当在生态环境可承受的范围之内，不应该以损害支撑地球生命的自然系统为代价。这就要求我们改变传统的经济发展模式，节约资源和能源，实施清洁生产和文明消费，追求经济、社会和环境的全面协调发展。

一、四个层面建构可持续发展的人居环境

（一）区域层面人居模式

当前，由于城镇体系结构模糊造成等级不清、职能雷同，重复建设或建设缺失的现象较为严重。区域层面人居模式应强调区域性基础设施的统筹规划、共建和共享。各自为政，以邻为壑，必然导致资源、环境的低效利用和环境的破坏。

（二）城镇层面人居模式

对于我们国家而言，尤其要倡导紧凑型城市发展模式，这是可持续发展人居环境的战略选择。所谓“紧凑型城市”是指强调混合使用和密集开发的策略，使人们居住得更靠近工作地点和日常生活所必需的服务设施，那样小汽车就成为一种选择而不是必需品。

紧凑型城市不仅包含着地理的概念，更重要的在于包括城市内在的紧密关系以及时间、空间的概念。主要包括：减少出行距离，使每个片区的就业、服务自给程度最大化；降低出行次数，避免单一的土地用途；减弱对小汽车的依赖，通过对主要的出行发生地实行控制、收费以及限制停车等措施减少使用小汽车，使替代小汽车的选择变得更有吸引力、更安全；发展公共交通，沿公共汽车线路将开发项目线性集中，改善服务水平；便于步行和自行车出行，将公共设施和就业机会配置在步行可达的范围以内，提高步行道和行车线路的安全性、方便性及美观性。

（三）社区层面人居模式

随着住房分配制度的改革，单位分房已逐渐被市场购房所代替，“单位人”回归为“社会人”，社区已成为人们家庭生活和居住关系最为密切的社会单元。社区有别于城市规划学中的生活居住区、小区概念，但它将有助于城市规划设计思想的完善和提高，即在规划中应更关注人的行为、心理、情感、人际关系。例如在小区内提供多类型的住宅、多功能的土地使用、多种就业的机会，以步行距离来界定小区的规模等。

（四）家居层面人居模式

家居生活对于绝大多数的人来说，是一生中占去最多时间的部分。因此，作为家居生活的载体，住宅的环境质量是人居环境中最基本、最重要的问题，也是可持续发展的关键问题。

近年来，政府陆续推出了“试点工程”、“示范工程”、“安居工程”等示范项目。这些项目对可持续发展战略的贯彻都有明确的评优标准，如节能、节地、节水，新技术、新材料的应用等，在为居民建设舒适、方便、安全、卫生的住房方面积累了相当丰富的经验。

二、用以人为本的可持续发展观来思考符合中国国情的住房政策和标准

改革开放以来，随着经济的快速发展，我国人均居住水平得到了大幅度的提高。据统计，2000年我国城镇住宅人均建筑面积为20平方米，农村住宅人均建筑面积为25平方米，已经达到了世界中高收入人群的居住水平。而实际上，2000年我国城市居民人均纯收入为6280元，农村居民人均纯收入为2253元，在世界上最多属于中低收入水平。可见，目前我国人均居住水平与人均收入水平已经出现了严重脱离。我们要以可持续发展的观念来思考符合中国国情的住房政策和住房标准，积极引导和控制居住标准。

我国地少人多，资源相对紧缺。我国人均林地1.8亩，为世界水平的1/8，人均天然草地3.3亩，不及世界水平的1/3，人均水资源2200立方米，为世界水平的1/4，人居环境可持续发展面临严峻的挑战。我们不可能承受西方发达国家的消费模式，我们应该积极提倡理性消费，坚持公平、公正地使用公共资源。以住房户型为例，我们不可能搞过大的户型。实践也说明，住房的舒适度不完全与住房面积正相关，空间尺度过大反而产生空荡、冷漠的空间感受，缺乏亲切感。大量无效空间往往是与不健康的消费心理有关，即为满足一种占有欲。适度消费、理性消费是文明、高尚的表现。占社会绝大多数比例的中低收入家庭是住房消费的主要群体，只有满足这些人群的需求才能实现“人人享有适当住房”的目标。

三、建设宜人的生态城市

生态城市、山水城市、园林城市的核心是人与自然的和谐。历史上讴歌自然美的人，都是长期居住在城市里的人，他们有的是达官贵人，有的是不得意的封建士大夫，有的是诗人画家。他们渴望到名山大川中去，甚至要隐居，自称为“钓翁”、“山人”、“樵夫”，到山林中修山庄、住别墅，但绝大多数人都耐不住寂寞又回到了城里。这证明了一条“居城市须有山林之乐”的美学原则，这是园林城市的本质。

据上海的研究，乔木和草坪的投资比例为1：10，而产生的生态效益比为30：1，每公顷树木每年可吸收二氧化碳16吨、吸收二氧化硫300公斤、产生氧气12吨、滞尘量可达10.9吨、蓄水1500立方、蒸发水分4500 ~ 7500吨。在夏季，树林往往比空旷地气温低3 ~ 5摄氏度，冬季则高2 ~ 4摄氏度。一棵大树昼夜的调温效果相当于10台空调机工作20小时。所以，高质量绿化是改善城市小气候最有效手段之一。

“高标准”、“高起点”、“大手笔”、“三十年不落后”都应以人为本，以可持续发展为准则。近年来，我国新建了很多的广场，广场被称为城市的起居室，它应当为人的各种公共活动提供丰富多样的空间，让人可亲、可歇，真正体现以人为本的原则。但目前国内修建的广场太注重气派，为短暂参观的人着想得多，为经常使用的人想得少。

尊重历史，尊重自然，创造城市的特色。良好的城市形象可以提高城市知名度，有利于吸引投资。可是一些同志一搞城市特色就想到了“欧陆风”、明清一条街，这是违背历史、否定传统的做法。梁思成先生在50多年前就警告过：“舍去固有风格及固有建筑，成了不中不西乃至于滑稽的局面。”其实，最能创造城市特色的是巧于利用上天赋予的资源，要像根雕艺术家那样去揣摩，因材构思。比如济南的“一城山色半城湖”、常熟的“十里青山半入城”等。大自然的美是无法模仿的，山、水、城的融合才具有永恒的魅力。

论健康城镇化及三方面重大问题

王振亮

一、城镇化与城镇化过程的三个阶段

城镇是相对于农村而言的地理和区位概念。城镇化表面上是一个物质概念的表述，是空间物质的积聚。但是，它是怎么形成的、为什么会形成，这是学术界一直在研究的，且论述浩瀚、成果丰硕。根据本人1998年的博士论文研究成果《城乡空间融合论——我国城市化可持续发展过程中城乡空间关系的系统研究》的内容之一的表述并结合各方共识：城市化是由工业化引起的、伴随着现代化过程而产生的在空间社区上存在着人口、经济、社会、文化、政治、思想等领域变迁演化的一段承前启后的历史演化过程。表现为：是由农村人口向城市的变迁过程，是由农业经济向城市经济（初期以工业经济为主、中后期以技术经济和知识经济为主）的转化过程，是由农村传统空间社区向城市现代空间社区的变迁过程，是宗族传统文化向市民现代文化的演化过程，是政治领域由村社权威系统（亲选型、裙带主义）向普选制度、党派制度和科层制度为基础的民主制度（贤选型、民主化）的演变过程，是社会价值观念由“泛能化”的集体主义、权威主义和传统主义向“功能专门化”的个人主义和自由主义的演变过程，是传统宗教信仰领域由神灵崇拜向泛世俗化的无神论的演变过程，是整体社会传统性不断削弱、现代性不断增强的互动过程。

城镇化的发展过程，综合各个方面的因素和研究成果，主要表现为三个阶段。第一阶段：城镇化发展初期，或者称之为逐步温饱阶段；第二阶段：城镇化快速发展期，或者称之为逐步小康阶段；第三阶段：城镇化稳定整合期，或者称之为逐步富裕阶段。城镇化各个阶段特征，综合列表示意如下：

城镇化的三个阶段与各自的重要表现形式　　表1

城镇化三阶段特点 / 城镇化的重要表现形式	城镇化发展初期（逐步温饱阶段）	城镇化快速发展期（逐步小康阶段）	城镇化稳定整合期（逐步富裕阶段）
①农业经济向城市经济（工业经济、技术经济、知识经济）的转化过程	城市剥夺农村、工业剥夺农业、存在工农产品剪刀差	以城带乡、以工补农	工业反哺农业、城市支援农村
②农村人口向城镇迁移的过程	进城寻找工作、居无定所	大批农民成为产业工人、候鸟式定居	农民成为新市民，逐步融入城市
③农村社区逐步缩减、城镇社区逐步扩展的过程	农民进城以乡亲为纽带借居、租居形成群落	大批新兴城镇、社区建成，村落凋敝	城乡融合发展，各有特色
④自然环境缩减、人工环境扩张的过程	忽视生态环境	开始重视生态环境建设	争取实现人与自然和谐
⑤农村宗社文化逐步被城市现代文化替代的过程	地方传统文化强于城市文化	城市文化逐步替代传统文化	传统文化与城市文化共同繁荣

续表

城镇化三阶段特点 / 城镇化的重要表现形式	城镇化发展初期（逐步温饱阶段）	城镇化快速发展期（逐步小康阶段）	城镇化稳定整合期（逐步富裕阶段）
⑥传统宗族管理逐步向现代民主管理转变的过程	宗族制、家长制为管理特色	以家长制为基础的民主协商	以民主制为基础的协商裁决
⑦社会事业和阶层由简单到复杂、由低级到高级的演变过程	文盲多、缺医少药、社会结构简单、农民无保障	教育、医疗、卫生、社会保障等各项事业快速发展，社会科层化、利益化	社会更加注重以人为本，使人得到全面发展
⑧人类更加进步和发展的过程	体力劳动占主导地位	体力和脑力共同作用于发展	人类素质得到全面发展与提高

二、健康城镇化的主要内涵

城镇化发展，首先是科学的城镇化，是经济社会的共同全面发展和人类的共同进步；健康城镇化就是全面、协调和可持续发展的城镇化，是按照科学发展观作为指导的城镇化。

在我国当前的城镇化中，健康城镇化应当是：在经济领域需逐步实现农业经济与工业经济、农村与城镇的协调发展、平等发展和融合发展；社会公共事业领域需实现城乡融合或城乡一体，城镇与农村在教育、文化、医疗、卫生、科技等公共和公益事业等方面的平等发展和资源共享；人口就业与社会保障领域需逐步建立和完善城乡统一的人力资源市场，进而逐步建立全国城乡统一的社会保障体系；文化领域中，民族的、大众的、科学的文化得到弘扬，先进文化得到发展；优秀的传统文化、地方文化、民族文化与都市现代文化共同发展和繁荣；城乡建设领域中，农村建设应逐步得到加强，农村与城镇一样，在公益设施建设、基础设施建设和公共服务设施建设等方面取得同等待遇并逐步完善；生态环境建设领域中，随着城镇化发展的加快而更加得到重视而不是受到忽视，生态环境建设与城镇建设同步前进；社会公共管理领域中，城市与乡村逐步实现统一，并逐步实现科学的民主的管理体制。

三、健康城镇化是我国走向现代化崛起的必然途径

第一，城镇化发展是全世界国家或地区经济社会发展的必然途径。据有关资料显示，世界人口在1804年达到10亿，1927年达到20亿，1960年为30亿，1975年40亿人，1987年为50亿人，1999年世界人口突破60亿，2006年达到65.8亿人口，其中约32亿人居住在城市里，预计2030年世界城市人口达到50亿。城市化水平今后将以每年1.8%的速度递增。世界银行公布1999年中上等收入国家的城市化水平达到75%。

第二，根据2005年11月全国1%人口抽样调查数字，2005年末中国大陆人口为130756万人，其中居住在城镇的约为56157万人，占总人口约43%，比2000年城镇人口比重上升6.77个百分点，比1978年改革开放之时的1.43亿城镇人口增加了4.18亿。按照2020年全国人口控制在15亿人的目标以及国家社会经济远景发展纲要，届时中国将有60%左右的人口约9亿人居住在城镇中，这意味着未来12年还要新增3.384亿城镇人口。

因此，城镇化发展是我国社会经济发展在实现现代化历史过程中的必然途径，而且是处于城镇化快速发展期。所以，如何使我国的城镇化发展建设不走弯路，少出现失误，少

出现问题，走健康城镇化的路子，就成为我们共同的目标。

四、我国当前城镇化过程中存在的三方面重大问题

我国当前的城镇化发展，取得了举世瞩目的成就，同时也存在着诸多的问题。本人认为，把所有问题的症结与核心归纳在一起，就是三个方面的重大问题。

（一）城乡二元结构体制的问题

改革开放30多年来，城乡二元结构体制所引发的社会不公、城乡贫富差距继续拉大等问题，不是越来越少，而是随着社会财富的快速增长，特别是随着城镇化的快速发展而更加严重。所以，破除城乡二元结构体制，大力改革创新，逐步构建城乡经济社会发展一体化的体制机制，加快经济社会发展是实现城乡13亿人民的共同富裕、公平享受现代化成果的正确途径。

（二）城乡土地制度的问题

以户籍制度为闸门，以及相关的20多个方面的制度性向城市倾斜和制约乡村发展，把中国经济社会分割为城市与乡村两大块，产生了城乡二元结构；同样以此为界，土地也划分为城市土地国有和农村土地的集体所有。而土地是一切财富之母！特别是社会主义市场经济制度的实施，农村土地不能流转直接进入市场，只能通过被征购、征收方式转为国有后才能进入市场，这是城乡经济差距拉大和城市高房价的总根子。

1. 土地出让的理论制度设计存在缺陷

1987年，为了城市国有建设用地进入市场，完成了国有土地所有权和土地使用权的理论与制度创新，我称之为“土地权益两分法”。因而1988年2月通过了宪法修正案关于土地使用权可以有偿使用和转让的条款。但是，这个理论制度设计存在缺陷，即土地的权益，应当是具有土地所有权、土地经营权、土地使用权。我称之为“土地权益三分法”。

由于城市国有土地经营权的缺失，造成土地制度设计的缺陷。因而在过去的20年城镇化发展中，尽管土地法规定禁止炒卖土地，但事实上土地炒卖现象严重；同时，批租40年、50年、70年期限的商品房（住宅或商业办公用房等），都有3～5年的折扣。具体说，就是土地批租时限是从开发商拿到土地就开始了，等建造好，交付给业主——即土地使用权（与房屋物权不可分割）的使用者时，已经过去了3～5年甚至更多。造成当前全国所有的商品房的使用期限被打了折扣。譬如，商品化住宅，批租期限为70年，购房者取得产权证时，已经过去了3～5年多，许多因动拆迁难以解决的，要10年多。这是制度设计的缺陷所造成的。

2. 土地出让办法存在缺陷

1）住宅用地70年批租的地租（或40年、50年）一次性缴纳，是高房价的根源之一。地租缴纳以后还在继续收取土地使用费和土地使用税，这严重不合理。建议结合物权法，把土地经营权引入，经营权为开发商，则土地使用权（与房产的物权不可分割）为购房业主，土地使用权与物权同生同灭同时存在，地租改为物业税并每年缴纳——把地租、土地使用税、土地使用费、土地增值税以及级差地租统筹设计为物业税，这样的制度设计，就完全与国际接轨，不再让有关部门乱收费、乱收税。房价也会合理降低。现有制度设计是把未来几十年十几届政府的收益全部收取了，是典型的不可持续的做法。

2）土地批租中，经营性土地只划分为六类，这根本不可能包容几万个行业，因而造成由于土地批租性质和时限问题而产生的严重的制度性市场不公。譬如，以工业或仓储用

地批租而建设现代服务业的问题，仓储用地作为创意产业、商业大卖场的问题；再譬如，大型建筑物建成后可以使用一百年、二百年，而其中可以转换多种行业，与现行土地合同出现矛盾。如果改为每年缴纳物业税，则可以根据当年实际使用用途或经营业态认定；这样做的话将对城市规划的管理制度与土地管理制度产生巨大变革，这样做将实现真正的与市场接轨、与社会接轨、与国际接轨。避免了土地批租制度所造成的市场起步时的不公平、税收的不公平、地价的不公平，也避免了土地批租中政府部门由制度性引起的腐败。

3）住宅用地分类存在缺陷，缺少保障性住房建设的市场准入制度和供给制度。保障性住房不应当完全进入市场，但是目前住宅用地的批租只能作为六类土地批租，而且必须进行“公开招标、拍卖、挂牌”在市场上取得，使得保障性住房制度缺位、经济适用性住房价高、商品化住宅价格更高。

3. 城乡建设土地不能公平进入市场

“为了公共利益的需要”而强行征收、征用城市郊区农村集体土地变为国有，尽管农民获得了一定的补偿，但是这批失地农民真正失去了发展权，是城市对农村最严重的剥夺。这是近20年来工业化、城镇化高速推进，城乡差距越来越大的根本的制度性原因。

4. 土地开发市场准入制度缺位

1990年代，工业区开发一哄而上，村村点火、队队冒烟；2000年以后，大搞城镇化建设和房地产开发，外资、国有、民营、个人一起上，钱多钱少都可以干。失控的地价和失控的房价与土地开发市场准入制度缺位有直接的关系。

（三）城镇建设资金来源的问题

新中国成立后的头40多年里，国家实行以计划经济为主导的全国统一的财政模式。1992年，党的十四大确定了我国经济体制改革的总体目标是建立社会主义市场经济体制，十四届三中全会通过了《关于建立社会主义市场经济体制若干问题的决定》，提出“按照统一税法、公平税赋、合理分权的原则，改革和完善税收制度”。并由此启动了全面的工商税制的结构性改革，自1994年1月1日实施。

以分税制为核心的财政体制改革，极大地调动了地方政府促进经济增长和社会事业发展的积极性。地方经济社会要发展，地方政府手中就必须有资金有财力作为支撑。根据分税制财政体系的划分，税收分为中央税、中央地方共享税和地方税三大类。按照上述的中央、地方“分家”，地方政府的财政收入是比较少的。

从工商企业的税收来说，“三资”企业（港澳台企业享受同等待遇）的所得税从获利年度起“两年免税三年减半”，基本上无税收；企业增值税、所得税3/4上缴中央，1/4省市分成，地方城市拿不到1/10，营业税和附加费归地方，但是100%的地方政府为招商采取退税优惠政策，通常退税50%，许多城市退税高达80%以上。特别是沿海“三资企业”比较集中的城市，出口退税额度更大。近两年来金融危机对我国出口行业冲击巨大，国家对上万种出口产品提高了出口退税的比重。2005年国家分税制又作了调整后，地方政府对“两头在外的企业”进行出口贴税；即地方政府不但没有直接的税收，还要倒贴。民营企业也基本上享受这个政策。因此，地方政府从工商业中获得的财政支持是非常少的。

分税制改革以后，省市县当时基本上是“吃饭财政”。要建设、要发展，没有钱是万万不能的。教育事业、医疗卫生事业、体育事业、养老保险、社会福利、城市基础设施建设、电力、能源、道路交通等，除了西部“老少边穷”地区外，都要地方政府出钱，可是资金不够，怎么办？搞第一产业，政府只能投入，财政回报不大；搞第二产业，即工业化，其结果是对中央财政贡献很大，对地方政府财政收入贡献却很少；搞第三产业，作为第三产业重要组成部分的房地产业已经具备了发展的良机，它可以大大增加地方财政收入，可以用发展房地产业所获得的资金来弥补搞工业化所亏欠的地方资金窟窿，同时还可以用收取市政配套费、教育医疗等公共设施配套费的名义，获得资金来建设人民群众急需的教育、医疗卫生、体育等基础设施，即“土地财政”。

“8.31 大限”前的土地出让（是指国务院国土资源部和监察部联合下发 74 号文件，规定从 2004 年 9 月 1 日起，所有六类经营性土地必须实行公开的招标、拍卖、挂牌的出让制度，业内人士称之为“8.31 大限”），是政府与企业的协议出让，土地价格低，房价也低；但是容易滋生官员腐败，即所谓的“要土地找市长”。为从制度上彻底解决腐败问题，2004 年监察部与国土部出台了“六类土地出让公开招标、拍卖、挂牌”的土地新政即“8.31 大限”，即所谓的“要土地找市场”。腐败消除了，地价冲上去了，地方政府拿到了数倍、甚至十几倍于土地协议招标之时的巨额收入，这更大地激发了地方政府高价卖土地的决心，一举两得，何乐而不为？这也是我国前一阶段土地开发失控的主要制度性根源。

与此同时，为配合宏观调控政策的实施，近几年国家税务总局连续出台了若干措施，对房地产业课以重税，使房地产业成为中央和地方政府财政收入的主要来源之一。“羊毛出在羊身上”，高税赋的结果必然是产品的高价格，这是古今中外社会经济发展历史已经证明的道理。

因此，从 1997 年的亚洲金融危机后到 2004 ~ 2007 年的大开发、大建设和房价高涨，其实是房地产业支撑起了我国工业化和城镇化的快速发展和扩张。全国 600 多个城市，近 2000 个县城的工业化发展和城镇化发展，特别是沿海发达地区的发展，主要依靠房地产来解决地方财政的收入。所以，当前发达地区或城市都来救楼市，也就不可避免。

我国少年儿童的人居环境问题与改善建议

王宝刚

少年儿童是祖国的花朵，是国家的接班人，肩负着让我们中华民族重新在世界崛起的重任。然而，随着中国城市向高层高密度化发展，我国少年儿童的成长现状和人居环境愈加令人担忧。在游玩空间方面，缺乏足够的游戏运动场所，特别是缺乏团体活动的场所；在游玩时间方面，现行的教育体制占用了少年儿童们游玩的时间；在游玩方式上，电视和电子游戏等削弱了孩子们到户外游玩的兴趣，这是导致我国肥胖儿、眼镜少年及心理问题儿童的迅速增加的主要原因。肥胖、近视及心理疾病是影响我国少年儿童身心发育的三大健康问题，而这三大健康问题的产生更是与少年儿童成长的人居环境有着直接的关系。因此，关注并研究我国少年儿童的人居环境，营造能让少年儿童健康成长的人居环境具有重要的现实意义。本文将从人居环境的角度，在阐述我国影响少年儿童的成长发育的人居环境要素，分析少年儿童人居环境所存在问题的基础之上，提出若干解决少年儿童人居环境问题的建议。

一、影响少年儿童的成长发育的人居环境要素

少年儿童时期是人生中极为重要的成长阶段，人居环境的好坏对其成长发育的影响举足轻重。影响少年儿童成长发育的人居环境要素，主要可以划分为家庭环境、社会环境及空间环境三个方面。

家庭环境主要包括家庭的社会经济地位、家庭内的人际关系及父母的育儿态度和行动等。家庭是社会结构中的最基本单元，是少年儿童成长发育的摇篮，也是少年儿童接受教育的原始基地。家庭环境的好坏直接影响着少年儿童的身体发育和心理发育。俗话讲什么样的家庭培养什么样孩子，说的就是这个道理。

社会环境主要包括社会制度、社会道德及社会风俗习惯等。社会环境是孩子们继家庭环境之后，必须面对的现实环境，对少年儿童的成长发育起着至关重要的作用。孟母三迁的典故充分说明了社会环境对少年儿童发育成长的重要性。

空间环境可划分为室内环境和室外环境，室内环境主要包括住宅规模、户型设计及儿童房间的有无等；室外环境主要包括庭院、胡同、公园、自然场所、高层建筑等。少年儿童生长发育的不同阶段需要与其相对应的生活空间体系。这个生活空间体系应该是由房间、庭院、胡同、自然场所、儿童公园及各种层次的游戏运动场所组成。其中，自然场所与游玩场所是少年儿童人居环境空间体系的不可缺少的重要组成部分，是保障少年儿童健康成长的重要场所。

家庭环境、社会环境及空间环境是影响少年儿童成长发育的人居环境三因素，然而，纵观我国城市少年儿童人居环境的现状，很难发现有哪座城市具有能令少年儿童满意的人居环境。随着居住环境的改善，家庭内孩子的活动空间有了保障，但过度的家庭溺爱、单亲家庭的增加，使得孩子们的成长摇篮发生了质的变化，饭来张口、衣来伸手、五谷不分、四体不勤的孩子们的量化出现可以说明现在我国家庭教育的现状。僵化的教育体制、人生

价值观的不正确引导、社会道德的低下导致少年儿童成长的社会环境不尽如人意，自私自利、不知礼仪、缺乏感恩心态成为当今我国少年的较为普遍的特征之一。空间环境的发展更是乏善可陈，在城镇化高速发展、高层住宅取代原有的低层住宅、现代科技及汽车走入家庭的进程中，不知何时，留给我们许多美好记忆的幼时庭院没有了，胡同消失了，自然场所更是近乎于绝迹，可是应该代替这些场所的各种儿童嬉戏玩耍场所、运动场所却没有出现。可以说我们少年儿童的游玩空间被城市发展象征的高楼大厦、汽车洪流所剥夺了；游玩方式被电子科技绑架了；游玩时间被八股文式的教育体制抢走了。

二、我国少年儿童人居环境的主要问题

（一）缺乏游玩空间与场所

我国少年儿童人居环境的首要问题是游玩空间与场所极为缺乏。在城市公共场所中，虽然可以发现一些为老年人、学龄前儿童设计的集中活动的空间，但是，专门为少年儿童设计的、符合其生理尺度和心理需求的空间却极其少见。尤其是能让少年儿童冒点险、费点力的游玩器械与设施、集体游玩活动场所更是难以见到。每个少年儿童都是游玩天才，只要我们提供一些场地和设施，少年儿童就可以创造出无限的玩法，在游玩的过程中，孩子的创新能力得到加强。像足球、篮球及传统的户外群体运动游戏等，不仅可以给少年儿童带来健康的体魄，而且可以培养少年儿童的团体协作精神，增强少年儿童的自信心，是培养阳光少年极其重要的环境要素之一。然而，现在我们的城市却没有为少年儿童们提供这样的活动场所与设施。令人感到不可思议的是不但我们居住的社区附近缺乏少年儿童的活动场所和设施，即使在偌大的北京市几乎没有免费的足球场、篮球场等大型户外运动场所，其他能供少年儿童免费游玩的场所也是少得可怜。首都北京少年儿童的游玩场所尚且如此，其他城市就更无从谈起了。

中房地产研究会人居环境委员会于 2009 ～ 2010 年，在部分城市进行了城镇人居环境居民满意度评价调查。在城镇人居环境建设存在的主要问题一项中，约有 40% 的城镇居民对少年儿童的游玩场所表示不满，认为应该增加少年儿童的游玩空间与场所。此外，中国青少年研究中心的一项调查结果显示，52.9% 的中小学生把家作为最经常的游戏场所，不愿参加社区或户外的活动。

（二）游玩场所尚未形成层次体系

虽然一些公共场所也有专门为学龄前儿童而设置的游憩活动空间，但大多是简单地划出一块场地，放置一些简陋的设施供孩子们做一些机械性的活动。“单一场地 + 简单设施”似乎已成为儿童游玩活动空间设计的惯用手法。这些游玩空间大多没有考虑不同年龄的少年儿童的游玩需求，没有针对不同年龄的少年儿童而设置不同层次的游玩场所，而且空间功能与设施极为单一，缺乏吸引力。孩子们需要什么样的活动空间，不同成长阶段的孩子，游玩需求也是不同的。应该根据不同孩子的成长阶段，规划布置不同的游玩场所和设施，形成少年儿童游玩空间的层次化、体系化，满足少年儿童成长过程中的游玩需求。

（三）居住环境的改变导致少年儿童户外活动减少

随着城市的发展，城市住宅逐渐为高层住宅所替代，由于需要乘坐电梯，再加上安全等原因，高层居住的少年儿童外出游玩的时间与次数减少，待在室内或家中进行活动的时间越来越多，结果导致儿童除了家人以外，与其他人群，包括同龄儿童之间相互接触的机会也逐渐减小。日本学者曾对高层居住和底层居住儿童进行过绘画测试，结果高层居住的

孩子们画的最多的图案是妈妈的面孔；而底层居住的孩子们表达则要丰富得多。这项结果充分说明了高层居住环境对少年儿童的负面影响。现在，无论是日本还是中国，“宅男、宅女”逐渐增多，应该与其成长环境，尤其是高层居住有着一定的关系。

（四）社区交际关系的淡薄导致无法形成少年儿童活动群体

户外游玩场所和游玩时间的减少，再加上社区内邻里之间交际关系的淡薄，使社区内孩子们失去了很多童年阶段相互交往的机会。社区内孩子们的群体活动对于孩子们的成长至关重要，通过群体活动和游戏，孩子们在尝到了团体合作游玩的乐趣的同时，学会如何与人相处的方法、学会了如何遵守游玩规则、学会了忍耐互让、甚至学会了打架的尺度。

（五）现行的教育体制剥夺了孩子们的游玩时间

僵化的教育体制、不均衡教育资源配置，逼迫家长和孩子们绞尽脑汁，想进入尽可能好一点的学校。从小学到大学，为了能进一所好学校，家长和孩子们可谓经历了千辛万苦。除正常的学校学习外，似乎每个孩子都有在英语、美术、琴艺等各种课外补习班的苦海里游上一圈的苦难经历，当然学习目的各不相同，但多数孩子是为了获得一个特长加分，从而为进入好学校增加一些筹码。这样让本来就已经没有多少课外游玩时间的孩子们，更是无暇游玩。孩子们的行为轨迹几乎变成了“家庭—学校—课外班”这样的三点一线；学习时间则变成了“5+2、白加黑”这样的铁血守则。试想一想，在这样的生活轨迹和学习作息表的桎梏下，我们的孩子们能够健康成长吗？能够拥有一个强健的肩膀支撑起我们国家的未来吗？

（六）电视、电脑的普及与游戏机的肆虐等泯灭了孩子们户外游玩的欲望

随着电视、电脑及游戏机的普及，更多的少年儿童开始沉溺于网络，甚至经常流连于网吧、游戏厅等不利于他们身心健康发展的场所，这些行为严重影响着少年儿童的生理和心理的健康发展。尤其是各种电子游戏的肆虐更是极大地吞噬了孩子们的身心健康，泯灭了孩子们户外游玩的欲望。更让人不可理喻的是一些有线电视媒体垄断商竟然在其有线电视中，也加入了游戏频道，播放有所谓专家指导的游戏节目，而且这样的行为竟然能得到政府相关部门的允许。难道是媒体垄断商和政府相关管理部门嫌我们少年儿童的游戏玩得不够吗？

三、改善我国少年儿童的人居环境的建议

（一）加强少年儿童的人居环境问题的研究

与其他领域相比，少年儿童的人居环境并没有受到应有的重视，为此，国家、各级政府、大学以及相关研究单位应认真关注少年儿童的人居环境问题，并积极开展相关项目的调查研究，为营造一个适合我国少年儿童的人居环境，提供理论与技术支撑。

（二）应编制少年儿童游玩环境专项规划并纳入城市总体规划

在城市总体规划中，应增加少年儿童游玩环境专项规划，并应确保足够的空间用地。应根据社区规模和儿童的不同成长阶段的需求，规划布置相应活动场所和设施，以期形成完善的游玩空间体系。尤其应该增加室外群体活动的场所的数量，如足球、篮球等运动场所，在给少年儿童提供良好的游玩健身场所的同时，促进少年儿童之间的社会交往，培养少年儿童的团体合作精神。根据城市规模，每座城市应该设置相应数量的大型免费的城市运动公园。

（三）营造少年儿童可接触的自然生态空间

在城市规划建设中，应通过保留自然生态环境空间或营造准自然生态环境空间，给孩子们提供一个能亲密接触自然的空间场所，培养孩子们热爱自然、亲近自然、保护自然的情操。

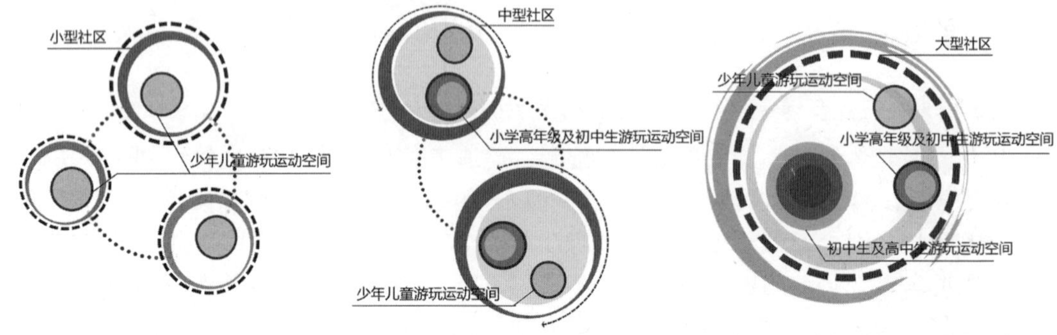

图 1　社区少年儿童游玩空间规划示意图

（四）增加具有冒险性、趣味性的游玩场所与设施

少年儿童游玩场所的设计要符合儿童的心理和生理，增加具有趣味性、冒险性、健身性、团体合作性强的儿童游玩场所和设施，满足孩子们特有的好奇心理，在游玩过程中，拓展孩子们游玩的创造力和想象力。

（五）开放中小学校的体育运动设施

课外时间开放所有中小学的体育运动设施，积极促进当地少年儿童开展各项户外体育

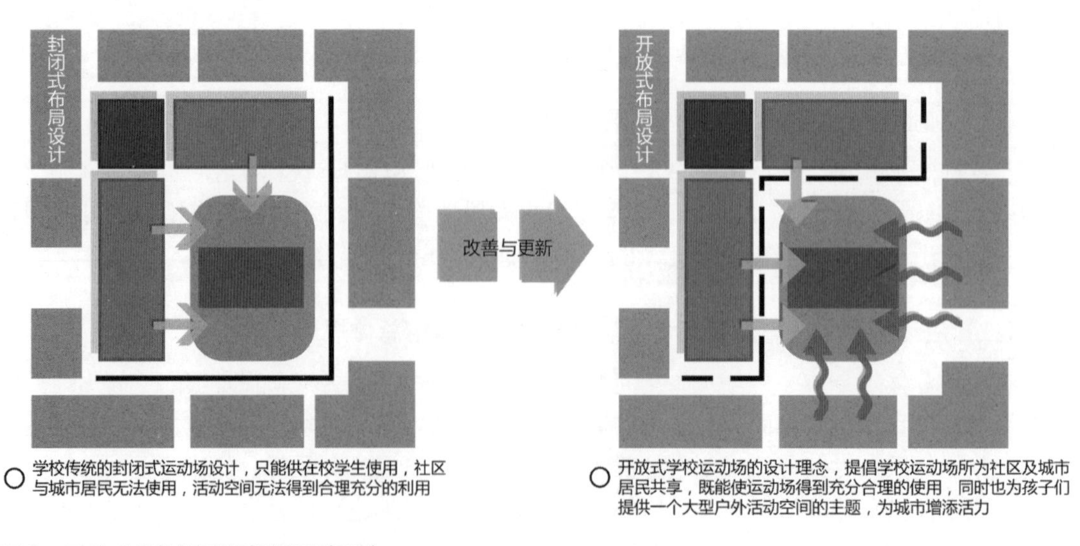

图 2　开放式学校运动场规划设计理念

活动，使中小学校真正成为社区少年儿童的活动中心。应将已经停办的中小学，作为区域内重要的体育设施场地资源，使之成为少年儿童乃至全民的体育活动中心。

（六）鼓励高层住宅设置中间层活动场所

随着城镇化的快速发展，城市居民正在向高层居住转变，为确保高层居住的少年儿童能拥有一个便于游玩的空间场所，建议在审批新开发建设的高层住宅项目时，可通过提高容积率、政府补助等各种优惠政策，鼓励或引导开发商在中间层设置便于少年儿童游玩、健身的场所，解决高层居住的孩子们不愿到户外活动的问题。

■ 高层住宅中间层活动场所设计理念

中间层活动空间位置示意图

中间层活动空间设计示意图

图 3　高层住宅中间层活动场所设计示意图

（七）改革教育体制，将游玩时间还给少年儿童

应该明确中小学的教育宗旨，是全民普及教育，是基本素质教育，不是英才教育。因此，尽快改革现行僵化的教育体制，取消学校等级划分，取消不合理加分制度，均衡分配教育资源，确保中小学教育的公平性。同时，应最大限度地减少学习负担，给少年儿童们留有足够的游玩时间，使我国的少年儿童们也能享受到快乐童年，也能健康茁壮地成长。

四、结语

本文从硬件的游玩空间场所、软件的教育体制等方面，阐述了影响我国少年儿童的成长发育的人居环境要素、少年儿童人居环境所存在的问题，并提出了改善少年儿童人居环境的若干建议。少年儿童人居环境问题是关系到我们国家未来发展的重大问题，希望能引起各级政府以及专家学者们的重视，逐渐完善少年儿童户外运动场所的规划设计，改革现行的教育体制，强化政府对网吧、电视媒体及电子游戏发行的监管，为我国少年儿童创造一个良好的人居环境，使他们能够成为身体强壮、心理健康、品德高尚、修养良好的阳光少年。

中国绿色建筑典型示范工程介绍

靳瑞东

近年来，中国“绿色建筑”发展迅猛，中国成为了世界最活跃的绿色建筑市场。中国科技部、住房和城乡建设部、地方政府与美国自然资源保护协会，美国绿色建筑协会等合作，通过绿色建筑示范项目合作、绿色建筑技术教育、绿色技术的引进，逐步使绿色建筑技术结合中国国情实践化，并成为中国建筑可持续发展的方向之一，以下四个示范工程有较大影响力、并有极大的开创作用。

一、科技部建筑节能示范工程

该工程作为中国科技部和美国能源部可再生能源政府合作计划的重要部分，发起于 1999 年，目的是通过具体的工程示范过程，引进适合中国建筑市场特点的节能和绿色建筑技术。

图 1　建设部科技示范工程

工程位于北京中心城区，建筑共 10 层，为政府办公建筑。美国自然资源保护委员会（NRDC）与美国劳伦斯•伯克利国家实验室通过多种绿色建筑技术优化，与中国工程团队合作，使得该工程显示了惊人的节能减排性能和优异的环境效益。由于在 21 世纪之初，中国建筑市场在建筑节能和建筑绿色技术方面比较缺乏，工程通过两年的研究探索，确定了适合中国建筑市场的技术方案和建造方法。工程于 2002 年底开工建设，2004 年初落成竣工，中美两国政府举行了盛大的竣工仪式，标志了这一有实际工程意义的绿色工程建成。2005 年该工程获得 LEED 金级认证，并于同年获得中国“绿色建筑创新奖”综合奖第一名。它的示范建设活动向中国建筑揭示了一个重要意义，就是按照中国的建筑成本要求，采用市场通用的技术和材料，利用技术优化和合理的施工组织，完全可以建成性能优异的绿色建筑。

根据对该工程能耗监测，该建筑每年可实现减排 CO_2 至少达 1600 吨，建筑寿命周期可实现减排 CO_2 达 170000 吨以上，主要的绿色性能表现为以下几个方面。

（一）突出的节能性能

根据多年的建筑运行监测数据显示，其相对于美国 ASHRAE 90.1 节能标准提高 60% 以上，同类似规模的常规办公楼相比，其节能提高达 74% 以上。用电记录显示该建筑年用电仅为 52 kWh/m^2，而通常的类似办公楼建筑年用电为 150 ～ 200 kWh/m^2。

对于节能措施本工程采用了高性能的保温墙体、高隔热窗，增强自然通风与自然采光。节能型 T-5 照明灯具构成了本工程的主要照明系统，结合自动调光系统，使得楼内的照明能源负荷降到 5 W/m^2。而在国家节能照明设计标准中，照明功率密度达到 9 W/m^2 还是未来目标。

热回收技术可回收室内外换气中 76% 的能源，同时采用的空调蓄能技术利用夜间低电价制冰蓄能，昼间融冰降温，可大大节约能源费用。屋顶安装了 15kW 的单晶硅发电及太阳能热水装置，可替代 5.2% 的建筑用电量。

图 2　太阳能热水装置

（二）超常的节水性能

建筑所采用了 4 升压力冲洗式便器和无水小便器（首次在中国应用），雨水回收与再利用使得此建筑减少了 40% 的自来水使用，相对于用水定额指标，此建筑的用水量减少了 60%。由于屋顶花园和地面绿化多采用本地化耐旱植物，绿化浇灌用水每年节省 1 万吨自来水。根据北京市节水办的跟踪监测，此建筑的节水能力位居北京市所有办公建筑之首。

图 3　示范楼的地面绿化

（三）高效的场址利用

该建筑是原场地再建设工程，由于其位于开发成熟的城区，周边有充分的公共交通系统可以利用，公共汽车站点和地铁站点都在短时间步行可达范围内，大大减少了员工私家车的使用率。为改善区域热岛效应，屋面的 65% 面积被设计为景色宜人的屋顶花园，种植了 80 多种花草树木，不但为员工提供了温馨的休息场所，而且大大降低了夏季屋面温度。周边空地增加了绿化范围，所有通行地面都采用了透水铺装，结合屋面与地面的雨水收集系统，不但可减少 90% 以上的雨洪径流，而且大大地改善了周边环境的气候条件。

图 4　示范楼的屋顶花园

（四）可持续建筑材料

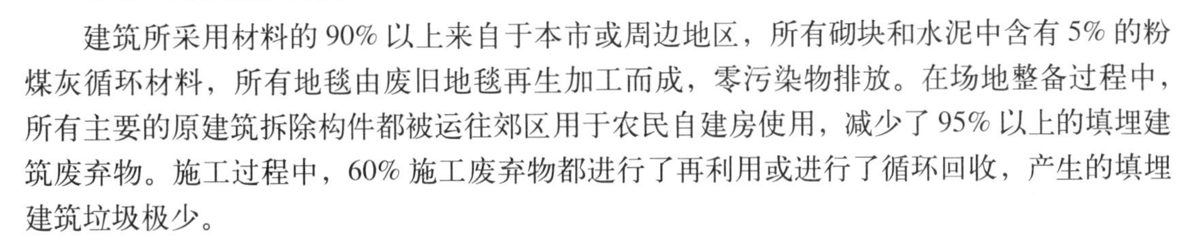

建筑所采用材料的 90% 以上来自于本市或周边地区，所有砌块和水泥中含有 5% 的粉煤灰循环材料，所有地毯由废旧地毯再生加工而成，零污染物排放。在场地整备过程中，所有主要的原建筑拆除构件都被运往郊区用于农民自建房使用，减少了 95% 以上的填埋建筑废弃物。施工过程中，60% 施工废弃物都进行了再利用或进行了循环回收，产生的填埋建筑垃圾极少。

（五）高室内环境品质

室内空气质量检测显示室内污染物排放只有国家标准限值的七分之一，全部室内热舒适度满足美国 ASHRAE55 标准规定的最佳热舒适度要求，本建筑的新风量大于国家标准，并超过 ASHRAE62.1 标准的 30% 以上，在通风系统中，采用 CO_2 监控结合变风量送风技术，可使室内空气始终维持在设计的舒适度范围内。由于在管理上规定楼内禁止吸烟，建筑在使用后，员工的吸烟率由 25% 在半年内降低到 8%，提高了员工的健康水平。由于室内所使用装修材料都采用了环保型建材，在采暖和空调使用季节，室内空气中基本上检测不到有害污染物，为员工提供了健康、环保的室内工作环境。

二、北京奥运村

奥运村在2008年北京奥运会期间服务于16000运动员、教练员居住，是奥运主要设施之一。奥运村由企业投资建设，奥运会后作为住宅项目向社会出售，绿色建筑是工程的主要目标，也是落实中国政府承诺绿色奥运的主要标志之一。工程展示了和谐统一的环境效益、社会效益和经济效益。

图5　奥运村全景

奥运村坐落于奥运公园西北，规划面积27公顷，土地为老旧城区再开发，共建有42栋居住建筑，1800套住宅，总建筑面积42万平方米，包括38万平方米住宅和4万平方米配套公建及奥运临时设施，工程于2006年开工建设，2008年6月建成竣工。工程在设计之初，就制订了以绿色为目标的技术方案，建筑节能、可再生能源利用、节水、健康的室内外环境为主要措施，其主要表现在以下几个方面：

（一）节能与可再生能源

建筑围护结构采用高性能的墙体和门窗，开窗设计综合考虑增加室内自然采光和照明。首次大规模采用集中废水水源热泵系统为所有居住建筑提供冬季供暖和夏季制冷，替代了锅炉采暖和空调机，仅此一项就相当于减少用煤2.4万吨，减少CO_2排放6.1万吨。工程采用太阳能热水系统，每天可提供600吨热水，足够奥运期间运动员的热水需求和未来居民需要，每年可节能560万千瓦时，减少CO_2排放5600吨。室内照明采用节能灯具，室外采用了760个由太阳能驱动的路灯和庭院灯，地下照明采用了LED照明系统，同时设计了光导管系统。工程照明设计为年节能58万度电。

（二）节水

所有建筑排放中水与雨水都回收处理，用于冲厕、景观水体补充和绿化浇灌，所有地面铺装采用了雨水渗透设计，做到奥运村范围内雨水径流降低80%以上，实现年节水7.6万吨自来水。

（三）材料

大多室外道路和装饰构件由废塑料和废渣等循环材料加工制成，社区内的废弃物回收桶本身也是由废旧材料制作，90%以上的建筑材料产自于北京或附近地区，以减少材料运输的耗能。景观绿化尽可能地采用了本地化植物，既构建了优美的社区环境，又减少了绿化用水和维护费用。

图6　奥运村室外道路

（四）微能耗示范

作为奥运建筑的绿色技术亮点，美国能源

部与北京市科委合作，将运动员接待中心打造为微能耗示范，集中展示奥运建筑的绿色技术。该建筑在赛后将成为园区的幼儿园。该建筑采用了 23 项高科技的绿色技术，包括被动式设计、太阳能、冬季蓄能系统、高效地源热泵、风能发电、呼吸式墙体材料等。其中太阳能提供了 60% 的建筑用能，冬季蓄能系统，可提供夏季制冷所需的 20% 的冷量。奥运村 2008 年获得了 LEED 金级绿色社区认证，成为中国第一个 LEED 认证的绿色社区工程。

三、北京节能环保中心示范工程

中国既有建筑存量巨大，而大多为不节能建筑，占建筑能耗的绝对比例，北京有 1.6 亿平方米的既有公共建筑，也是重点提高建筑节能的主要对象，但既有建筑情况复杂，如何从机制、政策和技术方面，探索出经济合理、技术可行、效果显著的既有建筑进行节能改造模式是该工程的主要实现目的。该工程作为北京市既有政府建筑节能改造的示范工程，为北京计划 2011 年改造 4000 万既有公共建筑的目标进行工程实践探索。该建筑建于 1986 年，位于北京城区，建筑面积为 $3600m^2$，传统砖混结构，为普通办公建筑，用能系统简单，改造的主要目的是显著提高建筑的节能性能与室内环境舒适度，同时工程改造成本控制在每平方米 4000 元左右，采用技术成熟、实用，工程技术方案、工程管理经验可用于其他公共建筑节能改造。

图 7　节能环保中心示范工程

改造主要技术措施

根据原建筑实用情况、能源审计的结果，设计改造方案时主要考虑对围护结构进行大幅度性能提高，增加外墙的保温性能，原有窗以节能窗替换，加装新的节能空调与通风系统，改造照明系统，提升采暖系统的效率，部分采用可再生能源。在结构上，基本全部保留原有结构体系和构件，室内主要空间形式不变，保留室内隔墙系统，以最大程度减少建筑垃圾。

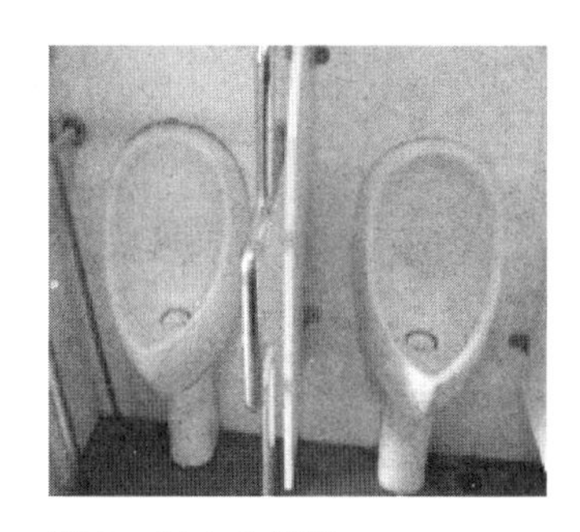

图 8　无水小便器

一种复合外墙保温系统“浮筑”在原有外墙上使得墙体保温隔热性能提高了 80%，保温窗采用了塑木复合断热窗框

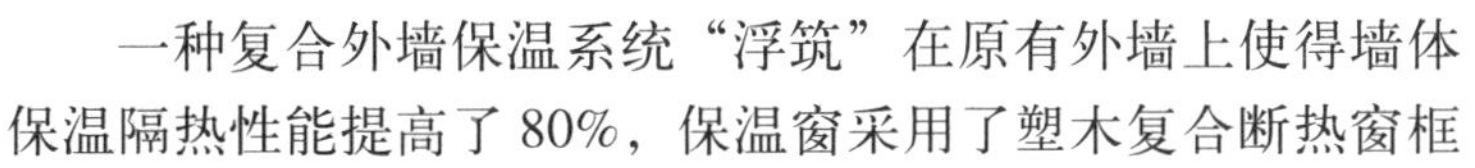

和多层 Low-E 保温玻璃使得窗的传热系数由原窗的 4 W/（m^2·K）下降到 1.4 W/（m^2·K），同时在外窗上加装了眩光控制装置，既可起到较好的遮阳作用，也为室内改善了光环境。根据该建筑特点，新的空调系统用两套 VRV 空调系统，取代了不同年代凌乱安装的大量旧式空调机，全新风系统中安装了热回收装置，防止采暖与制冷季节室内热负荷，热回收率达 76%。

所有用水器具都更换为节水型器具，如节水便器、无水小便器、节水龙头等，相对于改造前，节水 15%。场地改造中，采用了雨水全收集处理系统，地面透水铺装下设置了雨水回收装置与雨水收集槽，回收的雨水主要用于绿化浇水和洗车，场地实现雨水零径流。

室内节能照明配以智能照明控制系统实现年节电 3200 度，同时四套阳光导管安装在屋面上，为楼梯间和核心区域昼间提供阳光照明。屋面安装了25kW的太阳能光电系统，用于建筑照明，由于建筑内照明用电总功率只有18kW，所以太阳能光电系统可完全提供办公时间全楼的照明用电需求。改造后拆除了原有的热水锅炉，由安装在屋面的太阳能热水系统提供热水供应，所采用的太阳能热水系统为压力式热导管太阳能热水器，即使在冬天，也能有效地提供足够的热水，相比普通的太阳能热水器，效能提高37%。

由于北京节能环保中心为政府实施节能管理的机构，其中设置了北京市用能监测数据中心，监控全市500家主要用能单位的实时能耗情况，所采用的“EnergySmart”服务器技术可根据网络负荷调整主机运行能耗，比通常服务器系统节电30%，有数据机房实现的节能量占建筑总节能量的20%。

四、军营绿色建筑示范工程

部队设施的绿色工程实践与普通民用建筑较为不同，为落实国家节能减排规划，军队也在积极探索如何建造绿色营房，实现节能低碳的可持续军营。该工程被批准为绿色营房建筑的示范工程，以期为绿色营房建筑提供有益的经验和技术路线。该工程位于某军队营区，功能用于军官培训，其中包括教室、住宿、会议等，建筑面积12000平方米，工程正在建设过程中，已进行LEED工程注册。

图9　军营绿色建筑示范工程全景

工程的绿色设计

在工程设计阶段，不同的建筑设计和技术方案都进行了多次计算机模拟与技术优化，确保建筑节能达到75%的目标。由于该建筑空调与热水负荷较大，因此采用了地源热泵系统用于制冷和热水制备。由于地区气候环境高温、高湿，自然通风结合机械通风中采用了多项节能措施，既保证了通风质量要求，又大大降低了由于通风产生过多的空调负荷。在建筑设计时，主要按照被动建筑设计技术，尽量利用自然环境降低建筑的暖通空调能耗和照明能耗。屋面的绿化系统和周边的绿色设计大大地降低了建筑物常见的热岛效应，使得建筑与环境比较和谐，促进了建筑本身的节能作用。建筑中大量地采用了由太阳能驱动的LED照明系统，地下部分利用地形特点50%的面积可直接由自然光进行照明，照明能耗远低于类似建筑用能。

在人们对绿色建筑的认识方面和目前的相关建筑体制方面，对于促进绿色建筑发展还存在一些问题，建筑节能是强制性的，而绿色建筑则是自愿的。虽然国家也颁布了若干措施推广绿色建筑，但激励机制力度不足，目前国家正在研讨相关财政、资金、市场激励措施，通过示范计划、工程奖励、政策引导，加快中国绿色建筑的发展。

无论在建筑界还是人们意识中，还普遍存在一个误区，认为绿色建筑会加大建筑投资成本，但以上几个绿色建筑示范工程实践却清晰反映，在不增加工程成本的情况下，若在最初的方案阶段，通过合理的规划设计、技术选用和集成优化，同样可以建造高品质的绿色建筑。个别绿色技术可能比常规技术花费要大，但通过以下两个途径可以完全将费用的增加抵消：第一，通过方案内各种技术与成本效益平衡，某种技术的成本增加，可抵消其他技术带来的成本降低；第二，通过绿色建筑带来的较低运行费用和能源费用节约，一般都远大于建筑初期投资的增加。一般来讲，建筑绿色技术的投资完全可以从建筑寿命周期的运行中得到回报。

中国要在“十二五”期间设定更严格的节能与环保目标，这将要求建筑更加节能和绿色。为激励建筑节能和绿色建筑市场，政府推出了一系列示范活动，从资金和金融方面加以支持，如在上海，列入国家绿色建筑示范项目，可获得每平方米200元的补贴。政府正在计划更多的激励措施，通过市场方式，加速绿色建筑的推广。

不但单个建筑要采用绿色技术，社区和城市都将走向绿色、低碳的建设模式，如中国新建建筑的5%为绿色建筑，每年就有一亿平方米。中国绿色建筑专业委员会2009年进行过一个调查，在之后的5年，新建建筑和住宅小区将会是最快速增加的绿色建筑领域。

国外社会保障性住宅建设的特色

周静敏

中国房地产的迅猛发展成就了经济的繁荣，也带来了很大的弊端和隐患。在对房地产行业“暴利”行为的诸多声讨之后，人们开始意识到如何解决老百姓的居住问题才是关键。于是盖社会保障性住宅成为一个重要的话题。

在国外，社会保障性住宅已有近百年的历史，它几乎是伴随着第一部住宅法规的颁布而产生。以下所分析的作品是社会保障性住宅在发展过程中著名的实践，反映了不同国家在各个时期的住宅政策和设计特色。

一、要为劳动者建房

在20世纪20年代，欧洲各国开始重视大规模住宅的建设开发，特别是奥地利的社会民主党更以建造劳动者的住宅王国作为其政纲之一。“为劳动者建设什么样的住宅？”成为奥地利建筑师共同关心、探讨的课题。在这样的社会背景之下，1927年，由维也纳当局建设，瓦格纳的弟子、社会主义者卡尔•恩（Karl Ehn）担任设计的卡尔•马克思住宅城（Karl Marx-hof）诞生了。

图1　庄严的立面

住宅城长达1公里，可容纳近1400户的住宅群沿街向内围合成一个巨大的庭院。院内有幼儿园、公共洗衣房、图书馆、诊疗所、事务所等公共设施。在近15.6公顷占地面积中，只有23%作为建筑用地，其余为绿化及道路。80%的住户为1室和2室，户平均面积为50平方米，各户均拥有阳台和凹廊。居民们把凹廊当作画廊来使用也是这个小区的一大特色。

图2　休息中的老人们

整个小区朴素，但很舒适，体现出很高的水准。庭院里还有许多为老人和小孩设计的休息场所和游戏区。小区的沿街外观庄严雄伟。建筑的尺度、材料的质感及城门上的雕刻均展现出纪念建筑的特征。在这个住宅城中，设计理念不仅浸透着现代意识，同时也融合了中世纪和文艺复兴建筑的韵律。

以现在的标准来衡量，这里户型不是很宽敞，采光也不是很好，但是庭院内森林般的绿化为社区提供了一个宜人的环境。虽然维也纳现在已有很多新建的住宅区，但是卡尔•

马克思住宅城仍连年被选为最宜居的小区，以其优美环境和庄严设计成为不朽的典范。

卡尔•马克思住宅城被认为是两次大战之间规模最大、意义最深的住宅。它象征着劳动阶级的自信，展现了与上流阶层相对抗的一种新文化形态。

二、低造价的房子也要精心设计

在荷兰，随着1902年住宅法规的颁布，前所未有的大规模集合住宅开发成为可能。而使住宅法的理念和意义得到明确体现的最初实践是克拉克（Michel De Klerk）设计的名为“自己的家”（Eigen Harrd）的住宅。住宅位于低收入劳动者集中的阿姆斯特丹中央车站的西北部地区，围绕地区的中心绿地建设。住房宽敞明亮，并在都市空间中导入了公共领域。这一体现了住宅法的尝试宣告了以往那些为单纯追求利润而建设的令人窒息的贫民区的投机行为的结束。

如此大规模的建设在当时是史无前例的。如何使设计在大体量中不失人情味是克拉克最为关心的问题。他尝试将巨大的块状立面在保持统一的前提下以楼梯间为重复单位分割，在每个分节中运用荷兰特有的砖或纵或横变幻排列，创造出了独特的不可思议的意象，体现了与构造合理主义的对抗及对浪漫主义表现的执着追求。这种分割形式成为后来被称为“阿姆斯特丹派”建筑表现手法的原型。

完成“自己的家”之后，克拉克运用同样的手法在阿姆斯特丹的南部地区设计建造了De Dageraad住宅。该住宅的每个住栋可容纳6户，各栋垂直的烟囱和塔式的屋顶设计得较为夸张、醒目，使各个住栋看起来形如独户住宅。这一作品被认为具有追求建筑的主观性的表现主义倾向。克拉克在集合住宅中的设计表现手法上可谓独树一帜。但在平面设计上的改良及总体居住环境的规划设计上无法与鹿特丹派的建筑师奥特（J. J. P. Oud）比肩。

奥特是第一次世界大战后的现代建筑运动扩大发展过程中与柯布西耶、格罗皮乌斯、密斯•凡•德•罗并驾齐驱的最受注目的荷兰建筑师。在1923年建造的Oud-Mathenesse住宅中，奥特借用了传统的荷兰乡村构成模式。整个小区为向心型，外墙上首次使用了白色石膏涂装，除街角的店铺之外，各住户以统一的形式设计。这一“白房子”的街区形式突破了阿姆斯特丹派徘徊于外观造型设计上的局限性，创建了平面、外观、外部环境一体化的新的住宅模式。

图3 “城门”上的雕刻

图4 “自己的家”住宅

图5 De Dageraad住宅

图6 Oud-Mathenesse住宅

三、最大限度地摄取阳光

图7　国际式住宅

1927年，德意志制造联盟在南部的工业城斯图加特举办了该联盟的首次建筑展。建筑展中的33个住宅从设计到竣工仅用了7个半月的时间。

在密斯·凡·德·罗的主持下，柯布西耶、格罗皮乌斯、奥特、夏隆（Hans Sharoun）等来自欧洲各国的16位著名建筑师从未来住宅的视点出发，对住宅建筑的平面布局、空间效果、新结构与材料的运用等进行了一系列的尝试，创造了统一的“国际式住宅”。

这些白色的立方体彻底地决裂于传统的建筑，完全以全新的面貌出现在地形复杂的山坡之上。从独户型住宅到4层的中层住栋，每个作品都反映着时代的建筑技术，体现着新的建筑思想和现代造型原理。这个被后人称为“现代建筑样板小区”的建筑群使合理的、美学的、考虑生产过程的现代建筑理念在集合住宅中首次得以体现。

国际式住宅的影响遍及了整个世界。迅速将其发扬光大的是1929年格罗皮乌斯、夏隆等6位建筑师设计的柏林西门子城大居住区。它由8个住栋组成，处于森林绿树之中，因而具有宽阔的绿化地。在统一基本布局和类型的前提下，建筑师们没有拘泥于“白色现代派”国际式的表现，而是创造出更具鲜明个性的新颖立面。

该小区最具特色的是采用了新的布局原则，为使主要的起居室能最大限度地摄取阳光，所有住栋沿东西向平行排列。这种布局方式成为英国、日本等国家在住宅小区开发初期争先效仿的样板。

四、多元化多样化

图8　汉德瓦萨之屋立面

二次大战后住房的供不应求导致了许多国家在1950～1960年代误入不顾质量而盲目开发的歧途。从1970年代后期开始，经过失败后的反思，日益成熟的住宅开发迎来百花齐放的多元化时代。

奥地利维也纳的汉德瓦萨之屋（Hundertwasser Haus，1986）就是一个秀逸之作，尤其对当时奥地利消极保守的住宅建设是一个有力的冲击。设计伊始，参与设计的建筑师卡拉维那（J.Krawina）本来要将建筑定位为“生态住宅”，可是画家汉德瓦萨（F.Hundertwasser）坚持要把人们搬到他的画里居住。几经周折，汉德瓦萨在1986年终于如愿以偿，和52户居民一起迁入了从外观到室内充满弧线的、色彩斑斓的、如诗如梦的世界。汉德瓦萨的特点还表现在对颜色的驾驭。他以红、蓝、黄、白色外墙划分每个住户，公共空间以灰色表明，加之屋顶花园的绿色植物相配，使整个建筑色彩绚丽夺目。还有屋顶上洋葱形状的铂金塔、秀巧的阳台、入口处的古罗马样式的喷泉也同样令人目不暇接。

汉德瓦萨的建筑空间是浪漫而自由的：游戏活动室的地面中间隆起，为孩子们提供了一个具有冒险和挑战的玩耍空间；过道的墙壁上既有艺术家的笔墨，也允许孩子们任意涂鸦；

图 9　活动室地面中间的隆起

住户对外窗附近的墙面有重新设计的自由……汉德瓦萨和高迪一样，相信只有曲线才能体现神灵的旨意。所以整个设计大部分是由弧线构成，部分地面甚至有近 10% 的坡度。

在住宅内部，彩色的瓷砖、弯曲的弧线虽处处可见，但已没有同外立面般的华丽。除了厕所的内装可以显现汉德瓦萨艺术的影子，其他房间的内部格调和普通的住宅没有太大区别。因为户型的进深过于狭长，室内有些昏暗。据说为了改善采光照明等生活环境，建设预算超支了一倍之多。此外，或许是因为作为画家的汉德瓦萨缺少建筑师的专业功底，好多设想还只停留在二维的表现上。

但瑕不掩瑜，从住户的反映来看，大家还是对它钟爱有加。“站在 8 层的露天晒台上可以看到维也纳周围的森林哦！”，“每家都有一个停车位的”，“我最喜欢通路、墙壁上的波状装饰，还有每个照明灯的设计都不一样”。而居民们最为推崇的是这里除了身处画一般的环境之外，还很易于邻里交往，像朋友一样能常常一起开派对，不像别的住宅同楼相居，却谁也见不到谁。

汉德瓦萨面对住宅的社会性问题，反其道而行之的这一超现实的挑战赋予了人们一个理想主义的画的世界，而“画中人”聚集而居所衍生出的平凡中的感动也使这幅画更加鲜活动人。

五、住民参与的伟大实践

纽卡斯尔的柏克小区（Byker Redevelopment，1968 ~ 1982 年）是城市再建中第一个住民参与的伟大实践，朴素的材料、繁茂的绿化以及环绕小区的红色城墙，无处不充满怡人的自然、祥和之感。而瑞士住民参与的塔玛特住宅（Siedlung Thalmatt，1985）与背面美丽的田园风景交相辉映，成为首都伯尔尼郊外的一个田园中的社区。

图 10　塔玛特住宅与田园风景的辉映

朝南的采光顶棚，暖炉的银色烟囱，凹凸的、布满植物的墙面使塔玛特住宅别具特色。 塔玛特住宅共有 36 户居民，每户均拥有独立的外部空间和通道。由于采用网格构造系统，各住户的位置和入口方位都有很大的自由度。这里的每一个住户都参与了设计。在建筑师的指导下，他们根据自己的意愿和购买力选择合适的规模，然后与建筑师一起在被指定的结构网格中进行详细设计和追加安装一些设备。

图 11　住宅外景

一层的客厅宽敞、明亮。素混凝土的天花、白色墙面、旋转钢楼梯和玻璃钢家具予人洗练、高雅的印象。餐厅与客厅相连，在室间划分上仅以暖炉相隔，餐厅的另一端为法国式落地窗，其外面便是阳光明媚的小花园。

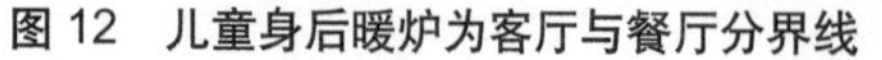

图 12　儿童身后暖炉为客厅与餐厅分界线

图 13　住宅的窗

儿童房间设在二楼，分为卧室和游戏室。卧室中色彩鲜艳的墙壁及室内可爱的布局完全不同于一层，洋溢着欢快的气氛。窗的设计与传统的欧洲式凸窗不同。为了保护私密性，窗台略向内凹进，窗的开口位置、遮阳板的挑出尺度及采光玻璃角度都有独具匠心的考虑。小花园很静，钢制的小圆桌和几把椅子在绿色植物的包围中显得很别致。

该住宅的设计者阿特利尔（Atelier）是勒•柯布西耶的忠实追随者。1950 年代创建初始的 5 人中就有 4 人在勒•柯布西耶的身边工作过。他们对混凝土的熟练运用和对住宅设计原则的认知在塔玛特住宅中得以成功体现。

住宅建设是一个“社会工程”，体现全社会的参与和关注。社会保障性住宅的发展不仅有赖于经济的稳定及新建筑技术的飞速进步，更主要的是要得益于国家所采取的住宅建设的推进政策。任重而道远，致力创造自然、人、文化相融的居住环境成为我们永远不懈的追求。

一个再现江南水乡特色的居住小区

——新城•保元泽第

韩秀琦

江南水乡民居是我国传统建筑文化中一枝美丽的奇葩，如何在当代新建居住小区中再现江南水乡特色，是许多人曾经绞尽脑汁尝试解决的问题。在这方面，浙江省贝利集团开发的新城•保元泽第小区提供了一个比较成功的范例。

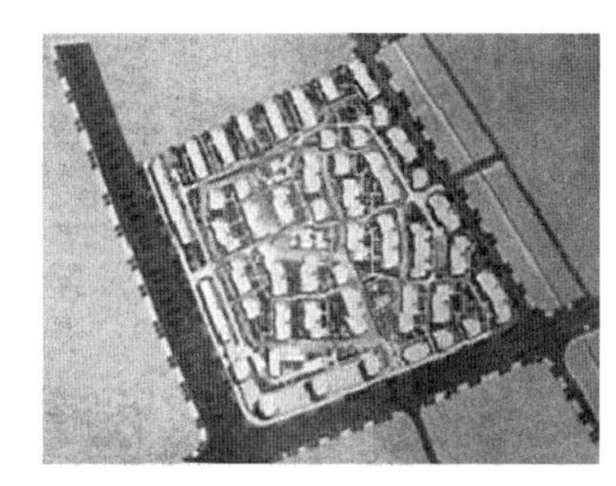

图 1　保元泽第小区规划图

人们心目中典型的江南水乡特色，可用元代马致远所作小令《天净沙•秋思》中的“小桥、流水、人家”六字概括。江南小镇水网纵横，人们临水而居，依水而行，因此水是居住环境中不可缺少的重要元素。在江南水乡中，水是赖以生活之本，饮食离不开它，洗衣、洗菜离不开它，以舟代步还是离不开它。由于当时交通运输主要依赖于水，所以当时水乡的格局一般是家家户户门前临水，门后临路，水路交织。有水必有桥，桥是道路系统的重要组成部分。水乡的桥尺度不大，形状各异，并以步行为主。因此“桥”也是水乡文化中另一个重要元素。再就是“人家”了，这里的人家就是指住宅的形态，传统江南民居粉墙黛瓦、古朴素雅、协调统一、尺度宜人，与自然融为一体。

新城•保元泽第项目从规划、建筑设计到园林景观设计每一个环节都认真研究江南的传统居住文化内涵和特征，以当代新建小区为载体，较成功地重现了江南水乡特色。

一、水网格局的设置，是体现水乡特色的关键

水体是江南水乡中不可缺少的重要元素，新城•保元泽第小区的建设场地原本是没有水的，但余杭市是典型的江南小城，城市水网纵横，该项目规划将水引入小区，并将其水系纳入城市水网中，形成了流动的水循环系统。

该小区的规划结构布局与其他小区最大的不同，是以水网而不是道路系统来划分组团。小区水网的设置使绝大多数住户都可以最大限度地面向水面，实现临水而居。组团的规模不大，最多布置两排住宅。住宅建筑两两相对，主卧室和起居厅面向河流，单元门开向道路。组团规模因地形而异，水系环绕周边，形成闭合的循环系统。每个组团都处于水的包围中，形成一个个小岛，岛与岛之间由小桥相连，因此小区中桥的数量竟达 16 座之多。其中，开发商独具慧眼，高价收购了具有 300 多年历史的古桥——保元桥（图 2），将其异地保护，安置在小区入口的水系中，提高了小区的知名度，

图 2　区内古桥——保元桥

也充分传达出了水乡文化的信息。

新城•保元泽第小区地块呈长方形，为了增加水巷的长度，项目规划让水流随地形蜿蜒曲折地展开，以最大限度布满整个地块，形成水、路并行或房子在中间、房前屋后分别为道路和水系的格局，这样江南水乡的环境气氛就基本上把握住了。

二、水乡格局中道路系统功能的转变

小区规划既然把水系的布局作为规划结构的主导，那么对于道路系统设置的理念也就发生了变化。在其他小区中，道路系统一般分为小区级道路和组团级道路，组团的划分取决于小区级道路的走向。而在新城•保元泽第小区中，水网代替了小区级道路，居民的步行活动则全靠组团级道路实现。对此，有人质疑："小区道路进入组团，把人流引入院落，会不会对居民生活造成干扰？"，可这只是属于主观上的推断，实际上有很多办法可以避免这一现象。该小区的道路系统也是划分等级的，以步行功能和车行功能进行区分，车行道路等级略高，路面较宽，沿小区外围周边布置，连接小区的车行出入口和地下车库。步行系统路面较窄，硬质铺装，曲径通幽，充满情趣和温馨的气氛。由于做到人、车分行并配以优美多变的园林环境，小区道路系统的硬质铺装、路边草地和树木与住宅相隔，在院落里穿行，不但不会干扰居住生活，其宜人的尺度和活泼的线型反而更加强化了江南水乡的环境特色。

三、住宅建筑设计要素

建筑设计的要领之一在于把握恰当的尺度。江南水乡"小桥、流水、人家"表达了一种意境，描绘了人与自然的和谐。因此，在住区环境中如何强化环境而淡化建筑显得十分重要。新城•保元泽第小区采取具体的办法，第一，尽量将住宅的体量小型化，一个单元或是两个单元就组成一栋独立的住宅楼，以此缩小板式住宅的长度。第二，利用单元之间和楼栋之间的相互错动和扭转，增加空间的围合感，从而在视觉上取得缩小建筑体积和增加空间层次的效果。第三，增加住宅单元的种类，让众多单元平面出现变化，这样住宅的立面效果就产生差异，避免了令人乏味的单调感。第四，利用住宅楼的层层退台减小建筑体量。第五，利用外墙材质的不同和色彩的差异丰富立面效果，避免单一质地和色彩产生的"军阵效应"和压迫感。以上这些手法，都在该小区工程实践中得到了成功的验证。

在建筑色彩方面，江南小镇通常以灰白色调为主，沿街或临水的铺面还配以大面积的木制板门，显得古朴、典雅。因此新城•保元泽第小区采用了大面积的白色墙面和灰色墙裙，为了避免大面积灰白色带来的沉闷和单调感，显得既古朴又现代，还使用了较大面积的木制墙板和格栅,从而丰富了集合住宅的细部。该小区采用江南民居典型的硬山双坡屋面，在建筑形态上更加突出了水乡特色。

四、宜避免过于园林化的环境设计

从总体上看，新城•保元泽第小区成功地再现了江南水乡的风貌。可是，对于住区环境设计来讲，似让人感觉有些过于奢华。应接不暇的景点使人不断地产生兴奋感，削弱了水乡宁静、淡泊的居住氛围。在当前的市场情况下，不少开发商为了迎合人们向往美好生活环境的心理，把室外环境的观赏性当成了项目的主要卖点之一，导致出现"住区环境公园化"的倾向。这种状况使小区环境建设成本大幅度增加，并加重了日后管理费用的负担。笔者认为，这类倾向应当扭转。

可持续发展的山地住居设计

黄海静　朱昌廉

我国是一个多山的国家，山地丘陵面积占全国总面积的67.7%，中西部地区多山，更具代表性。如何使“居者有其屋”并解决浪费资源、破坏环境的可持续发展问题已成为重要的战略问题。在自然地理条件复杂、开发建设难度较大、经济发展相对滞后的中西部山地丘陵地区，研究可持续发展的山地住居设计是十分迫切和必要的。

“人类住区可持续发展的总目标是：提高人类住区的社会、经济、环境、质量，为所有人特别是城乡贫民改善工作和生存环境。”（《二十世纪议程》）在可持续发展思想指导下，山地住居设计理应体现四个层次的新观念：

第一，以人为本的观念。满足居民生活多样要求，提高“可居性”。住居设计应以居住者需求为目标，追求住居的舒适、方便、安全、和谐，即“住得好”。

第二，整体优先的观念。住居设计应系统考虑、综合分析其环境生态、社会文化、科技水平、经济性、美学等多方面要求，实现“最适宜”的设计。

第三，协调共生的观念。与自然共生，与社会共生。不仅要顺应山体地形环境，避免破坏自然生态；还要与城市文脉、社会环境、地域文化等有机融合，体现社会生态性。

第四，持续发展的观念。考虑未来发展的需要，节约消费资源，节能节材。居住的舒适不能以高消耗、高投入为代价，须结合地方特点，探索中间技术和节能措施。

住居的可持续包括环境生态的可持续——顺应自然、协调环境，实现能量资源的有效利用和生态系统的平衡发展；社会文化的可持续——延续历史文脉、文化习俗，既与现代社会紧密联系又体现地域人文特色；科学技术的可持续——传统工艺做法与现代科技手段有机结合，发展适合当地居住要求的“适宜技术”；经济的可持续——节约造价的同时，为当地居民创造经济增长条件和自我发展动力。由此，在进行可持续发展的山地住居设计时应满足以下五项具体原则：

一、组织结构整体化

整体理念以系统性思维将整体作为研究对象，着眼于事物与事物之间及事物同外在环境的种种联系和关系上。山地住居的整体设计理念强调住居构成是功能、环境、技术三要素的综合体，以创造人们能在其中生活与发展的空间，又与外部环境相关联的新秩序。

一方面，山地起伏变化使用地环境具有不确定性，如坡度较大的地方或沿江区域往往是带状形态，山谷地具有内聚性，山顶则具有发散性。规划组织和整体形象设计必须与所在环境整体相协调、气脉相融、形态相投，使人们获得视野开阔的视觉心理和高度方向上的感染力，增加对环境结构的整体把握（图1）。另一方面，山地地形坡度的限制使住居空间布局多样化，地势较平缓的地方适合成组成片布置；地形变化复杂的地方需要自由零散的布置方式；有的地方则宜结合地形高差设置庭院绿化、地下停车。因此，山地住居的整体原则是在满足共性、整体协调的前提下，进行灵活、动态的适应性设计。

同时，设计必须站在一个整体的高度，既注意住居空间布局组织和整体形态设计，又要考虑工程技术的可操作性，减少工程总量和施工难度，提高经济可行性。

二、空间形态多样化

山地住居随自然环境的起伏而自由伸展，或成组成院、或层层爬坡、或自由散点布置，加上仰视、俯视等多角度视觉，呈现出多层次界面。垂直地形和竖向高差使空间可同时向上下两个方向伸展，构成立体多变的居住形态。或平行等高线、或垂直等高线、或与等高线斜交，针对不同地形采取相应措施以争取更多使用空间，如坡、拖、梭、吊、挑、台等（图2）。既丰富空间形象，也使人的创造本能得到自由发挥，这是山地住居形态多样性的根本原因。

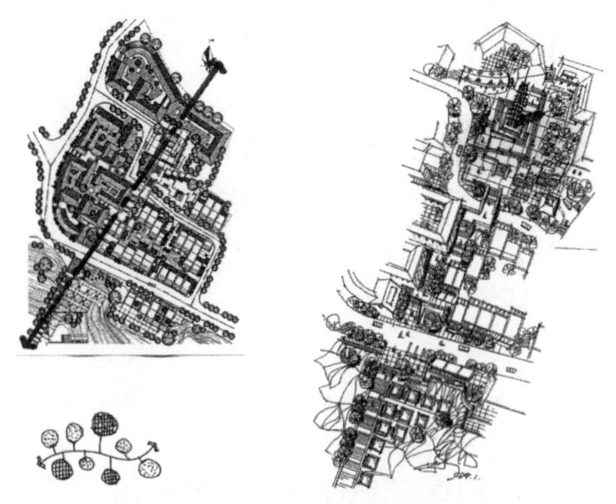

图1　重庆市北碚区黄桷镇改造方案

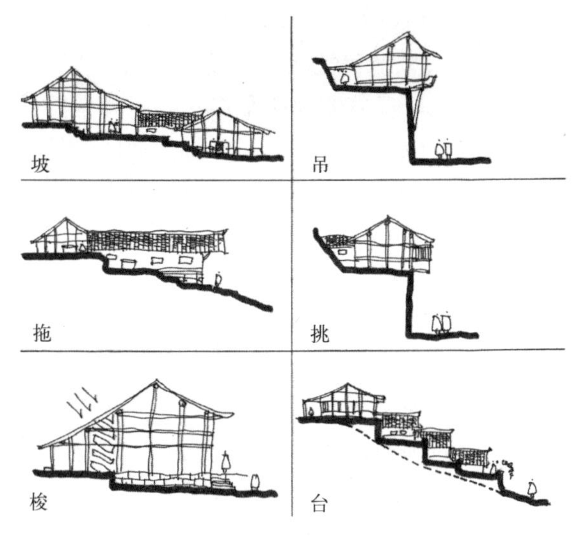

图2　顺应地形的住居形态

住居空间多样化体现为动态空间和多维空间的设计要求。适应现代家庭人口构成、生活方式变化，通过动态弹性设计，加强居民参与意识，解决建筑实体的静态与居住生活的动态变化矛盾，以及物质老化期与精神老化期不同步的问题。同时，利用踏步、坡道、多层平台、立体院落等山地构成要素，解决地形高差、交通组织和功能分区等问题；采用多维空间、多层次入口等设计方式，创造丰富有趣，更具生活气息的住居空间。

通过住居空间形态的多样化设计，增加人们与大地自然的接触对话，实现人们对多姿多彩生活的追求。

三、环境的自然化

服从总体环境要求，组织宜人景观，体现与自然的协调，与环境的共生。山地居住与自然协调有两种途径，一是以“小、散、隐”的特点取得“融合协调”；二是通过与山形走势的统一取得“共构协调”。无论采用哪种形式，住宅体型都不宜过大，可处理成坡顶或退台式，与山形相得益彰，既考虑外界视线又满足居住者对周围景观的欣赏。

山地住居空间多处于高低不平的地形层次中，因而立体庭院与垂直绿化成为山地居住环境的特色之一。如以踏步、山石、水池和草木组织山地院落，既调整标高又丰富环境；利用屋顶或层层跌落的平台设置屋顶花园，提供交往活动机会等。将自然环境的一石一木有机引入住居环境中，加强第五立面和绿化立体设计，使住居空间成为自然的延伸（图3）。

山地居住环境的自然化需充分考虑人的行为、心理、文化与自然环境的互动影响。坚持可持续性原则，因地制宜、就地取材，将建筑融于环境之中。从而既满足人们生活功能的需要又不破坏自然，创造优美居住环境。

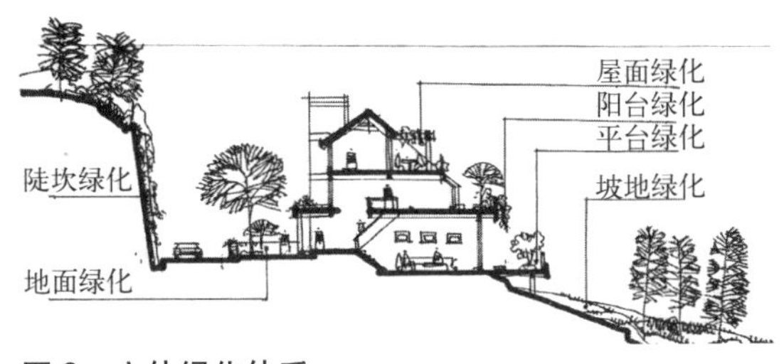

图 3　立体绿化体系

图 4　街巷生活的再生

四、场所感的个性化

每个基地环境因其周边情况形成自身的“势”(场所感),建筑应强化这种“势”,因势而利导，这就是山地住居设计场所个性化原则。强调“文脉”和“人的活动”两个因素。人对住居空间环境的要求从自身情感出发，表现出对空间环境的“归属感”、“融合感”、“共享感”。山地环境强烈的自在性，对人的活动及视线具有某种程度的内敛作用，在意识形态上增强了其场所性和归属感，构成有山地特色的存在空间和文化属性。

创造有场所个性的山地住居，首先要在建筑布局和空间形态上与历史文化、传统习俗相联系，如传统山地民居符号——吊脚楼、穿斗结构等的引用，山地合院形态的借鉴，富有韵律的梯道、街巷生活的再生等（图 4），体现地方色彩和文化的可持续。

场所中心作为空间领域的焦点，是主体对环境共同认可的动力意向根源。结合山地环境的立体性建立标志物，构成聚集活动的场所中心，人们可从各角度感受其存在，从而产生定位感和认同感。此外，可利用最具山地特色的踏步街组合层层退台的住居空间，营造强烈的空间层次感和上升感。通过标志物的定位和多层次空间的组织，加强人与环境在心理上的呼应与对话，使人的情感在其中得到认可和发展，使山地住居更具吸引力和识别性。

五、节约资源生态化

山地环境是自然、地理、生物、人文、经济、技术等因素共同作用的系统，任何一个因素的改变都会牵动其他因素的变化而对整体环境产生影响。因此，山地住居设计必须强调环境生态意识的重要性。

山地生态环境的敏感、脆弱性特点，决定了山地开发建设的复杂性。住居设计所涉及的工程技术问题同生态环境质量、建筑防灾避难以及人们对舒适生活的要求都密切相关。设计时不仅要适应山地形态，根据不同坡度的适建要求采用不同类型的接地方式和空间构造，还应根据山地土壤地质情况，考虑塌方、滑坡、山洪和泥石流等防灾安全要求，进行合理的住居用地选择及结构系统设计等。

结合山地自然资源采用有效的节能设计和开源措施，如中水系统、雨水收集、景观水循环、地方材料等的利用；太阳能、山区风能、地下冷源、地热资源如温泉等的利用（图 5）。但

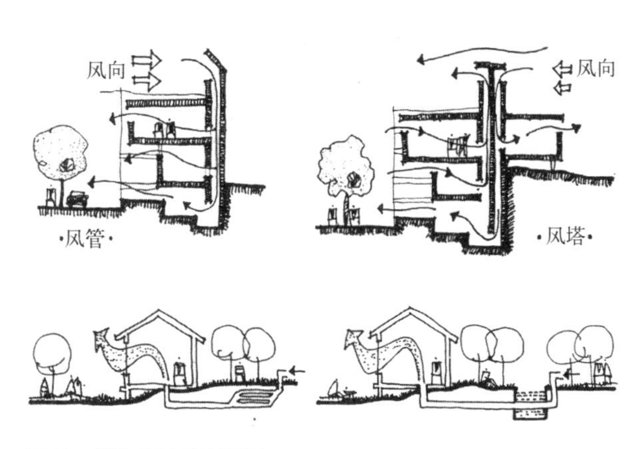

图 5　能源利用示意图

同时，受地理气候、经济技术等条件影响，不同区域的资源利用措施又有其特殊性。如在经济不发达的山区住宅，若采用高效设备控制系统来达到节能目的可能性就不大；在湿热气候的山地城镇，以减少体型系数和窗墙面积比的办法取得墙体节能又与建筑采光通风要求相矛盾。

因此，山地住居的生态设计应针对山地环境的具体特征和问题，研究开发适应地方的、经济可行的节能环保技术和防灾措施。以最少的能源消耗，最合理的资源分配，体现“综合节能”和“综合防灾”的思想。

传统山地民居、院落的生活性、亲切感、与自然环境的和谐使我们留恋，但现代经济的发展、现代生活的新需求，又促使我们必须站在一个新的坐标——“共时性（传统＋现代）”的时空坐标下，理解、吸收、消化传统山地住居中有价值、可行性的部分，将之与现代生活需求相适应。正如凯文•林奇所言：“一个良好的居住环境，需使它的居民同其传统文化鱼水相得、浑然一体，使他们在时间上意识到自己的历史传统，在空间上又与邻里、与广大社会生活保持联系。”

山地住居与山地环境的关系是顺应和改造并存。传统的“天人合一”观念体现了人与自然环境的和谐共生，人们在适应地形、融合环境的同时，对自然要素的改造或破坏也是不可避免的，关键是如何减少这种破坏。通过结合自然的设计，协调人、建筑与环境的关系，综合山地地形地貌、地域文化习俗、地区经济及生态要求，将丰富的自然景观和环境资源同多样化的现代生活联系起来，创造充满活力的人居场所，有效解决过多的资源消耗、环境污染和破坏问题，是建设可持续发展的山地住居的有效途径。

北方地区老年人居住空间的基本特征

——以大连、沈阳的部分养老设施为例

范 悦 周 博 王洪羿

一、研究背景

我国是世界人口大国，早在1999年就进入国际公认的老龄化社会，且老龄化速度非常快。目前全国除青海、新疆、西藏外，均已进入老龄化社会。据相关专家预计：到2050年，我国的老年人口总数将超过4亿，占全国总人口的28%。届时，我国将成为世界上老年人口最多的国家之一，也是老年人口比重最大的国家。

辽宁省作为我国北方大省，随着近年经济的发展，社会老龄化程度也非常明显。截止2008年，全省60岁以上的老年人已达620万，占我省人口总数的14.5%，且正以年均3.2%，也就是年增20万人的速度快速增长。

老龄化的过快发展，对社会各界造成了很大的压力，尤其是在老年人居住设施建设方面。如何建设既能解决当前形势又能兼顾今后发展需求的养老设施是目前亟待解决的问题。

二、我国现有养老机构的形式及特点

我国现有的养老模式主要可以归纳为“机构养老”、“居家养老”、“社区养老”三种模式。

机构养老：则是指以社会机构为养老地，依靠国家资助、亲人资助或老年人自己承担的形式获得经济来源，由养老机构统一为老年人提供有偿或无偿的生活照料与精神慰藉，以保障老年人安度晚年的养老方式。譬如“敬老院”、“养老院”、“老年公寓”、“家庭式养老院”等。

居家养老：以家庭养老为主，社会养老为辅，老年人在自己家里安度晚年的养老模式。

社区养老：老年人居住在家，由社区通过科学的组织管理，向社区内的老年人提供社会化服务，以实现养老目标的养老方式。

（一）大连市的养老院概况

大连市早在1987年就已进入了老龄化社会，早于全国12年，截止2007年底，有60岁以上老年人101万人，占人口总数的17.5%，而且老年人口仍以年均4%左右的速度增长。

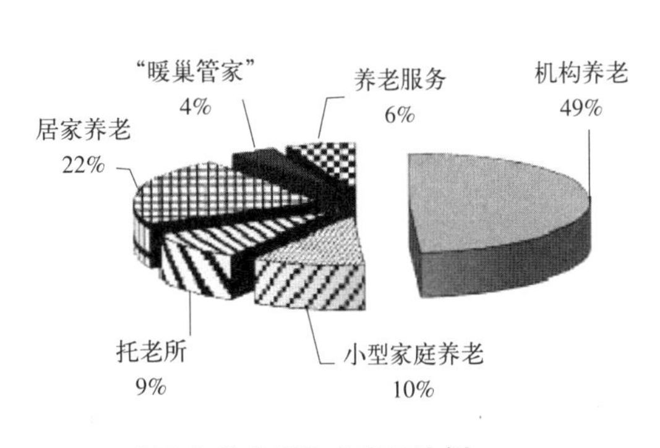

图1 大连市养老机构分类及比例

大连市现有各种性质养老机构共计181家，床位15600张，养老机构的平均入住率为80%，处于全国较高水平，但此床位总数却仅占大连老年人口的2.1%，这与需求量差

距很大，更是低于发达国家 6% 的平均水平。设施的构成比例中机构养老设施占 49%，接近半数；其次为居家养老和小型家庭式养老院，两项合起来占 30%。大连市小型家庭式养老院开办于 2002 年，目前有 40 余家。

（二）大连市的家庭式养老院实例

本小节介绍的家庭式养老院实例是从大连市民政部门提供登记注册的养老院中随机抽选的 16 所家庭式养老院。自 2005 年 11 月起，在对这些养老院进行初步调查后，最终确定其中 11 所（如图 2），并对其进行正式和持续的调查。

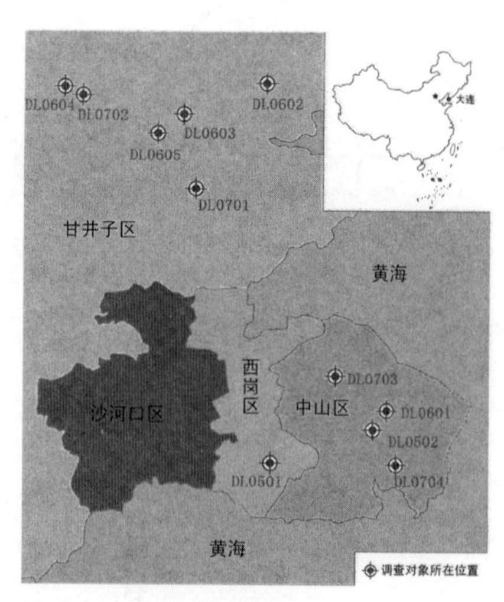

图 2　调查对象分布图

由于家庭式养老院属于个体或民办机构的较多，易受环境和经济等因素的影响。因此从图中可以看出，本文的研究对象地处城市中心区域的较少，大多分布在交通方便、新开发小区较多的边缘区域，这反映出家庭式养老院的选址特点。

表 1 为大连家庭式养老院一览表。从表中可知，大部分家庭式养老院为个体经营。DL0703 为街道利用高层住宅的底层面向社区居民开设的养老院；DL0704 原来是一所国办的机构养老院，后来在原址上与地方联合开发建设住宅小区，改善了原来养老院的面积和环境。虽然这两所养老院的经营体制分别为民办和国办，但均选择了普通住宅作为养老院，空间布局上也保留了住宅的原貌。

大连市家庭式养老院一览表　　表1

调查对象	建造年份（年）	结构形式	设立年份（年）	经营形式	建筑面积(m^2)	所在楼层	床位数	入住老年人数	护理员人数	起始调查年月
DL0501	2004	框架	2005	个体	98	1/6	10	2	2	2005.11
DL0502	1994	砖混	2004	个体	128	3/6	10	10	3	2005.11
DL0601	1994	砖混	2004	个体	71	3/6	8	2	2	2006.01
DL0602	2004	框架	2005	个体	259	1/7	20	11	4	2006.04
DL0603	2002	框架	2004	个体	237	1/7	18	15	4	2006.06
DL0604	2003	框架	2004	个体	160	1/7	18	6	2	2006.11
DL0605	2002	框架	2007	个体	159	1/7	12	11	3	2006.11
DL0701	2002	框架	2005	个体	156	1/6	17	10	5	2007.01
DL0702	2003	框架	2004	个体	160	1/7	11	6	2	2007.01
DL0703	2002	框架	2004	民办	110	1/21	11	9	3	2007.10
DL0704	2000	框架	1987	国办	327	2～5/5	30	30	9	2007.11

图 3 是 DL0502、DL0602 的平面图。DL0502 是由一户 4 室 1 厅的集合住宅经装修后改造而成。分户门在中间的西侧，直接与客厅和卫生间衔接；客厅现在供老人活动、交流、接待亲属和用餐所用，虽然是公共空间，但依然具有原住宅的客厅或起居室的作用；南侧三个房间为老人卧室，其中两间卧室通过阳台连通起来，增设了床位；北侧为厨房和管理者用房间；卧室以三人单床为主。DL0602 是将原来同在一层、两户独立的 3 室 1 厅住宅中间的隔墙打通后改建而成，利用贯穿于中间所形成的走廊将两户组织起来；有 4 个通往户外的出入口，其中南侧的两个通向绿地，整个平面呈现一字形展开；供老人居住的卧室有 6 间；北侧有 2 间卧室，东西两翼分别布置了客厅和厨房，男女卫生间分设；南侧有 4 间老人卧室，经营者用房和祠堂分设在两翼；卧室分两人单床、三人单床，还有一套可供老年夫妇居住的双人间。

调研对入住养老院中的 73 位老人的基本属性进行了调查，部分结果如图 4 所示。女性老人占老年人总数的 78%，超过半数以上；平均年龄为 80 岁，其中最年长的为 98 岁（女）；女性老人的平均年龄 82 岁，男性老人的平均年龄为 66 岁；65 岁以下（不包括 65 岁）老人占 22%，80 岁以上（不包括 80 岁）老人占 55%；特别值得注意的是 85 岁以上老人所占比例为各年龄段最多，达到 31%。

家庭式养老院接收的老人可分为三种类型，即单身男性、单身女性、夫妻两人。但从老人配偶状况来看，78% 的老人已经失去老伴，孤身一人入住养老院的占大多数。为了便于管理，一些养老院在接收老年人的性别和配偶上有所选择，如 DL0502 只接收女性的孤寡老人；而 DL0602 没有性别和配偶上的限制，其中男女性别比例为 2 : 7。这种情况也与养老院面积的大小有关。从入住原因看，73% 的老人入住的直接原因是“养老院中有人照料”；13% 的老人是因为“子女不在身边”；7% 的老人感到“孤独”。因此认为 93% 的老人入住养老院的原因是需要有人照料。

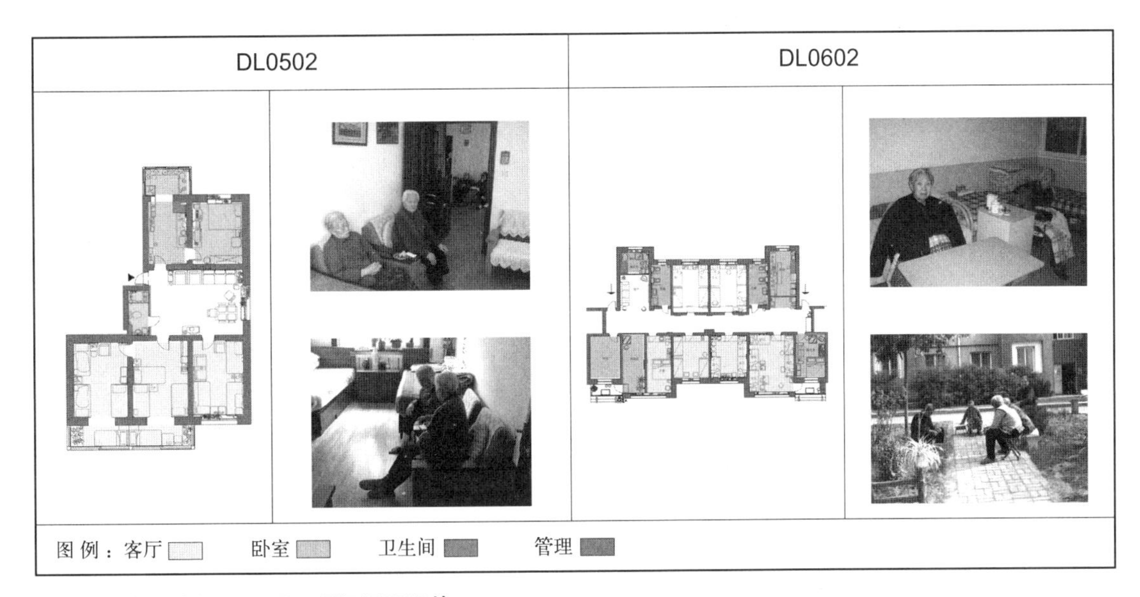

图 3　养老院案例平面图及现场调研照片

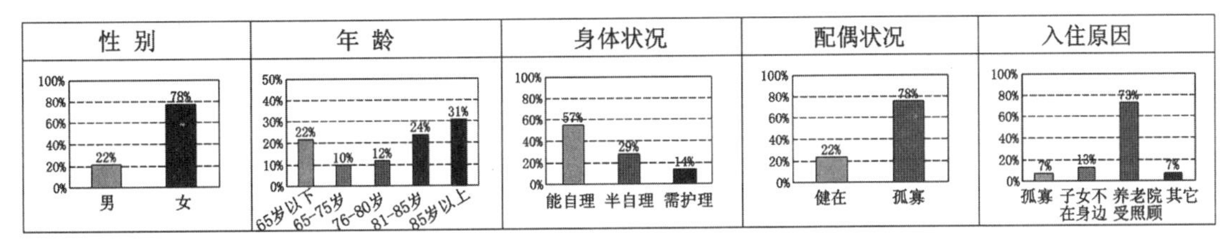

图 4　居住老人基本特征

（三）大连家庭式养老院实例介绍

1. 大连幸福家庭式养老院

如图 5 所示，该养老院位于大连市甘井子区，建造于 2004 年，建筑面积 259 平方米，入住 11 位老年人，服务人员 4 人。

两套三室两厅住宅单元，将中心处无采光的卫生间东西向打通，成为走廊连通两套住宅单元；原西侧单元中的南向大空间被一分为二，形成两个细长空间。南向和北向卧室内都有老年人居住。主人即经营者居住于东侧南向房间内，有祠堂，位处一楼，南向和北向各拥有两个通往外部空间的出入口。老年人可以外出进入小区绿地中。

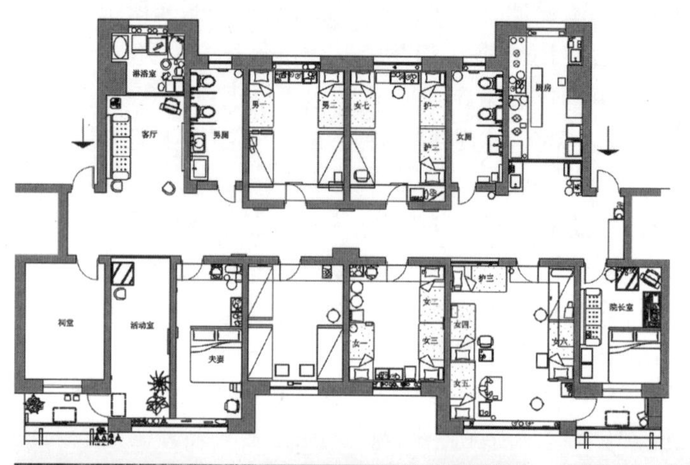

大连幸福家庭式养老院概况

所属区域	甘井子区
建造年份	2004年
入居年份	2005年
建筑面积	259m^2
使用面积	213m^2
楼层	1/7
入住老年人数	11
服务人员数	4

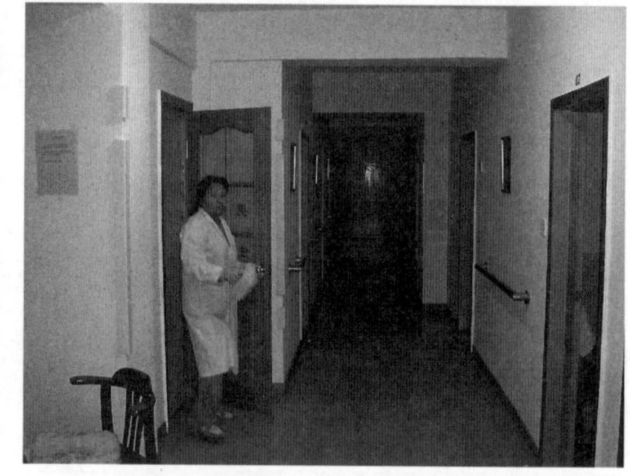

图 5　大连幸福家庭式养老院平面图及现场调研照片

2. 大连福瑞祥家庭式养老院

如图 6 所示，该养老院建于 2002 年，建筑面积为 237 平方米，入住 15 位老年人，服务人员 4 人。一套三室两厅住宅单元和一套两室两厅住宅单元，并不从内部打通，而是在户间墙北端外部重新做了一个入户过厅，并将两户原出入户门堵死，从北向房间窗户处重新设立出入口，通过改造了的入户过厅连通两套住宅单元；单元内部多重分割形成多个狭小空间成为老年人卧室。老年人居住于南部各个房间内。主人即经营者居住于东侧不直接采光房间内，有祠堂，位处一楼，对外出入口在北向通往外部空间。老年人可以外出进入北向的小区绿地中。

通过上述案例的分析，可以看出在现有的房地产市场中，针对家庭式养老院所设计的住宅套型空间基本没有，对家庭式养老院中老年人的实际需求还没有足够的重视，这也就导致套型设计和改造时的盲目化、单一化，不能满足老年人生活的真实需求。

此外，由于改造住宅空间的过程，比如去除室内阶差、安装扶手等工程，关系到建筑物的主体结构，容易造成大规模的工程，而且由于建筑物自身条件的限制，有时会有意想不到的费用支出。因此，应该考虑按照一定的比例设计出老年人的养老空间。

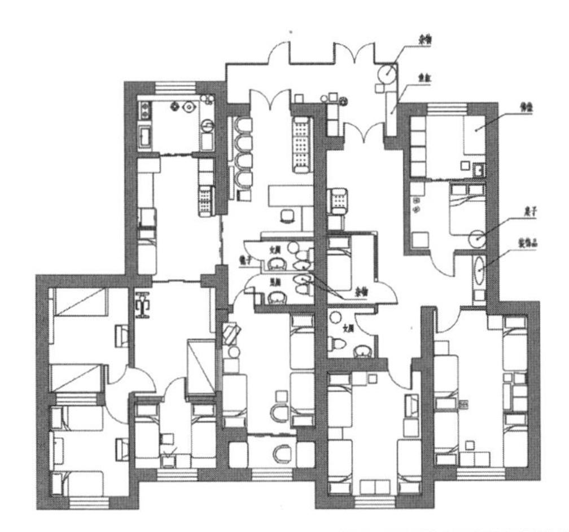

大连福瑞祥家庭式养老院概况

所属区域	甘井子区
建造年份	2002年
入居年份	2004年
建筑面积	237m^2
使用面积	181m^2
楼层	1/7
入住老年人数	15
服务人员数	4

图 6　大连福瑞祥家庭式养老院平面图及现场调研

（四）大连市机构养老设施实例介绍

大连市现拥有养老福利机构 267 所，其中属于机构养老模式的 96 所。本小节所提供的案例是从大连市民政部门提供的养老设施列表中，依据其经营性质、规模大小以及建筑形式而选定的 5 所机构式养老院。本文中所阐述的研究对象为大连市中山社会福利院、大连社会福利一院、大连社会福利二院、美达老年文化休养院和阳光养老中心，地理位置如图 7 所示。其中阳光院地处市郊，美达院临近海岸，其他三例在市区内。

图 8 所示为调研对象概要。中山院：位于大连市某小区的一栋住宅楼的 2 ～ 5 层，对普通住宅户型进行改造而成。2 ～ 4 层为该单元的东户，5 层为两户改建拼合而成，兼作厨房、办公和经营者自住用。一院：机构养老模式的建筑，2006 年改建为公寓式，建筑为综合单体楼，共 4 层。二院：机构养老模式下的老年公寓式建筑，中间走廊，南侧全部为老人房间，北侧大多数为图书室、活动室、办

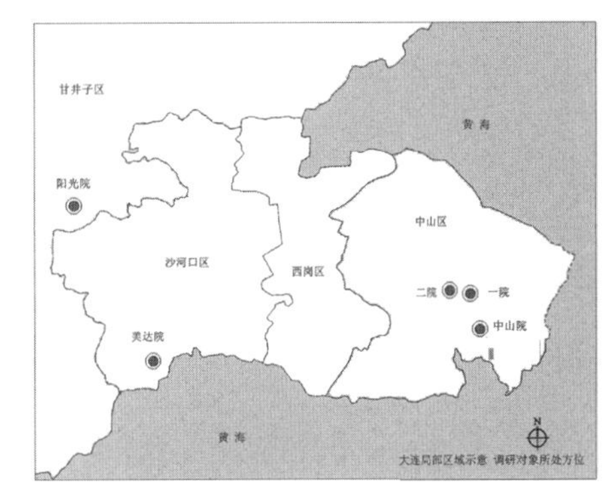

图 7　大连市机构养老院分布图

公室等用房，建筑为单体综合楼，共 6 层。美达院：机构养老模式的建筑，位于海滨附近，群组板式建筑，三栋作为老年公寓，一栋老年活动中心，一栋为餐饮中心。阳光院：位于郊区，建筑形式为多栋别墅式建筑的组合。

在所统计的养老设施中，男女老人所占比例相差不大，分别为 42% 和 58%；在年龄构成方面，绝大多数的老年人在 75 ~ 85 岁之间，占 53%，60 岁以下的老年人比例非常小，仅占 3%；在文化程度方面，绝大多数老年人未受过正规教育，占 62%，高中及以上学历的占 17%；在住房方面，有 59% 的老年人拥有自己的住房；在入住原因方面，有 48% 的老人主动要求入住养老设施，37% 的老人是因子女没时间照顾而入住的；在入住后，养老院中的朋友数的调查中，除 19% 的无效回答之外，有 49% 的老人有 3 位或 3 位以上的朋友；在入住后有哪些生活行为发生改变的调查中，有 37% 的老人认为没有发生改变，有 5% 的老人认为与朋友交往不便。

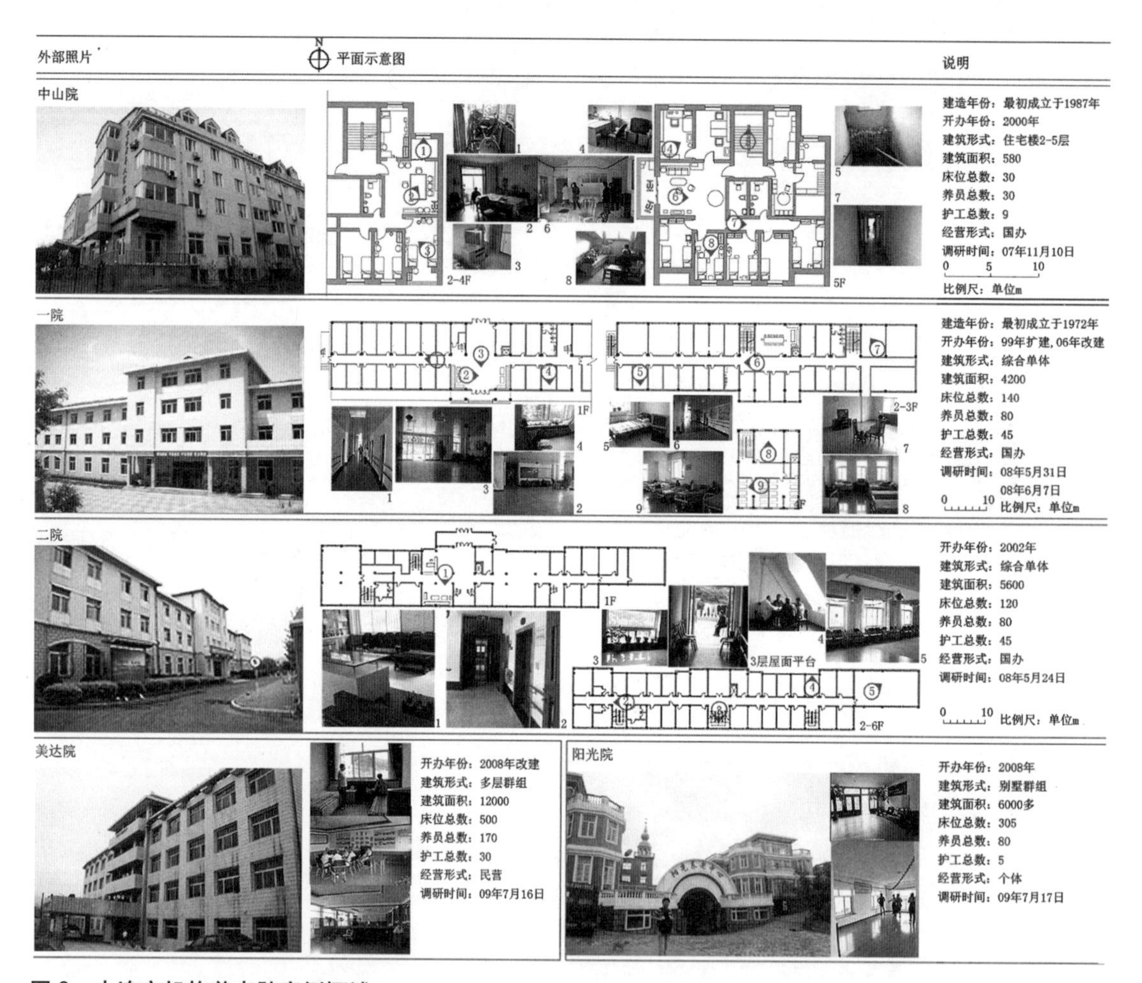

图 8　大连市机构养老院案例概述

（五）调查实例概述——大连市中山区社会福利院

大连市中山区社会福利院位于大连市中山区虎滩路的一居住小区内住宅楼的 2 ~ 5 层。原有建筑最初建于 1987 年，养老院在 2000 年开办营业，建筑面积为 580 平方米，现有 30 个床位，老年人数为 30 人，护工 9 人，经营方式为国办。原户型为一梯两户，东户为三室一厅，西户为两室一厅。其中 2 ~ 4 层为东户，并将原户型的北向厨房改为一个两人间卧室；5 层是将原东西两户打通改建而成，南向房间均为老人卧室，北向房间为经营者卧室、办公室和厨房，如图 9 所示。

（六）沈阳市养老院概况

沈阳市在2000年刚进入老龄化社会时，老年人口总数仅为62.3万人；到2007年底，人数已达到105.3万；而到2009年底，老年人口为119万人，其中80岁以上17.8万人，90岁以上1.2万人，沈阳已经由老龄化社会进入高龄化社会，图10为已调研的沈阳市机构养老院概述。

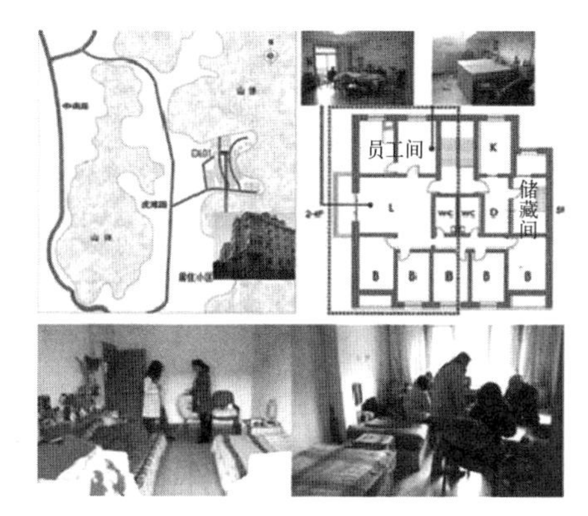

图9　大连市中山区社会福利院平面图，现场调研照片

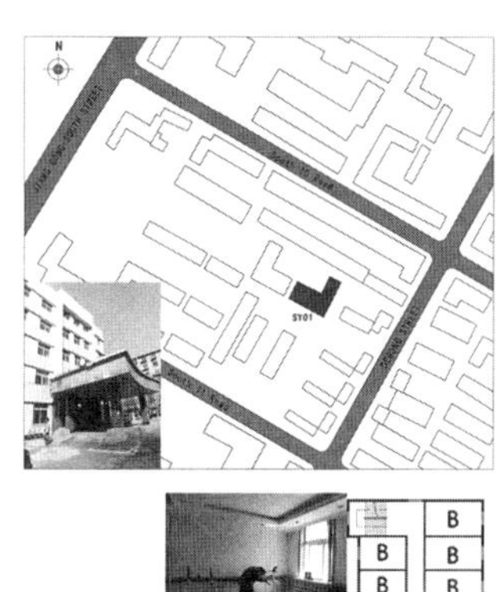

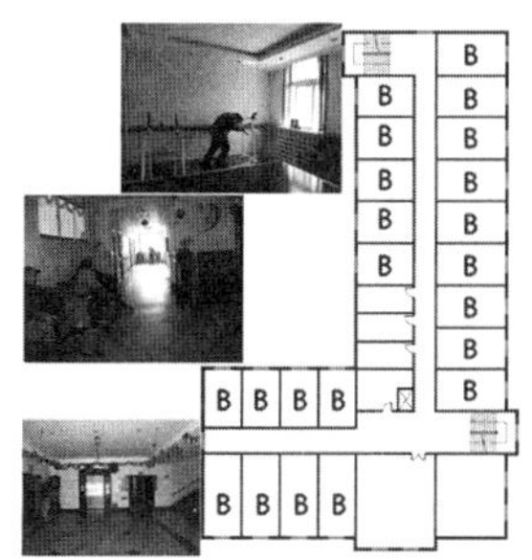

铁西养老院各功能空间指标

空间类型	具体分项	面积(m2)	备注
居住空间	S南向	880	35%
	S总	2480	
办公空间	S医护类	128	工作室
	S总	195	
辅助空间	S餐厅	——	
	S卫/水/洗衣	270	
	S介护洗浴	——	
活动空间	S最大	85	折点处
	S最小	65	折点处
	S南向	450	折点处
	S总	450	
入口空间	S门厅	21	南向
	S大厅	62	

图10　沈阳市养老院概况（一）

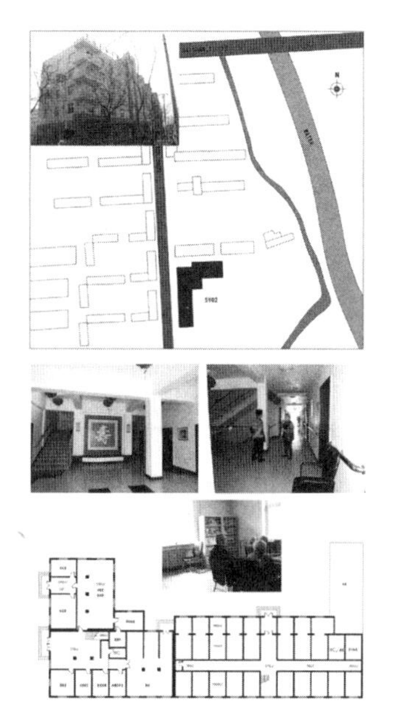

皇姑养老院各功能空间指标

空间类型	具体分项	面积(m^2)	备注
居住空间	S南向	660	40%
	S总	1640	
办公空间	S医护类	38	护工休息
	S总	276	
辅助空间	S餐厅	——	
	S卫/水/洗衣	180	
	S介护洗浴	——	
活动空间	S最大	90	乒乓球室
	S最小	15	
	S南向	25	
	S总	212	
入口空间	S门厅	——	西向
	S大厅	100	

图10　沈阳市养老院概况（二）

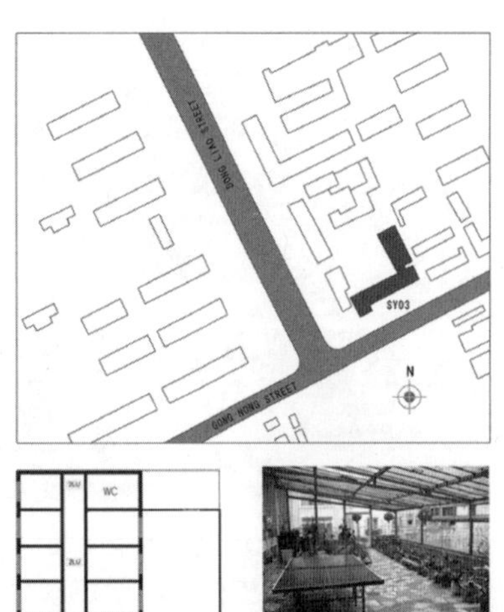

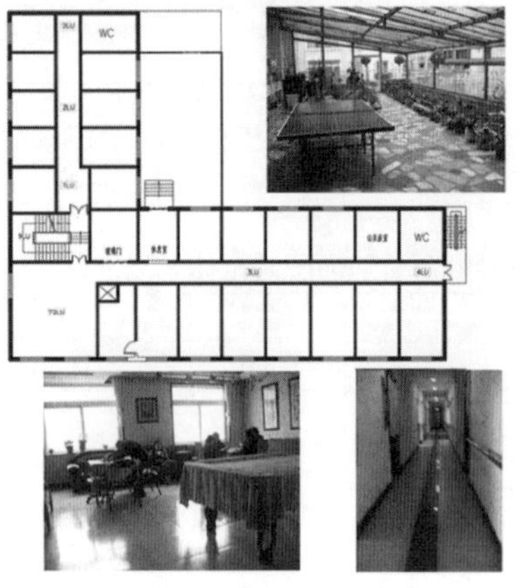

幸福养老院 各功能空间指标

空间类型	具体分项	面积(m^2)	备注
居住空间	S南向	660	40%
	S总	1640	
办公空间	S医护类	38	护工休息
	S总	276	
辅助空间	S餐厅	——	
	S卫/水/洗衣	180	
	S介护洗浴	——	
活动空间	S最大	90	乒乓球室
	S最小	15	
	S南向	25	
	S总	212	
入口空间	S门厅	——	西向
	S大厅	100	

图 10　沈阳市养老院概况（三）

（七）沈阳市机构养老设施实例介绍

1. 沈阳市皇姑区社会福利院

该养老院于 1994 年 6 月 24 建成。至今原有格局未变，只在 1 层扩建一部分卧室。原有面积 2500m²，扩建 1000m²。设施总床位 200 张，入住率为 90%。建筑为 L 型布局，东西向体量大于南北向体量。共有 5 层：2 层部分为不可自理老人区，出入方便；5 层为活动室。全院老人有 40% 为全护理型，30% 为半自理型。老楼卧室内无卫生间。每月第二个周六有长期合作的义工为老人服务。该院起初只接收“三无”对象，慢慢的此部分人群减少，就开始接收付费老人入住。医疗利用附近医院，与医学院长期合作，每周六有学生过来给老人按摩。图 11 为该养老院平面图和现场调研照片。

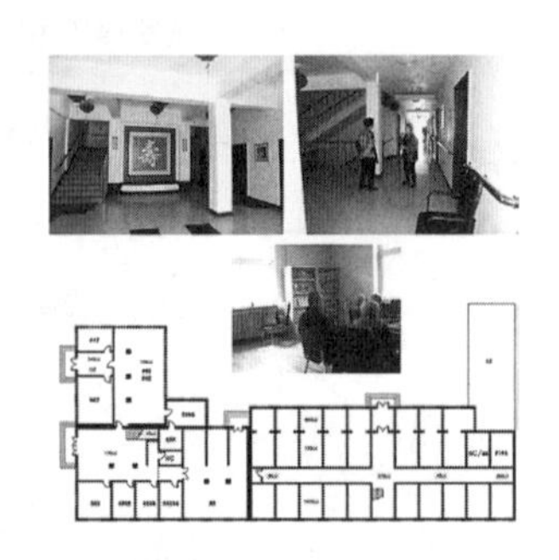

图 11　沈阳市皇姑区社会福利院平面图和现场调研照片

2. 沈阳市幸福老年公寓

该养老院位于沈阳沈河区，其前身为某工厂的职工医院，于 2004 年改为现在的养老设施。建筑为 L 型布局，共有 5 层，50 间卧室，总床位数为 100 张，入住率为 100%。只收自理老人，有 3 位非自理老人是住进来后慢慢转化为非自理的。该院不接收非自理老人是想保障设施的心理环境，不想让自理老人看到非自理老人的景象。院里老人平均年龄是 75 ~ 80 岁，最高的 98 岁，最小的 60 岁。至今格局未变，北向房间内没有卫生间。图 12 为该养老院平面图和现场调研照片。

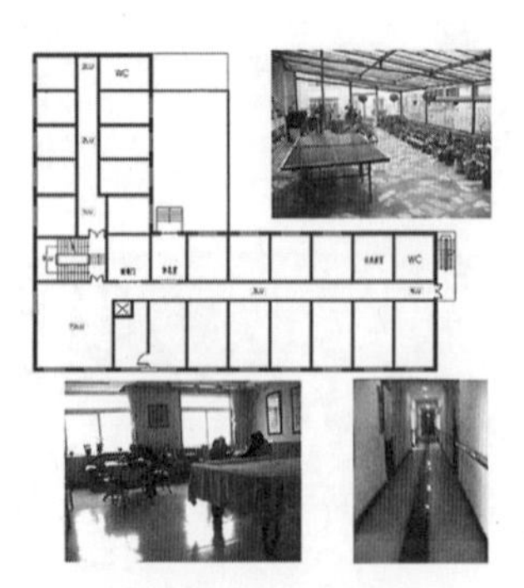

图 12　沈阳市幸福老年公寓平面图和现场调研照片

三、总结和建议

辽宁省是我国北方大省，老龄化明显，具有一定的代表性。如果建设好适宜该地域的老年人居住的空间和环境，便可以将其模式进行推广，从而促进我国其他北方城市的养老设施建设。

通过对以上养老设施实例的介绍，结合前面关于养老设施模式和特征的归纳和总结，提出对现有的养老院建筑及其环境的改进措施，以及适于北方地区养老设施改造的原则与手法：

通过可行措施，采用不同手法扩大南向空间的面积；将活动空间功能整合，并分层分散布置，且界面做开敞或是半开敞处理，使之与走廊空间更为密切；就餐空间分散处理，并在未就餐时间作为活动室利用，有效解决大就餐空间出现的使用空闲时间段的问题；增加走廊的空间层次，丰富空间形态的同时，提供了更多的可利用元素，从而设计出更适于老年人生活的建筑空间。

在“古色古乡”中播撒新鲜

——山西西黄石古村落人居环境改造更新思路

姜忆南

我国幅员辽阔、古镇古村落众多。多样的地理环境、多元的文化、多变的气候特征孕育了各具特色的古村镇。这些古村镇大多经历了数百上千年的历史演变，积淀了丰富的历史文化，表现出了不同的地域特征和民族个性。中国的发展史也是一部多文化综合史，古村落是我们研究中国历史文化、前人生活形态的活化石，古建筑研究的一手资料。古村落作为历史文化遗产的重要组成部分，是一种物质形态的精神文化和科学研究资源，一种不可再生、不可取代的资源。

与此同时，新农村建设已经展开，统筹城乡结合发展是未来新农村建设的必然趋势，这是一个长期而艰巨的任务。历史古村落的保护与发展是新农村建设中的重要组成部分。但是，现实中古村落资源没有得到有效利用，甚至被当作落后风貌而大拆大建，十分可惜。如何保护和利用好祖先留给我们的这笔特殊的历史文化资源，在新农村建设中发挥它的优势，并适应现代生活发展，已经成为摆在我们面前亟待解决的重要课题。系统的研究一个区域内的古村落发展，对于我们研究中国历史文化、区域内地理资源有效利用、经济协调发展等多方面研究发展具有重要作用。

一、古村落的问题与现状

历史悠久、文化底蕴丰厚，具有文化考古和旅游潜力是中国的古村落现在所持有的资源优势。但是随着中国经济水平的不断进步，正面临着各方面的挑战：首先，随着村民生活水平的日渐提高，古村古宅中的生活基础设施和公共服务设施远远不能满足现在的居住要求，存在严重的私搭乱建和不合理使用。其次，历史上，古村落中多以大家族生活方式为基础，高宅大院独立存在，封闭性较强，不适合现在的小家庭居住模式，因此，一幢大宅院现在被多个小家庭划分得支离破碎，功能空间混乱，环境生活缺乏秩序。此外，村民意识落后，新建住宅缺乏统一的规划和设计，加之经济上的限制等原因，使古村落日益衰败，人口日渐萎缩。这是新农村建设的一个特殊类型，新问题有待于解决。

二、西黄石古村的现状及问题

（一）西黄石村的历史与现状

西黄石村（古称金玉村），地处山西泽州县与高平市、陵川县交界处的北义城乡境内，始建于唐代，村内有程、赵、张、杜四大家族，至明末形成了规模较大的村落。清初以来发迹最快，原有村中高宅大院，雕梁画栋，祠堂或寺庙一应俱全，仅亭台楼阁就有 48 处之多。

西黄石村如今依然保存着明清时期的建筑风貌。明清时期的程家大院、杜家大院的主人院、管家园、小姐院、染房院、马房院尚都存在。部分大院依旧富丽，门窗、影壁的雕梁画栋精致犹如从前。经过详细的测绘和调研，我们对古村现状进行后期整理，对现存古村落的肌理、房屋质量及使用和产权状况进行了深入的分析（如图 1 ~图 3），为进一步的更新改造规划设计作好充分的准备。

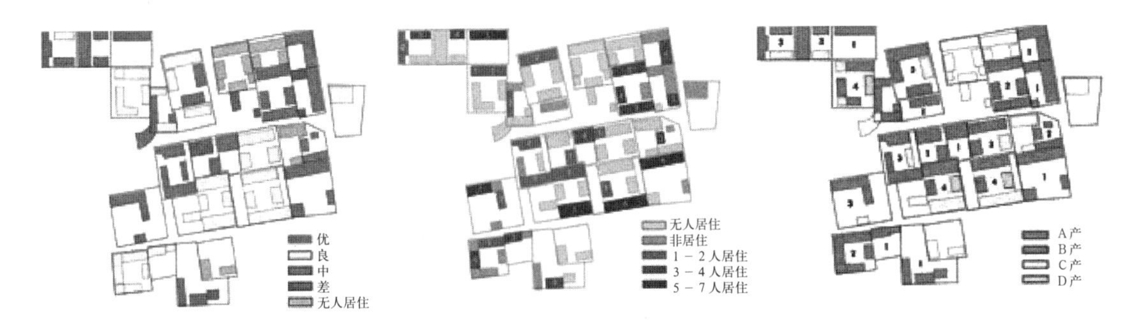

图 1　住房质量现状图　　图 2　房屋使用率现状图　　图 3　院落产权划分现状图

（二）西黄石村亟待解决的问题

1 . 更新思想意识

古村村民思想片面——喜欢住新房，因为新房是财富的象征和对幸福的期盼。多数村民有钱后，在老村周边加盖新房居住，年轻人在外工作，有钱人在城里买房，老房逐渐衰败。村民对于老房的文化价值、历史价值认识不够，导致老房多被遗弃、搁置。更新改造就是要使古村落适应现代居住生活的需要，满足新农村建设的发展。

2. 满足功能需求

停车需求：随着经济的发展，摩托车、三轮车、四轮车在农耕中被广泛运用，传统院落往往存在入口过道较窄，且有高台阶等问题，不便于现代交通工具的出入存放。储物需求：村民习惯将农闲用具及杂物等堆放在无人居住的二层空间，从而降低了房屋的居住利用率。厕所、厨房功能欠缺：大院都被分给多户居住，厕所公共使用，且都是露天旱厕，条件简陋，私密性差；厨房多为临时搭建，或设在不住人的厢房室内，有上水无下水，卫生条件较差。古村的更新改造首先要满足农村村民的生活需求，提高他们的生活质量是新农村建设的首要任务。

3. 整合公共空间

由于多户合住，内部公共院落成为了尴尬的场所，大院成为堆放杂物垃圾的场地，未得到合理使用。村民素有坐在自家门口的石阶上与邻居和过往行人聊天的习惯，就连吃饭也会端着饭碗坐在外面，而现有村庄由于居住模式的变化，老村道路支离破碎，交流空间日趋匮乏，村容村貌失去古村“古色古乡”的历史文化韵味。通过公共空间的整治，改善村民的生活环境，也是新农村建设中开发旅游、展示古村文化、历史古村可持续发展的必由之路。

三、“播撒新鲜”再生策略探讨

首先，保护是为了使传统文化得到传承和发扬。其次，在继承和发扬传统文化的基础上更新，既是现实生活的必须，以满足现代生活需要，真正达到改善旧村人居环境的目的，又是新农村建设可持续发展的要求。

（一）确立“播撒新鲜”原则

“新鲜”是基于保护之上的再生，对具有重要历史价值的建筑予以修缮复原，对于其他民居则采取保护建筑主体风貌，恢复传统村庄空间结构，并在房屋连接的边角、院落空间中植入新空间、新功能、新技术，营建生态、绿色、可持续的村落民居。改善古村落人居环境，既适应现代需求，又继承和发扬传统文化。

（二）具体策略

1. 村庄结构中植入新元素

在分析测绘结果的基础上，依照建筑的修建年代和保存完好情况，将该建筑组团中的建筑分为重点保护和一般保护两类，参照山西保存较好的古院落的传统肌理，平衡实体建筑与半室外空间的关系，从村落结构上对用地进行划分，拆除不协调的加建建筑；以二进院为原型，适当增建部分院落，重建古民居和古村落的传统肌理，增设公共活动空间及绿化空间，让绿化景观与建筑实体虚实转换、混合协调。通过肌理的重建和新空间的植入，从而改善村民日常交往交流的方式。

以杜家大院的八字巷为例进行规划更新。主街东西两端分别为老年活动中心和过街楼，这两处景观首尾呼应。新规划的公共空间刚好位于该轴线的中间，恰似画龙点睛之笔，增加了街区空间的丰富性（如图4）。公共活动场地主要服务对象为该区域主体居民——老人和孩子，分为老年活动区和儿童游乐区。

图4　主街中间公共空间与两端景观相得益彰

2. 院落组团中植入新元素

依据不同的建筑保护类别，对重点保护的建筑采取复原的方法恢复建筑原貌，对一般保护建筑进行更新设计，在建筑中加入新的建筑与元素（如图5）。

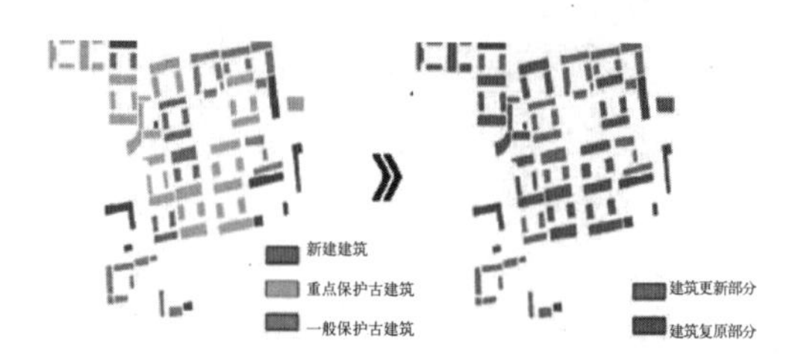

图5　建筑保护类别划分图

通过对院落权属的调研，结合现有院落的居住状况，对于独居和合居的院落采取不同的更新加建。独居院落整治院落空间；合居院落划分区域空间，明确其所属。

传统院落基本上是两层建筑围合，正房和厢房之间的边角原本大多是楼梯所在，现在多半用来堆积杂物。改造这些边角空间成为更新改造的重点。在边角空间中根据需求植入不同功能：院子侧入口、楼梯间、卫生间、储藏室、厨房等，采用新鲜材料元素：木结构、钢和玻璃围护、木条装饰表皮等，既能满足现代审美需要，又符合古村落的文化气息，真正满足现实生活需要，改善古村落人居环境（如图6）。

建筑二层用于储物不住人是当地的习俗，对此，结合该村正在申报历史文化名村的契机，我们提出功能置换的策略，利用二层开发旅游接待，将茶室、餐馆、住宿等功能纳入其中，让游客住进农家，感受古村落浓郁的乡土气息。开发古村旅游业也将是该地开展新农村建设的重要途径和有力经济保障。

3. 引入生态能源利用

新能源的开发与利用是新农村建设中不可缺少的重要环节。基于该村现状，可以引入沼气能，利用边角空间设置卫生间，几个院子共用一个沼气池，实现厕所入户，下水

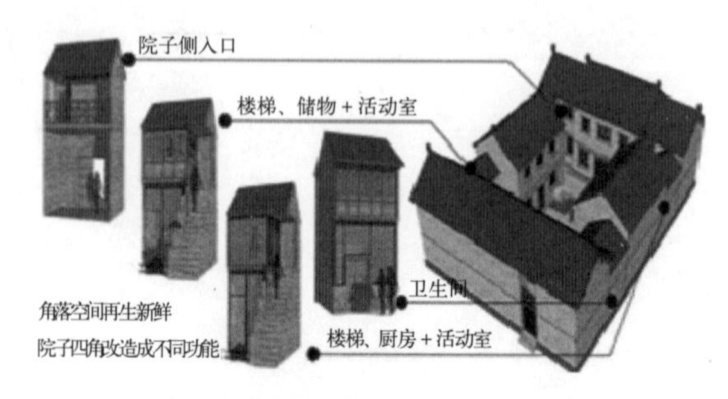

图6　院落边角空间更新效果图

排污，同时用沼气代替煤和柴等传统能源。结合需求，以现有公共厕所布局为基础规划沼气池分布（如图7、图8）。以沼气作为厨房的新能源，改善环境并减少对不可再生能源的依赖。

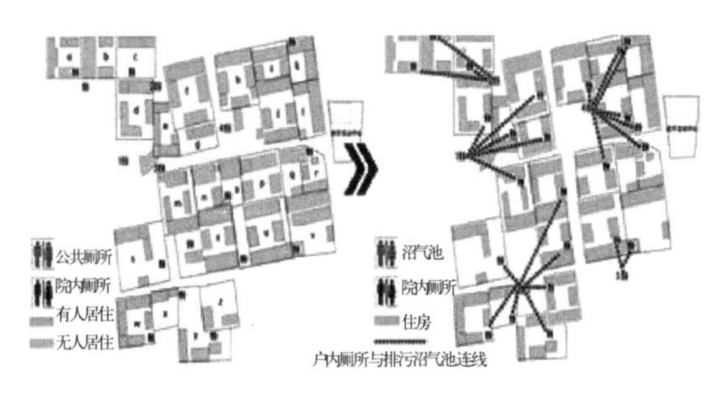

图7　公厕现状分布图　图8　沼气池规划分布图

四、小结

此次规划以西黄石村为例进行探讨性设计，以院落、建筑、公共空间三个方面的更新设计为古村落植入新鲜，力求复原“古色古乡”的风貌，同时满足现代人的居住需求，解决古村落无人居住等社会问题。希望通过对古村落保护研究的不断探讨，引起社会对于古村落保护的进一步重视，同时，从中寻求可行的解决村落保护与发展之间的矛盾的方法，利用多种途径加强古村落在新农村建设中的发展，为我国古村落保护提供可鉴资源。

建造被动式住宅——实现低碳居住的途径

孙克放

中国住宅建设如何走低碳化道路，是当今设计和建造领域中必须加紧研究的问题。英国的《可持续发展住宅规范》制定了走向零碳排放的三个步骤："到2010年减少二氧化碳排放量25%，到2013年减少排放量14%，到2016年达到零碳排放"。这令人联想到英国最早的"零能耗"住宅——贝京顿居住小区，其实这个小区的建造始终贯穿着被动式住宅的设计理念，为人们的居住可持续发展提供了样板。

地处北欧的瑞典在马尔默市建设了闻名于世的"Bo01住宅示范区"，这个小区充分利用可再生能源，大幅度的降低碳排放量，采取的技术措施包括：第一，提高住宅维护结构的节能降耗效果，增加保温隔热层厚度；第二，增加外窗遮阳设备；第三，利用自然通风和新风系统，置换室内空气；第四，建设2MW风力发电站，可满足小区99%的用电需求；第五，安装120 m^2的太阳能光伏电池系统，1400 m^2的太阳能板，可满足小区1%的用电需求；第六，利用地源热泵解决冬季供热、夏季制冷问题，可满足小区85%的供热需求和100%的供冷需求。被动式住宅的通用技术在这里集成整合，发挥得淋漓尽致。

被动式住宅起源于20世纪90年代的德国著名金融中心城市法兰克福。这类住宅主要通过住宅本身的构造做法达到高效的保温隔热性能，并利用太阳能和家电设备的散热为居室提供热源，减少或不使用主动供应的能源，即便是需要提供其他能源，也尽量采用清洁的可再生能源。目前全世界大约有15000座被动式住宅，其中德国已经建设4000～6000座单元住房。根据德国的建筑节能要求，新建住宅能耗应控制在90kWh/m^2以下，而被动式住宅能耗仅为规定的15%～20%，有的甚至降到20～50kWh/m^2。2007年笔者在德国考察期间，看到德国在既有高层住宅和公共建筑改造中都吸收了被动式住宅的设计理念，取得了显著的节能减排效果。因此，面对中国量大面广的高层住宅，如何推广被动式住宅技术实属是一项攻关的课题，但这毕竟是我们实现低碳居住的有效途径。

就现阶段我国产业化现代化水平，笔者认为在经济发达或较为发达的一二线城市建设"被动式高层住宅"是完全可能的，起码能做到以下几点：第一，加厚外墙屋面围护结构的保温隔热层厚度。如在北方地区采用150cm的聚氨酯材料，一步达到节能75%以上要求。第二，增加外窗的气密性和绝热性。如在北方地区采用三层玻璃的节能窗。第三，严格控制窗墙比。北向窗开窗宽度满足采光低限为宜；南向窗户避免设计飘窗和落地窗。尤其在北方地区，在南向大玻璃窗下一定要留出30～40cm的低窗台，以便安装通长的散热器，有利于加热从窗户渗透进来的冷空气。以上三点是建立被动式住宅的先决条件。第四，在外窗增设遮阳设施。北方地区宜采用带保温材料的铝合金百叶卷帘或木制百叶窗。第五，采用高效采暖末端设备，并实现分户计量控制，应季应时调节室内温度。第六，增加新风置换系统，北方地区宜采用可进行热交换的新风设备。第七，采用太阳能分户供热水或集中供热水系统，节约用电，减少燃气消耗和二氧化碳排放。第八，采用光伏电池供电系统，解决高层公共区的照明和室外环境照明。第九，采用中水回用、雨水收集技术，节约用水。第十，采用垃圾生化处理技术，实现垃圾就地减量，减少对环境的污染。

以上 10 项技术有些已作为普通成熟技术在推广，有些则需要增加投入才能应用到实际工程中。一般来讲，被动式住宅的建造成本比普通住宅要高出 10% ~ 20%，但后期运营的成本极低，换算下来，大致 5 ~ 10 年之内收回投资。从可持续发展和低碳减排的长远角度考虑问题，建设被动式住宅是值得的。

中国可持续建设的 SI 住宅技术研发及其工程实践

刘东卫 闫英俊

一、中国可持续建设背景下的住宅工业化课题

中国住宅建设正面临着可持续发展的转型时期，要实现住宅从传统的生产方式到工业化生产是住宅建设现代化的根本转变，需要通过大量性的住宅工业化生产来提高住宅整体质量和生产能效，研发新型住宅工业化通用体系与集成技术成为住宅建设与发展的关键所在。国际上住宅发展与建设经验表明，研发与建立新型住宅工业化领域的通用住宅体系，是推进住宅产业现代化的重要内容，直接关系到住宅产业生产方式的变革。西方发达国家住宅生产的工业化均采用通用体系，加快了住宅建设速度、提高了生产效率。从日本和欧美等国家的住宅工业化发展经验可以看出，通过住宅体系的通用化、建设技术的集成化来建造的工业化住宅，既能满足居民多样化的住房需求，更能从根本上提高住宅的综合性能。推行住宅工业化领域的通用住宅体系及其集成技术，既可扭转粗放生产模式，也会极大地解决居住品质问题，将使中国住宅建设发生根本性转变。

当前由于中国住宅产业化发展的相关技术研发的基础工作开展不够，与发达国家相比住宅产业化仍在较低的水平上徘徊。中国住宅性能、使用功能、使用寿命等方面，在技术理念与工业化产品技术支撑上均与日本存在较大差距。当前国家和企业对住宅工业化进行多样性探索，住房和城乡建设部大力进行中国住宅产业化工作，一些大型企业通过对提高住宅性能的技术体系和关键技术的开发研究，在住宅建设中积极应用了许多节能节材节地的综合性技术，为推进住宅产业化提供了宝贵的经验。

当前中国的住宅的工业化生产方式落后，住宅技术与部品集成度低，造成住宅普遍存在不同程度的质量问题，而这些质量问题大多涉及住宅科技研发工作的工业化生产课题，尤其是中国至今尚未建立一套系统性住宅工业化领域的通用住宅体系，并造成技术法规不完善和缺乏技术保障等问题，极大地阻碍了住宅生产工业化进程。从住宅建设发展来看，中国亟待开展住宅工业化领域的住宅体系及其集成技术研发的科技攻关工作。

二、中国 LC 住宅体系及其工业化集成技术研究

（一）住宅可持续建设理念的 LC 住宅体系及工业化集成技术

20 世纪中期荷兰学者哈布拉肯提出的开放建筑思想理念，在此理论之上发展起来的 SI 住宅，通过 S（Skeleton 支撑体）和 I（Infill 填充体）的分离使住宅具备结构耐久性，室内空间灵活性以及填充体可更新性特色，同时兼备低能耗、高品质和长寿命的优势，在住宅建设中得到了广泛的实践。日本住宅建设以降低建筑的资源和能源消耗以及构筑可持续性社会为中心，大力推动 SI 住宅的建设。以提高住宅耐久性为目的的住宅生产体系，提高住宅支撑体的物理耐久性，使住宅的生命周期得以延伸的同时，既降低了维护管理费和资源

的消费，也提高了住宅的资产价值。

针对当前中国住宅建设方式上的寿命短、耗能大、质量通病严重和二次装修浪费等问题，以及居住使用方式上存在的居住性能和生活适应性差别等制约住宅可持续发展建设的亟待解决的关键课题，住宅可持续建设的LC住宅体系（Lifecycle Housing System）以绿色建筑全生命周期的理念为基础，借鉴SI住宅开放建筑思想，围绕保证住宅性能和品质的规划设计、施工建造、维护使用、再生改建等技术为核心的新型工业化集合住宅体系与应用集成技术。LC住宅体系以住宅全生命周期的质量性能设计理念为出发点，强调住宅全生命周期的整体设计方法和两阶段工业化生产的新型住宅体系与技术的集成应用。住宅可持续建设理念的LC住宅体系通过设计建造中考虑生产的集成性、居住的适应性和建筑的长效性，保证了居住品质，提高了住宅全生命周期的综合价值，实现了节省资源消耗的可持续居住环境（图1）。

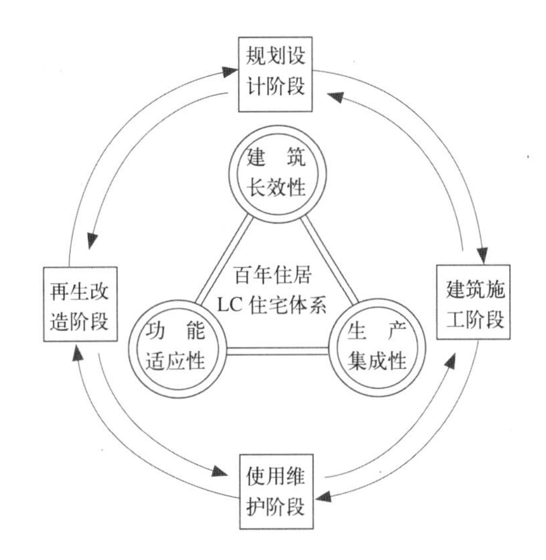

图1 住宅可持续建设理念的LC住宅体系

（二）LC住宅体系的两阶段工业化生产技术

住宅可持续建设理念的LC住宅体系是结合满足住宅批量供给需求的，全面提高居住的综合性能与品质的，具有普及性、适用性和经济性特征的，通过住宅技术部品集成和结构主体、内装与设备集成的，以引进SI住宅理念为基础的两阶段工业化生产方式的新型住宅体系与应用集成技术。LC住宅体系的两阶段工业化生产方式的集成化建造技术以建立工业化住宅集成技术体系为目标，其集成化建造技术系统由两级四部分构成（表1），即由结构体技术系统、维护体技术系统、内间体技术系统和设备体技术系统为核心的技术与部品生产体系。LC住宅体系两阶段工业化生产方式可实现住宅技术集成化和生产工业化，推动住宅生产从手工作业向工业化生产转变，其集成化建造技术通过集成技术的工程项目示范，可带动技术进步，以提高住宅建设的资源利用率和经济、社会、环境等综合效益（图2）。

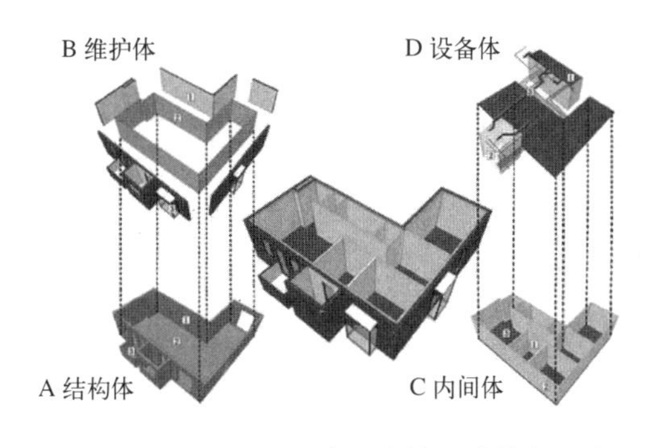

图2 两阶段工业化生产方式的集成技术系统

LC住宅体系的两阶段工业化生产技术 **表1**

工业化建设阶段	一级集成化建造技术系统	二级集成化建造技术系统
第一阶段	外部主体的集成技术系统	结构体的集成化技术系统，包括墙体、楼板、梁柱、楼梯和阳台等
		维护体的集成化技术系统，包括外装、保温、门窗和屋面等
第二阶段	内部辅体的集成技术系统	内间体的集成化技术系统，包括隔墙、内壁、天棚和地板等
		设备体的集成化技术系统，包括整体卫浴、整体厨房、管线系统、设备和设施等

三、北京合金公寓项目与 SI 工法建造的示范

（一）项目概要与中日技术集成示范工程的背景

北京合金公寓项目位于北京市海淀区西四环外永定路北端，西为城西商业氛围成熟的城市道路的永定路，北侧是连接城市环线四环与五环的城市干道田村路。项目周边多为城市居住空间，用地西侧有成排林荫大树。项目用地为 2.2 公顷，总建筑面积为 7.78 万平方米，容积率为 2.20，由 2 栋公建设施和 8 栋 6 ~ 9 层住宅共计 486 个住户构成（图 3）。

图 3　总体空间环境鸟瞰

北京合金公寓项目规划结合该区域的道路交通等基础设施的整备，保留街道空间原有成列大树，设置街角广场等空间，建设与城市环境空间相融合的城市型街区空间，打造符合城市意象的连续街区形象，并通过设置公共服务设施形成外部街区空间。项目对建筑高密性表现出来的空间尺度进行了深入的推敲，从规划设计的角度构筑具有安宁的生活尺度和社区氛围的宜人的居住空间环境（图 3、图 4）。

图 4　沿街住栋景观

北京合金公寓项目作为中日两国住宅科技企事业机构共同合作的“中日技术集成示范工程”，是在引进国际先进理念及其技术的基础上，吸收具有当代国际领先水准的 SI 住宅技术系统等成果，进行普及性、适用性和经济性研究并整体应用的中国首个住宅示范项目（表 2）。北京合金公寓项目在实践中应用了住宅可持续建设理念的 LC 住宅体系与建造技术，针对当前中国住宅建设方式上的寿命短、耗能大、建设通病严重、供给方式上的二次装修浪费等问题，提出了整体解决方案，围绕住宅内装修建设与设计技术等住宅发展关键集成技术进行了全面的探索，推广普及所开发的集成技术，以建设具有国际水准的性能优质的住宅和居住环境。北京合金公寓项目在推动住宅的设计、生产、维护和改造的新型工业化住宅关键技术系统研发，体系化的国内外先进适用性技术的整体集成应用，具有优良住宅性能的住宅的建设实践等方面具有开创性的意义。

示范项目的主要技术开发应用和主要参加单位　　表2

技术开发与应用	相关单位
1.普适性中小套型住宅设计及集成技术	中国建筑设计研究院、财团法人Better Living、国家住宅工程中心、市浦设计事务所、雅世置业集团有限公司
2.大空间配筋混凝土砌块剪力墙结构与建造工法集成技术	北京金阳新建材公司、FUKUVI化学工业公司、SKK（上海）有限公司
3.SI住宅内装分离与管线集成技术	上海积水化学公司、久保田公司、博洛尼公司、史丹利公司、TOTO（中国）公司

续表

技术开发与应用	相关单位
4.隔墙体系集成技术	北新集团建材公司
5.围护结构外内保温与节能集成技术	中国建筑科学研究院
6.干式地暖节能集成技术	能率（中国）投资公司、林内公司、森德公司、积水腾龙（北京）环境科技公司
7.整体厨房与整体卫浴集成技术	海尔CSG开发部、松下电器（中国）有限公司
8.新风换气集成技术	松下电器（中国）有限公司
9.架空地板系统与隔声集成技术	FUKUVI公司、万协公司
10.环境空间综合设计与集成技术	风设计事务所、北京建王园林工程公司

（二）项目住宅的耐久性和适应性技术开发

1. 综合设计的技术开发

由综合设计系统的全生命体系和全功能体系等组成。综合设计系统的全生命体系，立足于满足居住家庭生命周期的空间环境的适应性，考虑住宅持久耐用寿命，满足日常生活及将来的变化，既可实现居住者的长久居住，也提高了社会资产的价值，使资源消耗最低并充分利用可再生资源。针对家庭形成期、家庭成熟时期和家庭衰退时期的功能需求，综合设计系统的全生命体系有着与其相适应的空间灵活性，可满足家庭生命周期的不同时期的居住需求。综合设计系统的全功能体系，从中等收入家庭对普适性住宅居住功能的完备性和面积空间能效性要求入手，从满足核心家庭居住功能需求出发，实现功能的优化集约。综合设计系统的全功能体系，提出了由综合性门厅的功能系统、交流性 LDK、多用性居室、分离性卫浴、家务性厨房、居家性收纳等功能构成的，具有六大功能系统的全功能体系(图 5)。

2. 内装与部品生产的技术开发

项目住宅内装工业化与部品技术开发，通过住宅技术部品集成和结构主体、内装与设备集成的技术。第一，标准化和模块化的设计。标准化设计为工厂化、集约化生产批量定型产品，完成模块订单来实现多样化需求。第二，工业化建筑体系的应用。保障了住宅建筑体系安全、环保、节能的品质。第三，通用化住宅产品的供应。住宅内装的各个部分都有通用产品，只需将通用产品组合。第四，现场施工技术的

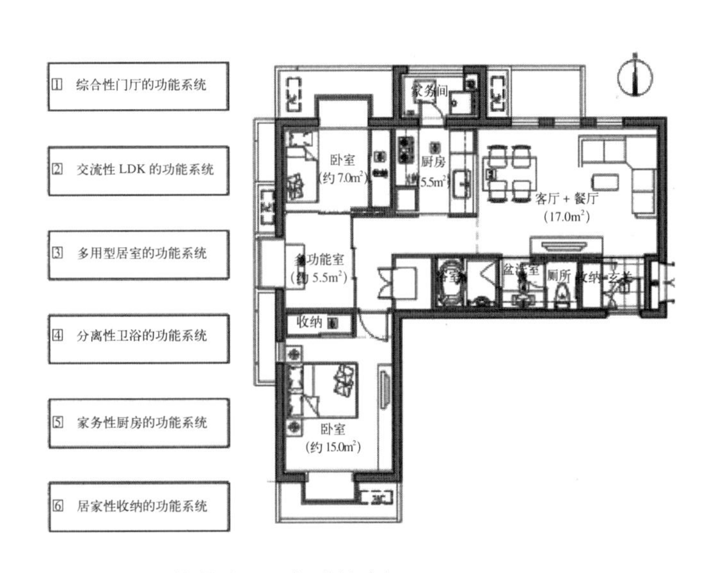

图 5 B 户型的住户平面与功能空间

装配。杜绝了传统工法中的现场湿作业，而代以干作业为主，利于建筑质量的精确控制。

3. 技术集成和 SI 住宅工法的技术开发

通过采用住宅工业化技术将产品与技术整合，结合成套技术的研发，形成住宅生产的工业化，力求通过住宅技术集成体系提高住宅工业化程度，全面地提高住宅性能和居住品质。在关键集成技术方面，重点进行加快技术整合和优化建筑体系的工作，包括研发住宅设计及集成技术、SI 住宅内装分离与管线集成技术、隔墙体系集成技术、围护结构内保温与节能集成技术、干式地暖节能集成技术、整体厨房与整体卫浴集成技术、新风换气集成技术、架空地板系统与隔声集成技术和环境空间综合设计与集成技术等 10 多项核心技术与集成技术体系。

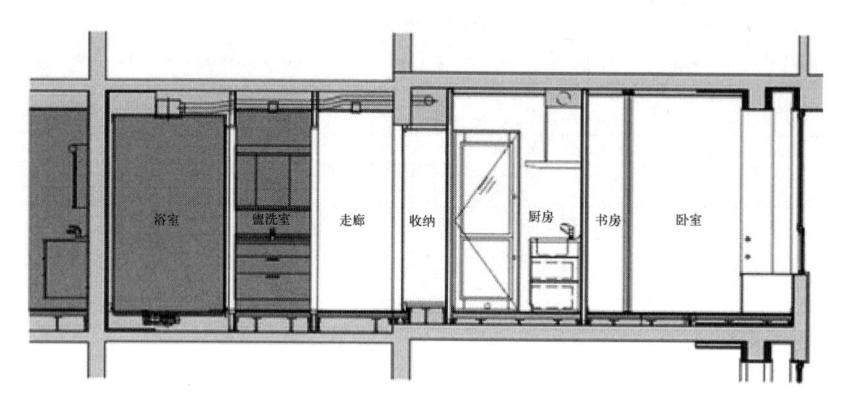

图 6　SI 住宅工法的住户剖面

四、结语

目前中国住宅发展与建设中资源指标处于世界低位，资源消耗大，环境问题严重。中国的住宅建设只能走“资源消耗少、环境负荷小”的发展道路，即向“环境友好型、资源节约型”的住宅建设方向发展。在当前住宅大规模建设的历史时期，住宅全生命周期的建造、使用和改建问题已经成为国家资源消耗的重要组成部分和可持续发展的重大课题。中国住宅建设应正确引导绿色建筑全生命周期的居住理念，力求在住宅全生命周期中实现持续高效地利用资源、最低限度地影响环境，积极引导住宅生产的部品化和集成化的关键技术研究开发，通过推进技术创新和技术集成的应用，促进中国住宅产业化的发展。

资料篇

基础数据

全国“十一五”人居环境数据　　表1

	2006年	2007年	2008年	2009年	2010年
人均GDP（元）	16500	20169	23708	25575	29678
城镇居民家庭人均可支配收入（元）	11759	13786	15781	17175	19109
居民消费价格指数	101.5	104.5	105.6	99.1	103.3
城镇居民家庭恩格尔系数	35.8	36.3	37.9	36.5	39.3
农村居民家庭恩格尔系数	43	43.1	43.7	41	46.1
城市生活污水处理率（%）	55.67	62.87	70.16	73	77.4
城市燃气普及率（%）	79.1	87.4	89.55	91.4	92
建成区绿化覆盖率（%）	30.92	31.3	33.29	34.2	34.5
城市每万人拥有公厕（座）	3.22	3.04	3.1	3.1	3.1
城市每万人拥有公交车辆（标台）	10.13	10.23	11.1	11.1	11.2
城市人均公园绿地面积（m^2）	8.3	9	9.7	10.7	11.2
城市人均道路面积（m^2）	11	11.4	12.2	12.8	13.2
森林覆盖率（%）	18.21	18.21	20.36	20.36	20.36
城镇化率（%）	43.9	44.94	45.68	46.59	47.5
城市用水普及率（%）	86.7	93.8	94.7	96.1	96.7
道路交通事故万车死亡率（%）	6.2	5.1	4.3	3.6	3.3
电话普及率(含移动电话)(部/百人)	63.4	69.45	74.29	79.89	86.5
每万人口医院、卫生院床位数(张)	25.3	26.3	28.4	30.6	32.8
环境污染治理投资总额占国内生产总值比重(%)	1.22	1.36	1.49	1.33	1.66
自然保护区占辖区面积比重(%)	15.2	15.2	14.9	14.7	14.9
单位GDP能耗(吨标准煤/万元)	1.204	1.16	1.12	1.08	1.03
每千人互联网用户数	105	160	226	289	343
每千人蜂窝移动电话用户数	353	416	485	563	664
全国2006～2010年住宅销售均价（元/m^2）	3139	3665	3655	4474	4724
房价收入比	7.19	7.44	6.78	8.03	7.76

直辖市及省会城市2010年度人居环境数据 表2

	常住人口密度（人/km²）	城镇污水处理率（%）	生活垃圾无害化处理率（%）	建成区绿化覆盖率（%）
北京	1195	81	98.22	45
上海	3632	78.9	82.3	38.15
天津	1100	80.1	94.3	30.31
重庆	350	70	89	40
呼和浩特	169	73.8	95.2	35.45
乌鲁木齐	222	49.92	84.67	34.27
拉萨	19	98.81	95	43.1
银川	208	90.93	100	43.03
南宁	301	85	73.46	40.36
哈尔滨	200	64	53.9	38
长春	373	84.67	76.14	36.14
沈阳	625	78	100	41.83
石家庄	641	83.28	100	41.53
太原	601	70	94.8	36.8
西宁	289	54.47	66.8	38.72
济南	833	78.21	77.68	37
郑州	1158	97.2	86.78	34.5
南京	1216	58.65	74.88	44.12
合肥	500	83	99.97	44.4
杭州	524	88.87	100	39.91
福州	581	72.76	98.2	40.3
南昌	681	86.07	100	42.76
长沙	596	81.4	100	37.37
武汉	1152	92	77.95	37.5
广州	1708	85	81.1	40.15
海口	888	87	94.77	42
兰州	276	95	80.91	26.35
西安	838	62.73	81.85	40.43
成都	1159	78.78	83.63	38.83
贵阳	538	44.27	95.04	38.48
昆明	298	95.1	78.94	41.6

续表

	森林覆盖率（%）	空气质量达到二级标准以上的天数（天）	人均绿地面积（m^2）	人均城市道路面积（m^2）	人均公园面积（m^2）
北京	37	286	52.52	7.81	21.61
上海	9.41	336	87.81	6.97	12.5
天津	8.24	308	21.63	10.41	8.59
重庆	34.85	311	59.93	5.8	9.92
呼和浩特	30	349	22.26	11.4	16.04
乌鲁木齐	3.2	266	66.33	8.29	8.55
拉萨	18.3	361	10.99	13.47	9.82
银川	14	332	56.67	17.44	14.04
南宁	43.65	349	130.75	6.49	9.9
哈尔滨	44.8	313	25.65	6.17	10
长春	15.5	341	31.93	12.41	11.6
沈阳	36	329	50.75	10.27	12.77
石家庄	29.42	319	33.89	16.68	11.6
太原	16	304	27.01	8.27	8.30
西宁	28	312	11.92	4.85	7.57
济南	31.1	308	31.49	18.55	9.5
郑州	25.68	318	36.14	10.71	10
南京	26	302	141.47	17.06	13.69
合肥	20	310	50.52	18.91	11.44
杭州	64	314	36.53	10.44	17.2
福州	54.9	351	40.68	11.27	12.15
南昌	21.86	343	33.39	7.17	8.49
长沙	53.4	338	33.76	14.48	9.82
武汉	26.6	284	29.64	13.21	9.4
广州	38	357	190.05	14.51	15.05
海口	38.38	365	22.83	7.68	11
兰州	12.21	223	20.78	8.66	8.93
西安	37	304	21.47	9	7.9
成都	36.8	316	30.95	12.07	13.21
贵阳	34.77	343	26.27	5.32	8.88
昆明	45	365	40.11	9.96	8.45

续表

	每百人公共图书馆藏书(册)	万人拥有公交车（标台）	城镇人均住房建筑面积（m^2）	住宅销售均价（元/m^2）
北京	350.61	18.49	25.98	17151
上海	470.72	12.46	34.6	14213
天津	121.69	9.84	33	7909
重庆	30.16	4.16	31.69	4040
呼和浩特	107.36	16.99	30.16	3648
乌鲁木齐	81.39	16.66	25	4280
拉萨	69.86	6.14	31	3500
银川	137.45	14.45	29.3	3801
南宁	66.8	10.02	33	4952
哈尔滨	67.85	10.55	22.1	5174
长春	41.6	12.2	31.1	5097
沈阳	142.45	9.92	32.8	5109
石家庄	47.62	17.05	29.95	3803
太原	102.32	6.59	26.21	7046
西宁	30.68	15	25.66	3197
济南	150.58	12.55	30.3	6100
郑州	71.64	15.53	26.08	4596
南京	206.09	11.14	27.42	9227
合肥	59.11	12.76	31	5501
杭州	178.67	18.8	30.85	14259
福州	74.85	14.17	32	7874
南昌	84.41	11.71	28.7	4331
长沙	90.12	14.75	30.88	4322
武汉	119.43	14.06	31.85	5552
广州	212.93	13.42	22.49	10615
海口	26.98	6.52	30	8069
兰州	121.57	10.06	24.55	4064
西安	50.41	12.53	26.3	4341
成都	102.69	14.5	36.58	5827
贵阳	59.03	11.57	21.88	4233
昆明	33.97	21.12	36	3408

世界人居环境大事记

■ 1960年6月，世界气象组织（WMO）决定，以每年的3月23日为“世界气象日”。该组织要求其成员国每年在这一天举行纪念和宣传活动，并广泛宣传天气气候、保护地球大气环境及气象工作对人类的重要性。1995年5月30日，参加第12届世界气象大会的178个世界气象组织成员国一致同意，气象组织要加强其在环境领域的活动，使气象日活动更加增添了环境保护的色彩。

■ 1971年9月15日，绿色和平组织成立。绿色和平组织以“拯救地球”为己任，致力于“建立一个绿色和平的世界”。目前它在开展支持裁军、消除核武器和核潜艇、保护太平洋环境和海生动物的运动的同时，还开展了反对在南极进行商业活动、反对在海洋开发石油、反对焚烧固体危险废料、呼吁控制大气污染从而减少酸雨现象等活动。它强调一切最严重的环境问题都是超越国界的，应由所有国家共同解决。

■ 1972年6月5日至6月16日，联合国在斯德哥尔摩召开了联合国人类环境会议，100多个国家的代表在会上通过了《人类环境宣言》，即《斯德哥尔摩宣言》。宣布“保护和改善人类环境已经成为人类的一个迫切任务”，“由于无知或不关心，我们可能给我们的生活和幸福所依靠的地球环境造成巨大的无法挽回的损害”。这次会议强调：要协调发展与环境的关系，制定健全发展战略，提出贫穷污染是由发展不足引起的；发达国家的环境污染如大气、水质、辐射、噪声、化学、热源等，则是经济高度畸形发展和生活方式的奢侈浪费造成的。

■ 1972年6月5日至6月16日，在瑞典首都斯德哥尔摩召开了联合国人类环境会议，会议通过了《人类环境宣言》，并提出将每年6月5日定为“世界环境日”（World Environment Day）。同年10月，第27届联合国大会通过决议接受了该建议。“世界环境日”是联合国促进全球环境保护意识、提高政府对环境问题的注意并采取行动的主要媒介之一。

■ 1973年1月，联合国环境规划署（United Nations Environment Programme，简称UNEP）正式成立。其宗旨是：促进环境领域内的国际合作，并提出政策建议；在联合国系统内提供指导和协调环境规划总政策，并审查规划的定期报告；审查世界环境状况，以确保可能出现的具有广泛国际影响的环境问题得到各国政府的适当考虑；经常审查国家和国际环境政策和措施对发展中国家带来的影响和费用增加的问题；促进环境知识的取得和情报的交流。

■ 1976年，在加拿大温哥华召开第一次人类居住大会，通过了《温哥华人居宣言》，人类居住与环境问题受到各国重视，从而促使联合国人居机构的成立。

■ 1983～1988年，中国作为观察员参加了联合国人居中心（2001年12月升格为联合国人居署）历届委员会年会。

■ 1985年6月9日，国际建筑师协会在旧金山召开的第63届理事会上通过决议，将每年的7月1日定为“世界建筑日”（International Architecture Day），以促进建筑事业的共同进步，感谢那些为人类创造了生活空间的人们。1996年国际建筑师协会代表大会通过决议，此后“世界建筑日”将与联合国的“世界人居日”同期举行庆祝活动，“世界建筑日”即确定为每年10月的第一个星期一。

■ 1985年12月17日，第四十届联大一致通过决议，确定每年10月的第一个星期一为世界人居日（World Habitat Day，也称“世界住房日”），并每年确定一个主题。

■ 1987 年 7 月 11 日，地球人口达到 50 亿。为纪念这个特殊的日子，1990 年联合国根据其开发计划署理事会第 36 届会议的建议，决定将每年 7 月 11 日定为“世界人口日”（World Population Day），以唤起人们对人口问题的关注。据此，1990 年 7 月 11 日遂成为第一个“世界人口日”。

■ 1988 年，中国被接纳为联合国人居中心委员会成员国。

■ 1989 年，联合国人居署（原联合国人居中心）开始创立联合国人居奖，是为使国际社会和各国政府对人类住区的发展和解决人居领域的各种问题给予充分重视，并鼓励和表彰世界各国为人类住区发展作出了杰出贡献的政府、组织、个人和项目。“联合国人居奖”自创立以来，一直受到世界各国政府的重视。

■ 1990 年，中国在设立于内罗毕的联合国人居中心总部正式设立代表处。

■ 1991 年 8 月，联合国人居中心北京信息办公室在建设部正式成立。

■ 1992 年 6 月 3 日至 14 日，联合国环境与发展会议在里约热内卢召开，会上讨论并通过了《里约环境与发展宣言》（*Rio Declaration*）又称《地球宪章》（*Earth Charter*），时任国务院总理李鹏在大会上签署《气候变化框架公约》。此次会议重申了 1972 年 6 月 16 日在斯德哥尔摩通过的联合国人类环境会议的宣言，并谋求以之为基础。目标是通过在国家、社会重要部门和人民之间建立一种新的、公平的全球伙伴关系，为签订尊重大家的利益和维护全球环境与发展体系完整的国际协定而努力，认识到我们的家园地球的大自然的完整性和互相依存性。其中《二十一世纪议程》（*Agenda* 21）是此次联合国环境与发展大会通过的重要文件之一。是一份没有法律约束力、800 页的旨在鼓励发展的同时保护环境的全球可持续发展计划的行动蓝图。《二十一世纪议程》是将环境、经济和社会关注事项纳入一个单一政策框架的具有划时代意义的成就。其中载有 2500 余项各种各样的行动建议，包括如何减少浪费，转变消费形态，扶贫，保护大气、海洋，生活多样化以及促进可持续农业的详细提议。地球首脑会议的组织者说，这项计划若实施，每年将耗资 1250 亿美元。《二十一世纪议程》内的提议仍然是适当的，后来联合国关于人口、社会发展、妇女、城市和粮食安全的各次重要会议对其予以扩充并加强。

■ 1992 年 5 月，在联合国纽约总部正式通过《联合国气候变化框架公约》（*United Nations Framework Convention on Climate Change*，简称《公约》），同年 6 月在巴西里约热内卢举行的联合国环境与发展大会期间正式开放签署。《公约》的最终目标是“将大气中温室气体的浓度稳定在防止气候系统受到危险的人为干扰的水平上”。

■ 1992 年 6 月 1 日 ，《生物多样性公约》（*Convention on Biological Diversity*）由联合国环境规划署发起的政府间谈判委员会第七次会议在内罗毕通过，这是一项保护地球生物资源的国际性公约，公约于 1993 年 12 月 29 日正式生效。常设秘书处设在加拿大的蒙特利尔。联合国《生物多样性公约》缔约国大会是全球履行该公约的最高决策机构，一切有关履行《生物多样性公约》的重大决定都要经过缔约国大会的通过。该公约是一项有法律约束力的公约，旨在保护濒临灭绝的植物和动物，最大限度地保护地球上的多种多样的生物资源，以造福于当代和子孙后代。

■ 1993 年 1 月 18 日 ，第 47 届联合国大会作出决定，从 1993 年开始，每年的 3 月 22 日为“世界水日”。确立“世界水日”标志着水的问题日益为世界各国所重视，旨在唤醒全世界充分认识当前世界性的水危机和水污染，人人都来关心水、爱惜水、保护水。每年的这一天，世界各国根据自己的国情就水资源保护与开发开展各项活动，以提高公众爱护水资源的意识。

■ 1993 年 8 月 4 日，在中国科学院技术科学部组织的学部委员报告会上，吴良镛、周干峙、林志群三位教授首次提出在我国建立人居环境科学学科体系的倡议。这是吴良镛教授1989年创立“广义建筑学”理论的继续发展。

■ 1994年12月，联合国第49届大会通过了115号决议，宣布从1995年起，每年6月17日为“世界防治荒漠化和干旱日”。呼吁各国政府重视土地沙化这一日益严重的全球性环境问题。“世界防治荒漠化和干旱日”的确立，意味着人类同荒漠化抗争的行动从此揭开了新的篇章，为防治土地荒漠化，全世界正迈出共同的步伐。

■ 1995年1月23日，联合国大会通过决议，确定从1995年开始，每年的9月16日为“国际保护臭氧层日”。“国际保护臭氧层日”的确立旨在纪念1987年9月16日签署的《关于消耗臭氧层物质的蒙特利尔议定书》，要求所有缔约国根据《议定书》及其修正案的目标，采取具体行动纪念这一特殊日子。“国际保护臭氧层日”的确定，进一步表明了国际社会对臭氧层耗损问题的关注和对保护臭氧层的共识。

■ 1996年，中国政府发表《中华人民共和国人类住区发展报告》，提出到2010年，全国城镇人口达到6.3亿人左右，城市化水平达到45%左右。这是一个了不起的历史跨越，也是一个需要科学决策、慎重实施的奋斗目标。

■ 1996年6月，在土耳其伊斯坦布尔召开的第二次人类居住会议，通过了《伊斯坦布尔人居宣言》和《人居议程》。人居议程的两大主题是：“人人享有适当的住房和日益城市化进程中人类居住区的可持续发展”。继1996年第二次人类居住会议5年后，2001年6月在纽约召开了“伊斯坦布尔+5”人居特别联大，会议通过了关于人居工作的《新千年宣言》。

■ 1997年12月，在日本京都由联合国气候变化框架公约参加国三次会议制定了《京都议定书》（英文：*Kyoto Protocol*，又译《京都协议书》、《京都条约》，全称《联合国气候变化框架公约的京都议定书》）。它是《联合国气候变化框架公约》（*United Nations Framework Convention on Climate Change*，缩写为UNFCCC）的补充条款。其目标是“将大气中的温室气体含量稳定在一个适当的水平，进而防止剧烈的气候改变对人类造成伤害”。

■ 1998年，国家自然科学“九五”重点项目“可持续发展的中国人居环境的基本理论与典型范例研究”开始启动，项目负责人为中国科学院院士、中国工程院院士、清华大学建筑与城市研究所所长、清华大学人居环境中心主任吴良镛教授。其研究重点是人与环境之间的相互关系，强调把与人类聚居有关的建筑、资源、环境等作为一个整体，从社会、经济、文化和工程技术等各个方面进行综合、系统的研究；研究的总目标是要通过理论和实践两方面的努力，探索一种多学科协作的技术方法，推动一种可以贯彻实施的社会机制，促成一种人居环境建设的社会理念和共识。

■ 1999年10月，“世界人居日”全球庆典活动在大连成功举办。

■ 2000年10月，“21世纪城市建设与环境国际大会”在成都举行。这是全球首次人居最佳范例经验交流会，由联合国人居中心、建设部、成都市人民政府联合主办。会议通过了《成都宣言》。

■ 2000年10月，四川乐山市作为第一个中国城市参加了由联合国人居中心、世界银行等机构发起的城市管理项目。

■ 2001年，建设部设立“中国人居环境奖”和“中国人居环境范例奖”，目的是为了表彰在改善城乡环境质量，提高城镇总体功能，创造良好的人居环境方面作出突出成绩并取得显著效果的城市、村镇和单位，积极推广各地在坚持可持续发展、加强环境综合整治、改善人居环境方面创造的有效经验和做法，中国人居环境奖是我国参照联合国人居环境奖新设立的一个政府奖项，旨在鼓励和推动城市高度重视人居环境的改造与建设，在环保、生态、大气、水质、绿化、交通多方面为居民提供良好的生活和工作环境，以适应我国城市居民由小康向更高层面迈进的客观需要，并借此提升城市乃至国家的现代形象。

■ 2001 年，山东潍坊市作为试点城市参加“福冈方式”小城镇固体垃圾处理项目，引进简单易行的低造价环保型垃圾处理技术。

■ 2002 年 1 月 1 日，联合国人居署（United Nations Human Settlements Programme），UN-Habltat，又称联合国人类住区规划署正式成立，是联合国负责人类居住问题的机构。成立的宗旨为促进社会和环境方面可永续性人居发展，以达到所有人都有合适居所的目标。联合国人居署支持和协调各国政府、地方政府、非政府组织和私营部门并与其通力合作，促进全球人居事业的发展，其工作重点是在城市管理、住房、基本的服务和基础设施方面，即以下几个领域：(1) 住房和社会服务；(2) 城市规划与管理；(3) 环境和基础设施；(4) 评价、监测和信息；(5) 减少城市贫困和受内战和自然灾害影响国家的重建与恢复等。

■ 2002 年 8 月，“中低收入者住房发展国际大会”在内蒙古自治区包头市举行。会议旨在为发展中国家中低收入者的住房筹资问题寻求可行的解决方法。

■ 2003 年，联合国的专门机构指定每年 2 月的最后一天，作为“世界居住条件调查日”。其目的就是为了推动各国政府和社会进一步重视人们的居住环境和条件，并通过开展种种活动，为社会解决一些问题。

■ 2003 年，南京市被确定为亚洲城市水项目的试点城市。该项目计划在亚洲选择 6 个城市，由联合国人居署、亚洲开发银行与荷兰政府共同出资 5 亿美元，帮助项目城市提高水环境管理能力。

■ 2003 年 11 月 1 日，由中国房地产及住宅研究会人居环境委员会主办，主题为“城市化与人居环境可持续发展”的“第一届中国人居环境高峰论坛”在北京开幕。王光英、王文元等国家领导人与中国人居环境领域各界杰出人士近两百人汇聚一堂，群策群力探讨人居环境建设的解决之道，倡导携手共建绿色、生态、健康的人居环境。大会首次发出“中国人居环境与新城镇发展推进工程”倡议，明确提出中国人居环境行动纲领，把我国的人居环境建设事业由大范围领域的宏观鼓动宣传推向更具实际意义的具体行动。

■ 2003 年 11 月，联合国人居署、建设部和山东省威海市政府在威海共同举办“可持续的城市化战略国际大会”。会议主要介绍了中国城市化建设的方针政策和取得的成就，还交流了各国在城市化进程中取得的经验和遇到的问题。

■ 2004 年 10 月 30 日，“第二届中国人居环境高峰论坛”，由中国房地产及住宅研究会人居环境委员会主办，此次论坛主题为“科技引领人居未来”。本次论坛上各高层领导和专家们针对当前城市建设和房地产开发面临的诸多问题，宏观解析国家政策，深入探讨当前人居环境建设面临的新形势、新问题，为我国人居环境建设和城市发展指明了方向。

■ 2005 年 11 月，建设部、联合国人居署和欧洲委员会研究总局在南宁共同主办“城市可持续发展国际会议”，围绕可持续的土地利用与规划、住房建设和城市管理三个议题，交流人居署与欧盟的研究成果，学习中国城市发展的经验。

■ 2006 年 4 月，应联合国人居署执行主任安娜•蒂贝琼卡女士的邀请，建设部部长汪光焘率团参加了在内罗毕召开的“非洲住房与城市发展部长级会议”。

■ 2006 年 6 月，中国政府代表团参加了在加拿大召开的联合国人居署“第三届世界城市论坛”。由于南京市成功申办了 2008 年“第四届世界城市论坛”，中国代表团在会议期间还参加了交接仪式和举办中国人居成就展览。

■ 2006 年 9 月 26 日，主题为“绿色人居、和谐社会”的第三届中国人居环境高峰论坛开幕，本届论坛深入探讨了城镇化进程加快、能源危机加剧的大背景下我国人居环境建设所面临的新问题、新趋势，及时提出了“科技引领人居未来”、“紧凑新城镇发展”等重要思想和应对策略，成果极其丰硕。论坛不仅得到了中国人居环境奖领导小组办公室的大力支持，同时也被纳入联合国“世界人居日”全球庆典系列活动之一。

■ 2008 年 1 月 18 日，“第四届中国人居环境高峰论坛”在武汉拉开帷幕，本次论坛主题为“绿色——建筑与城市的未来”。

■ 2008 年 11 月 5 日，联合国人居署与中国国家开发银行签署了合作框架协议。该协议主要内容为促进全球人类居住环境的改善。协议的签署为双方合作奠定了基础，联合国人居署将在促进人类居住环境改善上充分发挥协调优势，中国国家开发银行也将充分发挥资金优势，双方优势互补，合力促进全球人类居住环境的改善。

■ 2009 年 4 月 22 日 ，第 63 届联合国大会一致通过决议，决定将今后每年的 4 月 22 日定为“世界地球日”。决议呼吁各国政府、国际和地区组织、社会团体以及非政府组织等有关各方以适当的方式庆祝“世界地球日”，提高人类对保护地球及其生态环境的意识。

■ 2009 年 8 月 9 日，主题为“可持续发展的新城镇”的“第五届中国人居环境高峰论坛”在内蒙古鄂尔多斯市乌审旗召开。包括联合国人居署、亚洲人居环境协会、美国自然保护协会、日本福冈市政府在内的中外嘉宾、学者以及业界知名代表 200 余人与内蒙古鄂尔多斯市、乌审旗各界共同探讨城镇人居环境建设的新模式，寻求城乡统筹发展的主流方向。

■ 2010 年 7 月 3 日，上海世博会“环境变化与城市责任”主题论坛在江苏省南京市开幕，论坛围绕环境保护、低碳发展、绿色创新等热点话题进行了交流，分享应对气候变化、实现可持续发展的经验，加强政府、企业、公民的环境责任意识，共同应对环境变化的挑战。中共中央政治局委员、上海市委书记俞正声，全国政协副主席、民革中央常务副主席厉无畏出席开幕式并致辞。环境保护部部长周生贤在全体大会上作了题为《积极探索中国环保新道路 努力实现城市让生活更美好的共同愿景》的主旨演讲。这次论坛由环境保护部、中国气象局、国家能源局、联合国环境规划署、中国 2010 年上海世博会执行委员会和南京市政府共同主办。

■ 2010 年 10 月，由联合国人居署、住房和城乡建设部、上海市政府共同主办的“2010 年世界人居日”庆典活动在沪举行。庆典活动主题与上海世博会主题契合：城市，让生活更美好。联合国助理秘书长、人居署代理执行主任英格•克莱弗比，住房和城乡建设部副部长齐骥，上海市副市长沈骏出席活动并致辞。联合国人居署期望通过活动的举行，唤起世人对城镇现状和“人人享有适当住房”基本权利的关注。

■ 2011 年 5 月 12 日，联合国人类住区规划署发布了题为《城市与气候变化》的年度报告。《报告》指出，城市生产和消费所排放出的温室气体占到总量的 70%，而气候变化给城市及其不断增长的人口带来了独特的挑战。《报告》旨在使各国政府以及所有对城市发展和气候变化感兴趣的人进一步了解城市与气候变化之间的相互影响，以及各城市正在如何减缓和适应气候变化。《报告》确认了有发展前景的减缓和适应措施，从而保障城市以一种更加具有可持续性和适应性的方式向前发展。

■ 2011 年 7 月 11 日 ，是第 22 个“世界人口日”。1987 年 7 月 11 日，世界人口达到 50 亿。为纪念这个日子，联合国从 1989 年开始将这一天确定为“世界人口日”。2011 年的“世界人口日”其宣传主题是“70 亿人的世界”，以此呼吁公众关注世界人口突破 70 亿大关后所可能出现的问题与挑战。

人居委人居环境大事记

一、成立日期

“中国房地产研究会人居环境委员会”于2002年12月9日成立，是我国最早专门从事人居环境科学研究和事业推广的全国性学术社团组织，业务主管部门是住房和城乡建设部。使命是：人人享有美好的人居环境。

二、课题研究

2008年3月，课题《城镇规模住区人居环境评估体系》通过结题验收。专家委员会认为该项研究成果填补了我国住区人居环境评估领域的空白，具有中国特色，达到了国际先进水平，具有较高的推广价值。

2008年7月，课题《城镇人居环境评估指标体系研究》获得批准立项。12月，课题组从9个方面提出了城镇人居环境建设的评价要素。

2009年7月，课题《城市景观环境评估指标体系研究》正式启动。该课题将充分借鉴发达国家和地区较为完善的评估标准和以人为本的建设理念，促进我国都市景观的整体改进与可持续发展。

2011年5月，课题《中美绿色建筑评估标准比较研究》通过验收。专家委员会认为该课题填补了我国绿色住区建设体系的空白，取得的成果具有创新性和很高的学术价值，具国际先进水平。这是我国绿色住区建设标准研究取得的又一重要突破。

2011年5月，课题《德州市房地产业发展战略规划》正式启动。该课题将着重分析德州市区域经济及产业发展重要因素，研判城市以及房地产市场的发展趋势。同济大学、中央财经大学、沈阳建筑大学、中原地产等多家机构共同参与。

2011年10月，课题《金昌集团住区规划设计标准体系》启动，帮助企业实现绿色跨越，转型升级。

三、人居调研

2009年4～5月，人居委与乌审旗政府、江阴市政府联合启动“城镇人居环境与居民生活意识”大型调研，帮助政府更准确地了解和把握城乡居民对于人居环境建设的真实需求，积极探讨公众参与城镇人居环境事务的科学途径和方法。

2010年1月，在国家统筹城乡试验区成都新津县开展“小城镇人居环境建设”主题调研。

2010年3月～2011年，人居委在山东莱西、北京朝阳区三间房、上海嘉定区、北京通州区、辽宁新民市、湖南省常德市澧县、陕西省咸阳市等城镇开展了以“新城镇、新社区、新居民”为主题的“城镇新居民人居环境适应性”大型公益调研，调查结果充分反映了城镇居民对于城镇人居环境的评价，为当地政府制订城镇规划、城镇人居环境发展战略，提供了重要的参考数据。

四、试点示范

2003年，启动“中国人居环境金牌建设试点项目”工作。目前，全国有100个住区开发项目通过严格审查，被列为“中国人居环境金牌住区”，遍及全国25个省市自治区（含直辖市），76个城市，总建筑面积达2500万平方米。

2008年，启动“中国人居环境建设示范城镇”工作。通过在全国寻找具有典型意义的优秀示范城区试点，树立城区人居环境建设的标杆，同时以“城镇人居环境规划”和“人居环境调研”为手段，帮助城区政府从人居环境的视角指导和推进我国广大城乡建设加快转变发展方式，实现和谐发展、可持续发展。

2011年，启动“中国人居环境绿色住区共建项目”工作。倡导资源能源利用最大化，倡导城市与住区融合发展，倡导人文传承、社区和谐，全力协助企业创新转型、品质升级。

五、论坛峰会

2003年11月，在北京人民大会堂召开“第一届中国人居环境高峰论坛”。会议主题为“城市化与人居环境可持续发展”。

2004年10月，在北京人民大会堂召开“第二届中国人居环境高峰论坛”。会议主题为“科技引领人居未来”。

2005年9月，在浙江省人民大会堂召开“第三届中国人居环境高峰论坛”。会议主题为“绿色人居、和谐社会”。

2008年1月，在湖北武汉市举办“第四届中国人居环境高峰论坛”，会议主题为“绿色——建筑与城市的未来”。

2009年8月，在内蒙古鄂尔多斯市乌审旗召开“第五届中国人居环境高峰论坛”。会议主题为：“可持续发展的新城镇”。

2010年12月，“第六届中国人居环境高峰论坛”在浙江省杭州市拉开帷幕。会议主题为“新城镇·新社区·新居民”。

2004年11月，在香港联合举办“2004居住改变中国·亚洲人居环境国际峰会”。

2006年4月，在日本福冈联合召开“第二届亚洲人居环境国际峰会”。发表《绿色亚洲人居宣言》，并与联合国人居署、日本福冈市政府、亚洲人居环境协会共同建设亚洲人居环境教育培训基地，扩大区域合作与交流。

2007年4月，人居委员作为中国唯一受邀的专业社团出席在内罗毕的联合国人居署总部召开的“联合国人居署首届可持续城市化商业伙伴合作会议”与“联合国人居署理事会第21届会议”。

六、正式出版物、人居专刊

2003年面对“非典”疫情，人居委与《规划师》杂志社合作出版《规划师·人居环境》增刊。同年与《经济日报》、《地产互动》等媒体联合主办《中国人居沙龙》专刊，大力宣传人居环境理念，普及相关知识。

2004年至今，人居环境委员会与《中国建设报》共同主办《中国人居》专刊，近300期。

2008年，正式出版《中国人居环境从理论到实践的思考》（中国建筑工业出版社）。

2010年，正式出版《中国人居环境金牌住区评估标准及案例应用》（中国建筑工业出版社）。

2011年，正式出版《开彦观点》（中国建筑工业出版社）。

2011年，正式出版《绿色住区模式——中美绿色建筑评估标准比较研究》（中国建筑工业出版社）。

人居环境流行语

■ 按揭：是指以房地产等实物资产或有价证券、契约等作抵押，获得银行贷款并依合同分期付清本息，当贷款还清后银行归还抵押物。按揭最初起源于西方国家。本意属于英美平衡法体系中的一种法律关系，后于 20 世纪 90 年代从香港引入内地房地产市场。先由深圳建设银行在当地试行，后来逐渐在内地流行起来。

■ "奔奔族"：一般是指 1975 ~ 1985 年出生的人。还有另外一种解释，是指年龄介于 20 岁至 30 岁的全新族群。他们是爱玩乐，也爱玩命的青春势力；同时也集中指代如今买不起房，谈不起恋爱，有学历无运气的年轻一族。这些年轻人被称为"当前中国社会中最重要的青春力量"。他们年轻快乐，率真，创意无穷，不拘传统，一路嚎叫地奔跑在事业的道路上；同时他们又是中国社会压力最大的族群，身处于房价高、车价高、医疗费用高的"三高时代"，时刻承受着压力，自觉生不逢时，爱自我宣泄，以表达对现实的抗争。

■ 崩盘价：2009 年，中国楼市诞生了一个令人十分激动的关键词——崩盘价。房地产市场经过了从抵制崩盘，到接受崩盘，再到宣传崩盘的煎熬，终于意识到高房价的崩盘是符合中国国情的一种最优选择，也是房地产回归理性的唯一路径。高房价的崩盘，不是楼市的崩盘，而是楼市在变革中的新生，市场在调整中的必然。从某种意义上来说，也只有实现高房价的崩盘，才能迎来中国经济的"软着陆"。

■ 拆迁暴富：拆迁暴富这两年已经成为了老百姓茶余饭后的热门谈资。在一些旧房拆迁改造中，一些居民通过拆迁补偿实现了一夜暴富的梦想，有人戏称这些拆迁户为"拆迁富"。在许多城市化进程当中被拆迁，村民变成了富翁，家家户户都买房、买车。然而迅速到来的巨额拆迁款在带来财富的同时，也带来了各种始料未及的烦恼。比如因为财富分配等原因也引发了一些家庭危机，或者拆迁补偿不到位，导致的纠纷不断。

■ 抄底：原为股票用语。指以某种估值指标衡量股价跌到最低点，尤其是在短时间内大幅下跌时买入，预期股价将会很快反弹的操作策略。近几年，中国楼市的波动和走势，与股市的某些表现非常相似。既然楼市也成为资本市场的投资工具，那么如股票市场一样，楼市一定也存在高低起伏。抄底是一种风险很大的行为。真正的"底"是比较难判断的，正如股市的谚语所说，以为地板是底了，地板下面还有地下室，地下室下面还有地狱，地狱还有 18 层……

■ 炒房团：炒房团是指由全国各地购房者组成的团队。他们在房地产市场上进行投资买房，在一定程度上影响了商品房价格。其中尤以温州炒房团和山西煤老板最为知名。他们消息灵通，资本雄厚，群起掠地，所到之处无不噪声一片。炒房团产生原因是由于政策影响，楼市价格攀升，令一些人借机囤积房源，之后转手获利。一般认为，炒房团是市场经济下社会个体为追求自身经济利益最大化而结成的松散联盟，它具有民间性、盈利性、自主性的特征。

■ 成本公开：这是由"房地产暴利论"引发的、"阳光化"房地产成本的要求。在倡导者看来，"房地产暴利"是推动新一轮房价上涨的罪魁祸首。如果公开房价成本，就可以为人们购房时提供参考，有利于平抑房价。但开发商却一致反对，认为公开成本侵犯了企业的商业秘密，不利于楼市稳定。

■ 次级贷风波：次级贷全称次级按揭贷款。是指给信用状况较差、没有收入证明和还款能力证明或其他负债较重的个人的住房按揭贷款。相比于给信用好的人放出的最优利率按揭贷款来看，虽然次级按揭贷款风险稍大，但是其利率更高。在次级贷风波发生之前，由于美国的房价不断上涨，次级贷会给金融机构带来更高的回报。其后，当美国房价掉头回落，购房者难以将房屋出售或通过抵押获得融资，那些金融机构的亏损就随之而来。

■ 单元楼：又称单元房，在中国大陆特指每户有独立厨房和厕所的居民楼户型，相当于西方的公寓。住户除了出入自己的单元之外，无需和别人共用空间。单元楼对住户的生活隐私保护较好。但也有人称这种户型不利于促进邻里交往，造成了城市社区人际关系的冷漠。

■ 低碳：英文名为 Low Carbon，是指较低或更低的以二氧化碳为主的温室气体排放。由于二氧化碳排放量越来越大，地球臭氧层正遭受前所未有的危机，全球灾难性气候变化屡屡出现，已经严重危害到人类的生存环境和健康安全。1997 年的 12 月，《联合国气候变化框架公约》第三次缔约方大会在日本京都召开。149 个国家和地区的代表通过了旨在限制发达国家温室气体排放量以抑制全球变暖的《京都议定书》。面对全球气候变化，急需世界各国协同减低或控制二氧化碳排放。当今随着气候问题的加剧、《2012》的热映以及哥本哈根大会的召开，全球都在倡导低能耗、低污染、低排放的经济模式和生活方式，地产领域也悄然兴起绿色潮。

■ “地王”：是指在商品房用地拍卖中，被以某地最高价拍得的建筑用地。“地王”可分为总价“地王”和单价“地王”（即楼面地价“地王”）。对消费者而言，楼面地价“地王”更具参考意义。因为未来该地块的商品房销售单价通常是该楼面地价的 3 ～ 4 倍。社会对于一些“地王”的产生，往往会产生对于房价又会重回新高的担忧，而对房企而言，“地王”频出也意味着他们对后市的看好。

■ 钉子户：多指在城市建设征用土地时，讨价还价，不肯迁走的住户，即某些由于种种原因没有拆迁，而又身处闹市或开发区域的房屋的房主。钉子户现象在当今中国尤为突出，其中牵涉很多复杂问题。目前，大拆迁在全国许多城市都很普遍。这些钉子户们一般是认为开发商拆迁补偿不多，因而想要获取更多的利益。

■ 豆腐渣工程：是指那些由于偷工减料等原因造成质量不达标、容易倒塌毁坏的工程。此名词最早出自前总理朱镕基之口。1998 年 9 月，朱镕基巡视发生水灾的江西省九江市时，因九江新筑的防洪大堤不堪一击，朱镕基怒斥这是“豆腐渣工程”。后来中国大陆各地接连发生多起桥塌楼毁事件，“豆腐渣工程”就成了质量不合格工程的代名词。豆腐渣工程主要是由于贪污腐败、偷工减料造成的，但是也不能否认设计不当、施工质量监管不严等也是产生豆腐渣工程的重要因素。

■ 房产税：是指以房屋为征税对象，按房屋的计税余值或租金收入为计税依据，向产权所有人征收的一种财产税。现行的房产税是第二步利改税以后开征的。1986 年 9 月 15 日，国务院正式发布了《中华人民共和国房产税暂行条例》，从当年 10 月 1 日开始实施。据《证券日报》2010 年 7 月 22 日报道：有消息称，在财政部举行的地方税改革研讨会上，相关人士表示，房产税试点将于 2012 年开始推行。但鉴于全国推行难度较大，试点将从个别城市开始。2011 年 1 月，重庆首笔个人住房房产税在当地申报入库，其税款为 6154.83 元。

■ 房贷：是指所有与房产有关的或以房产为抵押物申请贷款的总称。包括房地产开发企业的开发贷款、购置房产时的购房按揭贷款，以及以自己名下的房产为抵押物申请的房产抵押消费类贷款。这些贷款须经由银行或其他信用机构向借款人放贷，借款人要在一定期限内归还本金，并支付利息。在目前国内主要一线城市，房贷的使用率已经达到较高水准。以购房按揭贷款来说，贷款比重已经达到 7 成以上。近几年，通过用自己名下的房产申请房产抵押消费贷款以实现盘活不动产的居民人数也越来越多。目前，房贷已经成为与居民生活息息相关的一种消费方式。

■ 房地产泡沫：房地产泡沫是以房地产为载体的泡沫经济，是指由于房地产投机引起的房地产价格与使用价值严重背离，市场价格脱离了实际使用者支撑的情况。由于过度投机而产生虚假的需求，从而使房地产的价格虚高。这种情况的成因首先是土地的有限性和稀缺性；其次是投机需求的膨胀；再次就是金融机构过度放贷成为直接助燃剂。另外“生活必须”是泡沫产生的基本前提，在人们基本生活资料被剥夺的同时资本掠夺财富高度发展。

■ 房地产成本：房地产成本是指以房地产开发产品为成本核算对象，以正常生产经营活动为前提，根据房地产开发建设过程中实际消耗量和实际价格计算的实际应用成本。房地产成本按照资金进入企业的形态分类，可以分为采购成本、开发成本和经营成本。

■ 房价收入比：是指住房价格与城市居民家庭年收入之比。国际上通用的房价收入比的计算方式，是以住宅套价的中值，除以家庭年收入的中值。一般认为，合理的房价收入比的取值范围为 4 ～ 6。若计算出的房价收入比高于这一范围，则认为其房价偏高，房地产可能存在泡沫，高出越多，则存在泡沫的可能性越大，泡沫也就越大。

■ 房奴：“房奴”是教育部 2007 年 8 月公布的 171 个汉语新词之一。“房奴”意思为房屋的奴隶，是一部分中国贷款购房者对自己生存状态的一种极致化的描述。这部分购房者在生命黄金时期中的 20 到 30 年，每年用占可支配收入的 40% 至 50% 甚至更高的比例偿还贷款本息，从而造成其家庭生活的长期压力，影响正常消费。因购房影响到自己教育支出、医药费支出和抚养老人等，使得家庭生活质量下降，甚至让人感到被奴役般的压抑。

■ 分期付款：是购买商品和劳务的一种付款方式。买卖双方在成交时签订契约，买方对所购买的商品和劳务在一定时期内分期向卖方交付货款。每次交付货款的日期和金额均事先在契约中写明。分期付款方式通常由银行和分期付款供应商联合提供。银行为消费者提供相当于所购物品金额的个人消费贷款，消费者用贷款向供应商支付货款，同时供应商为消费者提供担保，承担不可撤销的债务连带责任。分期付款方式是在第二次世界大战以后发展起来的。开始时其领域只局限于一般日用商品或劳务的购买，后扩大到企业购买大型机器设备和原材料上。目前国内采用分期付款方式消费的通常是支付能力较差，但有消费需求的年轻人。其消费的产品通常是笔记本电脑、手机、数码产品等。使用分期付款方式消费的年轻人通常被称为“分期族”。

■ 拐点：“拐点”本来是数学上的一个术语。在生活中，拐点多用来说明某种情形持续上升一段时间后开始下降或回落。楼市拐点论有两种，一是房价的绝对值是往下走的，从一个高的价位向下走，楼市的成交量以及均价发生逆转。这是很多人理解的“拐点”；二是指房价的增长速度大大减缓。一般房地产拐点论是指 2007 年 12 月 13 日，在“海螺行动II——中英解决城市低收入人群住房问题比较研究大会”上，某地产商在接受记者采访时，提出的论点。此论点一提出就为房市带来很大的波动。

■ 国四条：是指在 2009 年 12 月 14 日温家宝总理主持召开的国务院常务会议上，就促进房地产市场健康发展提出增加供给、抑制投机、加强监管、推进保障房建设四大举措。会议明确表态“遏制房价过快上涨”。同时对于老百姓的自住和改善性购房需求，“国四条”则再次明确表示“继续支持居民自住和改善性住房消费”。

■ 国六条：即国务院九部委于 2006 年颁布的关于调控房地产市场的六条政策。在国六条中提出：切实调整住房供应结构；进一步发挥税收、信贷、土地政策的调节作用；合理控制城市房屋拆迁规模和进度，减缓被动性住房需求过快增长；进一步整顿和规范房地产市场秩序；加快城镇廉租住房制度建设；完善房地产统计和信息披露制度，增强房地产市场信息透明度，全面、及时、准确地发布市场供求信息，坚持正确的舆论导向。

■ 国八条:《国务院关于坚决遏制部分城市房价过快上涨的通知》(国发〔2010〕10号，以下简称国发10号文件)印发后，房地产市场出现了积极的变化，房价过快上涨的势头得到初步遏制。为巩固和扩大调控成果，进一步做好房地产市场调控工作，逐步解决城镇居民住房问题，促进房地产市场平稳健康发展，经国务院同意，现就有关问题通知如下：进一步落实地方政府责任；加大保障性安居工程建设力度；调整完善相关税收政策，加强税收征管；强化差别化住房信贷政策；严格住房用地供应管理；合理引导住房需求；落实住房保障和稳定房价工作的约谈问责机制；坚持和强化舆论引导。

■ 国十一条：即国务院办公厅关于促进房地产市场平稳健康发展的通知。包括加快中低价位、中小套型普通商品住房建设；增加住房建设用地有效供应，提高土地供应和开发利用效率；加大差别化信贷政策执行力度；继续实施差别化的住房税收政策；加强房地产信贷风险管理；继续整顿房地产市场秩序；进一步加强土地供应管理和商品房销售管理；加强市场监测；力争到2012年末，基本解决1540万户低收入住房困难家庭的住房问题；中央将加大对保障性安居工程建设的支持力度，适当提高对中西部地区廉租住房建设的补助标准，改进和完善中央补助资金的下达方式，调动地方积极性；进一步健全和落实稳定房地产市场、解决低收入家庭住房困难问题由省级人民政府负总责，市、县人民政府抓落实的工作责任制。

■ 回暖：喻指情况又开始往好的方面发展。金融危机来临时，正值北半球的秋冬季节。天冷，人们的心也冷。面对2008年后半段的低潮期，地产老总们普遍有些心跳加速。不过，危机的洗礼也让房地产老总们瞬间成熟了许多。随着新政的效果开始逐渐体现出来，楼市一度出现了回暖的迹象。

■ "夹心层"：是指游离在保障与市场之外，无能力购房的群体的代名词。在这群人中，有的不够承租廉租房条件、但又没钱买经适房；有的既没有买经适房的资格、又买不起商品房。这个群体人数约占全国城镇人口的一半以上，其中还不包括常住城镇的暂住人口。如今，在金融海啸的大背景下，这个中等及中低收入家庭、新就业职工等组成的"夹心层"群体就置身于市场和政府保障之间的空白地带，其住房难题已日益显现。

■ "胶囊公寓"："胶囊公寓"就是在保证住客睡眠、休息舒适度的前提下，将私人空间做到合理的最小化，并把节约出来的有效空间供多人共享，从而来达到有效旅宿环境的最大化。"胶囊公寓"绝不是简单的群租房。由于它的相对高密度及配套服务的多样化，必须是在专业旅店服务模式管理的条件下才可正常的运营。"胶囊公寓"有宽大、私密、安全、卫生的胶囊床来保证睡眠休息品质，又有休闲活动区、桑拿洗浴区、公共卫生间、投币洗衣机、经济简餐等设施配套。中国的胶囊公寓，是一位老人在看到日本的"胶囊旅馆"后得到灵感建造的面积不到$2m^2$的"公寓"。这个小"公寓"的面积由最初的$2m^2$，增加到现在的$10m^2$，从原来的只能爬着进去，升级成能直立着走进去。

■ 节能：房地产市场每年都要追赶个潮流或时尚，节能就是。每个楼盘都在争取与节能沾边，在宣传时不忘带出自己的节能环保标签。节能环保并不是空谈和追时髦，而是现实资源的紧张和目前巨大的建筑能耗所致。有调查显示，目前建筑能耗约占社会总能耗的28%。全国400亿m^2的既有建筑大部分都是高能耗建筑。可以说，建筑节能已经成为迫在眉睫、刻不容缓的大事。而节能环保也绝不仅仅是一种口号和一种时髦，为了全社会的生存环境，它应该成为今后开发商必须遵行的开发准则。

■ 经济适用房：是指已经列入国家计划，由城市政府组织房地产开发企业或者集资建房单位建造，以微利价向城镇中低收入家庭出售的住房。经济适用房是具有社会保障性质的商品房，兼有经济性和适用性的特点。它起源于20世纪50年代起人民政府在北京新建了大量的住宅，一般为六层楼立体式水泥建筑。从1998年经济适用房开始兴建以后，全国各地的经济适用房在短短几年内如雨后春笋般快速发展，房价的相对低廉，逐渐成为中低收入家庭住房的重要选择。

■ 救市：由于房价与公民收入之间的比例远远背离了正常情况，房价过高，导致房地产交易量萎缩，引起房地产市场形势的剧变，同时开发商要求政府救市的呼声也越来越高。因此，针对持续下滑的房地产市场，中央政府制定了一系列救市政策，目的就是要保持房地产市场平稳发展。

■ 空置率：是指某一时刻空置房屋面积占房屋总面积的比率。按照国际通行惯例，商品房空置率在5% ~ 10%之间为合理区，此时商品房供求平衡，有利于国民经济的健康发展；空置率在10% ~ 20%之间为空置危险区，此时要采取一定措施，加大商品房销售的力度，以保证房地产市场的正常发展和国民经济的正常运行；空置率在20%以上为商品房严重积压区。

■ 烂尾楼：是指项目开工后，因开发商无力继续投资建设或陷入债务纠纷，停工一年以上的房地产项目。烂尾楼的成因较为复杂，除了社会经济发展的大背景之外，如在建楼盘的开发商破产、缺乏建设资金、项目涉及经济纠纷、工程质量不合格、开发商违法违规导致工程停工等均是造成烂尾楼的主要原因。其中多半是因为资金链条断裂，工程未完，开发商已拿不出钱来，银行也不愿继续贷款，而项目又无法转让给其他投资人而造成的。

■ 流拍：原意是指在拍卖中，由于起拍价格过高造成的拍卖交易失败。在买卖活动中，买卖双方不能达成协议，使得买卖行为无法成功进行，拍卖的标得不到想要成交的数额。而在2008年的土地市场中也出现了流拍。与2007年开发商频频天价拿地相比，自2008年年初起，土地交易便急转直下，很多以前炙手可热的地段土地竟然出现无人竞价，或者竞价低于底价的现象，土地没有拍卖出去。随着“退地”风声四起，土地流拍的情况也愈演愈烈。

■ 楼脆脆，楼歪歪…：2009年6月27日凌晨，上海闵行一栋13层的在建住宅楼齐根倒塌，网友惊呼：“见过塌楼的，没见过这么塌的！”网络新词“楼脆脆”瞬间走红。由此引申出对楼市现象的各种描述。比如：“楼歪歪”、“楼高高”、“楼裂裂”、“楼断断”、“墙脆脆”、“楼强强”、“楼危危”、“楼坠坠”、“楼轰轰”等一大批“楼氏”家族的兄弟姐妹们相继诞生……

■ 诗意地栖居：德国诗人荷尔德林的“充满劳绩，然而人诗意地栖居在大地上”，描绘了享有物质生活的同时，能够在精神的家园中“诗意地栖居”的至上境界。这是一种诗化的生活，是一种诗意的人生。“诗意地栖居”已经成为最热门的流行语之一。在广州楼盘评论、北京环境新闻、上海的楼宇广告中随处可见。但是某大学教授的教学讲义里，却明白地阐述着现在房地产的现状：“我们并没有得到本质上应该是‘诗意地栖居’，而是‘非诗意地’占用住宅而已。”对于绝大多数中国民众来说，“诗意地栖居”可望而不可即。

■ 双限：即指媒体一度甚为关注的限价房。双限即指限户型、限房价。双限房是一种政府有条件供应的中低价房，是经济适用房之后的又一个计划产物。在当前地价高、房价更高的时代，限价房的出现，无疑将成为一部分中低收入者的福音。

■ 双周供：是指个人按揭贷款由传统的每月还款一次改为每两周还款一次，每次还款额为原来月供的一半。由于还款频率的提高，借款人的还款总额获得了有效的减少，还款周期明显的缩短，客户在还款期内能省下不少的利息。目前“双周供”主要适用于期供类房屋按揭、抵押贷款，如一手楼、二手楼的房屋按揭贷款以及按揭还款的房屋抵押贷款。

■ 特价房：是地产企业采取的低价吸引客户的一种策略。由于“特价房”正好迎合了购房者“广种薄收”、“不见兔子不撒鹰”的购房理念，开发商也不会背上会受到同行指责的“恶性降价”的坏名声，而且通过推特价房还可以试探市场对楼盘目前定价的接受度，因而成为目前盛行的、最受市场接受的营销方式之一。

■ 筒子楼：又称为兵营式建筑，最初为独身宿舍，一条长走廊串联着许多个单间，每层有共用卫生间和盥洗室。每个单间面积狭小，大约有十几个平方米。筒子楼是颇具中国时代特色的一种住房样式，对于解决“文革”后的住房难问题，起到了重要的作用。20世纪70～80年代，由于大量已婚青年无房可居，有条件的企事业单位只好将这种独身宿舍分配给已婚青年居住，暂时解决了已婚青年的婚后分居的问题。曾经有无数的中国人在筒子楼里结婚生子，奏鸣着锅碗瓢盆交响曲。

■ 尾房：又称扫尾房，是在项目已经销售八九成以后剩余的，或长时间没有销售出去的房屋。有专家认为，当商品住宅的销售量达到80%以后，开发商已经获利，此时一般就进入项目的清盘销售阶段。尾房是房地产业进入散户零售时代的产物，也是空置房中的一种。一般情况下，尾房有两种形态：一种是整个项目里面比较好的房子，开发商将其留在最后“压场”；另一种是有问题的房子，这些房子或朝向不好、采光不足，或是楼层不佳、位处两级，若是一层可能大多不带小花园，或是遮挡较严重。

■ 蜗居：既可作名词，比喻狭小的住所；也可作动词，意为在狭小的房子里居住，“居”的意思是居住。热播的同名电视剧是其成为网络热词的重要原因。

■ 限外令：为了限制高昂的房价，楼市限外令又出。继各地限制非本地户籍居民购房政策出台后，外汇局于2010年11月15日出台规定，限制境外个人及机构在境内购房。这是中国楼市调控“限外令”进一步升级。此次，政府可谓颇有决心，不仅频出政策打压房价，还限制外资购房，以防止境外人士投机炒房。境外人士在境内只能购买一套房产。

■ 小产权：所谓小产权，指或是集体产权，或是无产权，总归是不具备法律所保护的产权身份。这种产权形式，本该没有什么市场，却在现实中屡见不鲜，还颇受一部分人的认可。具体原因，有人说是房价涨得过快、过高，迫使人们不得不花较少的钱去买那些并不规范的房。但实际上，有许多人选择购买小产权房是为了二次置业，大概是有“法不责众”的侥幸心理。

■ 一碗汤距离：“一碗汤距离”是日本学者在20世纪70年代提出的家庭亲和理论。当时，日本家庭的“空巢”现象十分严重，日本社会伦理学家积极倡导亲情，养老敬老。子女的住处应该和老人的住处离得不太远，这样子女既有自己的世界，又能够方便照顾长辈。子女在汤还没有冷下来的时候，就到了父母的家，子女热气腾腾的孝心也及时到达。用一碗汤的距离来度量两代人的居住距离，它的恰到好处，犹如视觉艺术的黄金分割线。

■ 蚁族：是对“大学毕业生低收入聚居群体”的典型概括。这个庞大的群体一般是由“80后”大学毕业生所构成，大多数聚居在国内各大城市的城乡结合部。这个群体有许多相似点：他们高智、弱小、群居。国内某学者专门研究过这一群体，并根据该群体所处地域的不同，分别冠之以京蚁（北京）、沪蚁（上海）、江蚁（武汉）、秦蚁（西安）、穗蚁（广州）等称呼。

■ 住房公积金：住房公积金是单位及其在职职工缴存的长期住房储金，是住房分配货币化、社会化和法制化的主要形式。住房公积金制度是国家法律规定的重要的住房社会保障制度，具有强制性、互助性、保障性。单位和职工个人必须依法履行缴存住房公积金的义务。职工个人缴存的住房公积金以及单位为其缴存的住房公积金，实行专户存储，归职工个人所有 。住房公积金应当用于职工购买、建造、翻建、大修自住住房，任何单位和个人不得挪作他用。

■ 住房保障：住房保障是一个包含范围很广的概念。广义地说，“宅基地”、“福利分房”都是住房保障制度的一种具体形式，它们是低生产力水平下保障“人人有房住”的制度。所谓依靠市场配置住房资源，并不等于说人人都只能依靠自己的收入买房子住，也不等于说人人都只能靠市场化竞争、自主分散决策来获取住房。在市场经济条件下，为了保障每个人都有房子住，政府要实施一些特殊的政策措施，帮助单纯依靠市场解决住房有困难的群体。这个政策体系的总称，就叫做住房保障制度。

■ 刚性需求：刚性需求是指必须满足的需求。在房地产自由交易的时代，刚性需求成为开发商自信心的最大保障，购房者最活跃的主力军，媒体专家口中的常客。

■ 零首付：零首付是购房者用贷款来支付新购住房首付款的一项贷款品种。它降低了购房门槛，但也增加了还贷压力和房贷风险。

■ “房托”：由“医托”发展而来，专指为开发商推介楼盘，误导消费者去买房子的人。具体表现为由售楼顾问变身“房托”，主要是在房产开发商推出一些新盘的时候，由开发商安排在售楼现场活动，观察现场情况，在确定一些人想买房子的时候，抢着认购，哄抬房价。

■ 夫妻同“名”：《婚姻法》司法解释三出台后，一些夫妻希望在房产证上共同署名。由于加名人增多，个别地税部门发现加名成为一个重要税源，因此没有请示国税总局就自行出台了征税政策。这种契税被网友戏称为“房产加名税”。地产商评价此举为“生财无道”，网友则将这种税种评价为“打劫民生”、“与民争利”。